スバラシク実力がつくと評判の

演習 振動・波動

キャンパス・ゼミ

MATHEMA
マセマ

マセマ出版社

はじめに

みなさん，こんにちは。マセマの**馬場敬之(けいし)**です。既刊の『**振動・波動キャンパス・ゼミ**』は多くの読者の皆様のご支持を頂いて，**物理学教育のスタンダードな参考書**として定着してきているようです。そして，マセマには連日のように，この『振動・波動キャンパス・ゼミ』で養った実力をより確実なものとするための『**演習書(問題集)**』が欲しいとのご意見が寄せられてきました。このご要望にお応えするため，新たに，この『**演習 振動・波動キャンパス・ゼミ**』を上梓することができて，心より嬉しく思っています。

振動・波動を単に理解するだけでなく，自分のものとして使いこなせるようになるために**問題練習は欠かせません。**

この『**演習 振動・波動キャンパス・ゼミ**』は，そのための**最適な演習書**と言えます。

ここで，まず本書の特徴を紹介しておきましょう。

- 『振動・波動キャンパス・ゼミ』に準拠して全体を **7** 章に分け，各章毎に，解法のパターンが一目で分かるように，(*methods & formulae*)(要項)を設けている。
- マセマオリジナルの頻出典型の演習問題を，各章毎に**分かりやすく体系立てて配置**している。
- 各演習問題には(ヒント)を設けて解法の糸口を示し，また(解答 & 解説)では，定評あるマセマ流の読者の目線に立った**親切で分かりやすい解説**で明快に解き明かしている。
- **2 色刷り**の美しい構成で，読者の理解を助けるため**図解も豊富**に掲載している。また，数式の変形・展開においても，引き込み線による解説や公式の掲載も含めて，読者がスムーズに物語を読むように，読み進められるように工夫している。

さらに，本書の具体的な利用法についても紹介しておきましょう。

- まず，各章毎に，(*methods & formulae*)(要項)と演習問題を一度**流し読み**して，学ぶべき内容の全体像を押さえる。
- 次に，(*methods & formulae*)(要項)を**精読**して，公式や定理それに解法パターンを頭に入れる。そして，各演習問題の(解答＆解説)を見ずに，問題文と(ヒント)のみを読んで，**自分なりの解答**を考える。
- その後，(解答＆解説)をよく読んで，自分の解答と比較してみる。そして間違っている場合は，**どこにミスがあったかをよく検討**する。
- 後日，また(解答＆解説)を見ずに**再チャレンジ**する。
- そして，問題がスラスラ解けるようになるまで，何度でも納得がいくまで**反復練習**する。

以上の流れに従って練習していけば，振動・波動も確実にマスターできますので，**大学や大学院の試験でも高得点で乗り切れる**はずです。この振動・波動は様々な大学の数学や物理学を学習していく上での基礎となる分野です。ですから，これをマスターすることにより，さらなる**上のステージに上っていく鍵**を手に入れることができるのです。頑張りましょう。

また，この『**演習 振動・波動キャンパス・ゼミ**』では，『振動・波動キャンパス・ゼミ』では詳しく扱えなかった**自由度2の連成振り子，3原子分子モデルの振動問題，フーリエ変換・フーリエ逆変換の応用問題，球面波・平面波の応用問題**なども解説しています。ですから，『振動・波動キャンパス・ゼミ』を完璧にマスターできるだけでなく，さらに**ワンランク上の勉強**もできます。

この『**演習 振動・波動キャンパス・ゼミ**』は皆さんの数学や物理学学習の**良きパートナーとなるべき演習書**です。本書によって，多くの方々が振動・波動に開眼され，振動・波動の面白さを堪能されることを願ってやみません。

皆様のさらなる成長を心より楽しみにしております。

マセマ代表　馬場 敬之(けいし)

目　次

講義1 単振動(調和振動)

講義2 減衰振動と強制振動

講義3 連成振動

講義4 連続体の振動

講義 Lecture 1 単振動（調和振動） methods & formulae

§1. 単振動の基本

単振動（調和振動）の変位 x は，時刻 t の関数として，次式で表される。

$x = A\sin(\omega t + \phi)$　　（A：振幅，ω：角振動数，ϕ：初期位相）

右図のような質量 m の質点 P にばね定数 k のばねを取り付けた，抵抗のない水平ばね振り子がある。つり合いの位置からの質点 P の変位を x とおくと，x は次の微分方程式（単振動の微分方程式）をみたす。

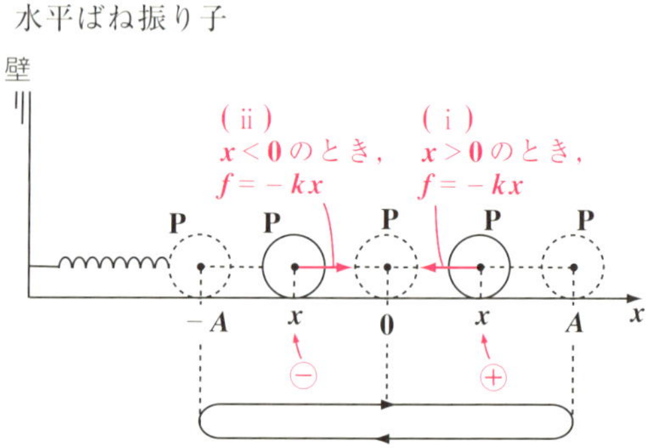

$\ddot{x} = -\omega^2 x$ ……①　$\left(\omega = \sqrt{\dfrac{k}{m}}\right)$

①は，定数係数 2 階線形微分方程式より，この解を $x = e^{\lambda t}$（λ：定数）とおくと，$\ddot{x} = \lambda^2 e^{\lambda t}$ となるので，これを①に代入して，まとめると，

$(\lambda^2 + \omega^2)e^{\lambda t} = 0$　　この両辺を $e^{\lambda t}$（$\neq 0$）で割ると，

特性方程式：$\lambda^2 + \omega^2 = 0$ となる。　$\therefore \lambda = \pm i\omega$

よって，①の 1 次独立な基本解は，

$x_1 = e^{i\omega t}$，$x_2 = e^{-i\omega t}$ となる。

［ロンスキアン $W(x_1,\ x_2) = \begin{vmatrix} x_1 & x_2 \\ \dot{x}_1 & \dot{x}_2 \end{vmatrix} = -2i\omega$（$\neq 0$）より，$x_1$ と x_2 は 1 次独立な解である。］

よって，①の一般解 x は，

$x = C_1 e^{i\omega t} + C_2 e^{-i\omega t}$ ……② と表せる。

②の一般解は，さらに，次のように表すことができる。

$$\begin{aligned} x &= C_1\sin\omega t + C_2\cos\omega t \\ &= C_1\cos\omega t + C_2\sin\omega t \quad (C_1,\ C_2：定数) \\ &= A\sin(\omega t + \phi_1) \\ &= A\cos(\omega t + \phi_2) \quad (A,\ \phi_1,\ \phi_2：定数) \end{aligned}$$

いずれも，単振動の一般解を表している。

これらの変形には，次の複素指数関数とオイラーの公式を利用する。

(1) $z=x+iy$ （x，y：実数，i：虚数単位）について，e^z を次のように定義する。

$$e^z=e^{x+iy}=e^x(\cos y+i\sin y)\ \cdots\cdots③$$

(2) オイラーの公式

$$e^{i\theta}=\cos\theta+i\sin\theta$$

（③の x に 0 を代入し，y に θ を代入したもの。）

(3) $\cos\theta=\dfrac{e^{i\theta}+e^{-i\theta}}{2}$，$\sin\theta=\dfrac{e^{i\theta}-e^{-i\theta}}{2i}$

（オイラーの公式より導ける！）

単振動の力学的エネルギー E の保存則は次のように成り立つ。

$x=A\sin(\omega t+\phi)$ のとき，$v=\dot{x}=A\omega\cos(\omega t+\phi)$

ここで，ポテンシャル $U=\dfrac{1}{2}kx^2=\dfrac{1}{2}kA^2\sin^2(\omega t+\phi)$ であり，

運動エネルギー $K=\dfrac{1}{2}mv^2=\dfrac{1}{2}kA^2\cos^2(\omega t+\phi)$ となる。

よって，$E=U+K=\dfrac{1}{2}kA^2$ （一定）となる。

§2. 単振動の応用

単振動の微分方程式は，水平ばね振り子以外にも，鉛直ばね振り子，単振り子，LC 回路など，様々な物理現象の中で現われる。

たとえば，右図のような電気容量 C のコンデンサーに $\pm Q_0$ の電荷が与えられているものとし，これと自己インダクタンス L のコイルをつないで LC 回路を作り，時刻 $t=0$ でスイッチを閉じると，電荷 Q は次の単振動の微分方程式で表される

LC 回路

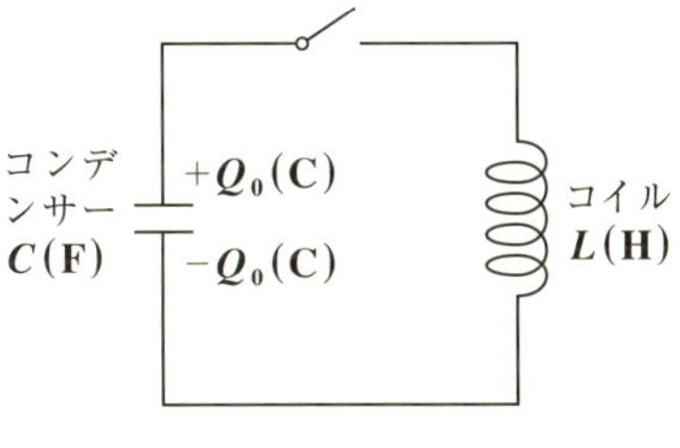

$$\ddot{Q}=-\omega^2 Q\quad\left(\omega=\frac{1}{\sqrt{LC}}\right)$$

演習問題 1 ● 単振動の微分方程式の解法 ●

単振動の微分方程式：$\frac{d^2x}{dt^2} = -\omega^2 x$ ……① の一般解が，

$x = C_1\sin\omega t + C_2\cos\omega t$ （C_1，C_2：定数）となることを示せ。

ヒント！ ①の微分方程式の基本解が $x = e^{\lambda t}$ （λ：未定定数）となることから，λの値を求めて，①の一般解を求める。この解法の流れをシッカリ頭に入れよう！

解答＆解説

定数係数線形微分方程式：$\ddot{x} = -\omega^2 x$ ……① の基本解を，

（$\ddot{x}$ は $\frac{d^2x}{dt^2}$ のこと）

$x = e^{\lambda t}$ ……② （λ：未定定数）とおくと，この2階微分は，

$\dot{x} = \lambda e^{\lambda t}$，$\ddot{x} = \lambda^2 e^{\lambda t}$ ……③ となる。

よって，②，③を①に代入して，

$\lambda^2 e^{\lambda t} = -\omega^2 e^{\lambda t}$　　$(\lambda^2 + \omega^2)e^{\lambda t} = 0$

この両辺を $e^{\lambda t}$ $(\neq 0)$ で割ると，特性方程式：

$\lambda^2 + \omega^2 = 0$ となるので，この解は$\lambda = \pm\omega i$となる。これを②に代入して，

①の基本解を $x_1 = e^{i\omega t}$，$x_2 = e^{-i\omega t}$ とおく。

ここで，x_1とx_2のロンスキアン $W(x_1,\ x_2)$ を求めると，

$$W(x_1,\ x_2) = \begin{vmatrix} x_1 & x_2 \\ \dot{x}_1 & \dot{x}_2 \end{vmatrix} = \begin{vmatrix} e^{i\omega t} & e^{-i\omega t} \\ i\omega e^{i\omega t} & -i\omega e^{-i\omega t} \end{vmatrix}$$

$$= -i\omega \underbrace{e^{i\omega t}\cdot e^{-i\omega t}}_{e^{i\omega t - i\omega t} = e^0 = 1} - i\omega \underbrace{e^{-i\omega t}\cdot e^{i\omega t}}_{1}$$

行列式の計算
$\begin{vmatrix} a & b \\ c & d \end{vmatrix} = ad - bc$

$$= -2i\omega \ (\neq 0) \quad (\because \omega > 0,\ -2i \neq 0)$$

よって，$W(x_1,\ x_2) \neq 0$ より，2つの基本解 x_1 と x_2 は独立である。

これが，x_1とx_2が独立であるための条件である。x_1とx_2が独立であることの定義は，「$B_1x_1 + B_2x_2 = 0$ （B_1，B_2：定数）が成り立つのは，$B_1 = B_2 = 0$ のときのみである」ということなんだね。

よって，①の微分方程式の一般解は，

$x = B_1x_1 + B_2x_2 = B_1e^{i\omega t} + B_2e^{-i\omega t}$ ……④ （B_1，B_2：定数）である。

一般に，定数係数 **2** 階線形微分方程式の一般解は，**2** つの独立な基本解の
1 次結合 $x = B_1 x_1 + B_2 x_2$ の形で表される。

オイラーの公式を使って，④を変形すると，

オイラーの公式：
$e^{i\theta} = \cos\theta + i\sin\theta$ より，
$e^{-i\theta} = \cos(-\theta) + i\sin(-\theta)$
$= \cos\theta - i\sin\theta$ となる。

$x = B_1 \underbrace{e^{i\omega t}}_{(\cos\omega t + i\sin\omega t)} + B_2 \underbrace{e^{-i\omega t}}_{(\cos\omega t - i\sin\omega t)}$

$= B_1(\cos\omega t + i\sin\omega t) + B_2(\cos\omega t - i\sin\omega t)$

$= \underbrace{(B_1 + B_2)}_{C_2}\cos\omega t + \underbrace{(B_1 i - B_2 i)}_{C_1 とおく}\sin\omega t \quad \cdots\cdots ⑤$

∴ ①の微分方程式の一般解は，

$\quad x = C_1 \sin\omega t + C_2 \cos\omega t \quad \cdots\cdots ⑥$ となる。 $\cdots\cdots\cdots\cdots\cdots\cdots\cdots\cdots\cdots\cdots\cdots$(終)

$\quad (C_1, C_2 : 定数, \; C_1 = (B_1 - B_2)i, \; C_2 = B_1 + B_2)$

参考

(ⅰ) ⑤で，$B_1 + B_2 = C_1, \; (B_1 - B_2)i = C_2$ とおくと，一般解は，
$\quad x = C_1 \cos\omega t + C_2 \sin\omega t \quad \cdots\cdots ⑥'$ と表せる。また，

(ⅱ) ⑥について，$A = \sqrt{C_1^2 + C_2^2}$ とおいて，三角関数の合成を行うと，

$x = A\left(\underbrace{\dfrac{C_1}{A}}_{\cos\phi_1}\sin\omega t + \underbrace{\dfrac{C_2}{A}}_{\sin\phi_1}\cos\omega t\right)$

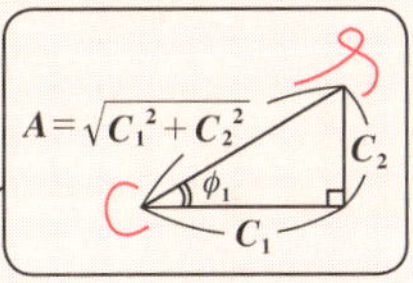

$= A(\sin\omega t \cos\phi_1 + \cos\omega t \sin\phi_1)$

$= A\sin(\omega t + \phi_1) \quad \cdots\cdots ⑥''$ と表せる。さらに，

(ⅲ) ⑤で，$B_1 + B_2 = C_1, \; (B_1 - B_2)i = -C_2$ とおき，$A = \sqrt{C_1^2 + C_2^2}$ とおいて，
三角関数の合成を用いると，同様に，

$x = A\left(\underbrace{\dfrac{C_1}{A}}_{\cos\phi_2}\cos\omega t - \underbrace{\dfrac{C_2}{A}}_{\sin\phi_2}\sin\omega t\right)$

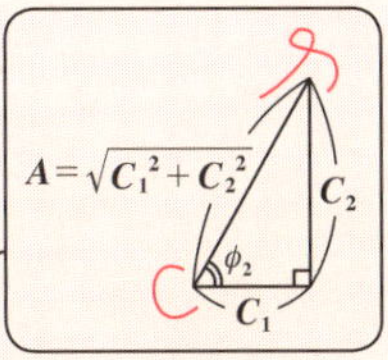

$= A(\cos\omega t \cos\phi_2 - \sin\omega t \sin\phi_2)$

$= A\cos(\omega t + \phi_2) \quad \cdots\cdots ⑥'''$ とも表せる。

以上より，①の一般解として⑥，⑥'，⑥''，⑥''' のいずれを用いても構わない。

演習問題 2 ● 水平ばね振り子 ●

右図に示すように，質量 m(kg) の質点 P に，ばね定数 k(N/m) のばねを取り付けた，抵抗のない水平ばね振り子がある。質点 P のつり合いの位置からの変位を $x(t)$ とおく。

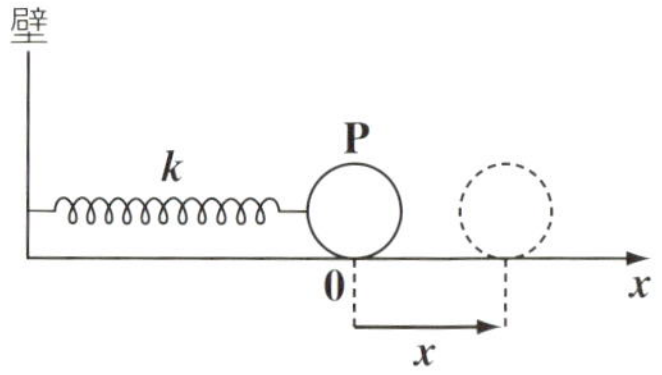

(1) x が，微分方程式：$\ddot{x}=-\omega^2 x$ ……① $\left(\omega=\sqrt{\dfrac{k}{m}}\right)$ をみたすことを示せ。

(2) $m=2$，$k=6$，$x(0)=3$，$\dot{x}(0)=0$ のとき，①の変位 x の解を求めよ。

(3) $m=4$，$k=\dfrac{1}{4}$，$x(0)=4$，$\dot{x}(0)=1$ のとき，①の変位 x の解を求めよ。

ヒント！ (1) 弾性力 $f=-kx$ を，ニュートンの運動方程式 $f=m\ddot{x}$ に代入すればいい。(2), (3) 単振動の微分方程式：$\ddot{x}=-\omega^2 x$ ……① の一般解を $x=C_1\sin\omega t+C_2\cos\omega t$ として，各初期条件から，C_1 と C_2 の値を決定すればいいんだね。また，ω(角振動数) の値から，周期 T と振動数 ν の値も示しておく。

解答＆解説

(1) 質点 P が変位 x のときに受ける水平方向のばねの復元力 (弾性力) は，

$f=-kx$ ……⓪ である。

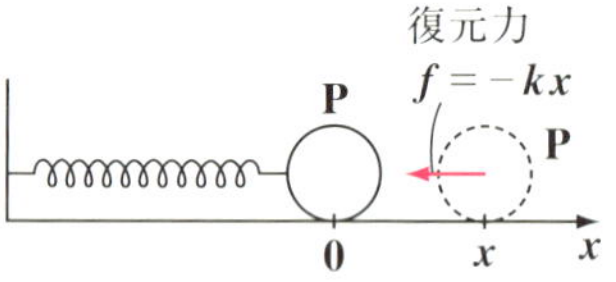

⓪をニュートンの運動方程式 $f=m\ddot{x}$ に代入すると，

$m\ddot{x}=-kx$ となる。これから，単振動の微分方程式

$\ddot{x}=-\omega^2 x$ ……① $\left(\omega=\sqrt{\dfrac{k}{m}}\right)$ が導かれる。……………………………(終)

①の微分方程式の一般解は，

$x=C_1\sin\omega t+C_2\cos\omega t$ ……② (C_1，C_2：定数) である。

（①から②の解はすぐに分かる。）

(2) $m=2$, $k=6$ のとき，この単振動の角振動数 ω は，

$\omega=\sqrt{\dfrac{k}{m}}=\sqrt{\dfrac{6}{2}}=\sqrt{3}$ より，この単振動の変位 $x(t)$ は，②より，

$x(t)=C_1\sin\sqrt{3}t+C_2\cos\sqrt{3}t$ ……③ となる。③を t で微分して，

$\dot{x}(t)=\sqrt{3}C_1\cos\sqrt{3}t-\sqrt{3}C_2\sin\sqrt{3}t$ ……③′ となる。

ここで，初期条件：$x(0)=3$，$\dot{x}(0)=0$ より，③と③′の t に $t=0$ を代入して，

$x(0)=C_1\underbrace{\sin 0}_{0}+C_2\underbrace{\cos 0}_{1}=\boxed{C_2=3}$　　$\therefore C_2=3$

$\dot{x}(0)=\sqrt{3}C_1\cdot\underbrace{\cos 0}_{1}-\sqrt{3}\underbrace{C_2}_{3}\cdot\underbrace{\sin 0}_{0}=\boxed{\sqrt{3}C_1=0}$　　$\therefore C_1=0$

以上より，$C_1=0$，$C_2=3$ を③に代入すると，

$x(t)=3\cos\sqrt{3}t$ となる。…………………(答)

> $\omega T=2\pi$ より，
> 周期 $T=\dfrac{2\pi}{\omega}=\dfrac{2\pi}{\sqrt{3}}=\dfrac{2\sqrt{3}}{3}\pi$，
> 振動数 $\nu=\dfrac{1}{T}=\dfrac{\sqrt{3}}{2\pi}$ となる。

(3) $m=4$, $k=\dfrac{1}{4}$ より，この単振動の角振動数 $\omega=\sqrt{\dfrac{k}{m}}=\sqrt{\dfrac{1}{16}}=\dfrac{1}{4}$ となる。

よって，この単振動の変位 $x(t)$ は，②より，

$x(t)=C_1\sin\dfrac{1}{4}t+C_2\cos\dfrac{1}{4}t$ ……④ となる。④を t で微分して，

$\dot{x}(t)=\dfrac{1}{4}C_1\cos\dfrac{1}{4}t-\dfrac{1}{4}C_2\sin\dfrac{1}{4}t$ ……④′ となる。

ここで，初期条件：$x(0)=4$，$\dot{x}(0)=1$ より，④と④′の t に $t=0$ を代入して，

$x(0)=C_1\cdot 0+C_2\cdot 1=\boxed{C_2=4}$　　$\therefore C_2=4$

$\dot{x}(0)=\dfrac{1}{4}C_1\cdot 1-\dfrac{1}{4}C_2\cdot 0=\boxed{\dfrac{1}{4}C_1=1}$　　$\therefore C_1=4$

> $\omega T=2\pi$ より，
> 周期 $T=\dfrac{2\pi}{\omega}=8\pi$，
> 振動数 $\nu=\dfrac{1}{T}=\dfrac{1}{8\pi}$ となる。

以上より，$C_1=4$，$C_2=4$ を④に代入すると，

$x(t)=4\sin\dfrac{1}{4}t+4\cos\dfrac{1}{4}t=4\left(\sin\dfrac{1}{4}t+\cos\dfrac{1}{4}t\right)$ となる。…………(答)

$\left(x(t)=4\sqrt{2}\sin\left(\dfrac{1}{4}t+\dfrac{\pi}{4}\right)\text{ としてもよい。}\right)$ ← 三角関数の合成を用いて，このように表してもよい。

演習問題 3	● 単振動の力学的エネルギーの保存則(I) ●

質量 $m = 0.2\,(\mathrm{kg})$ の質点 P に，ばね定数 $k = 0.8\,(\mathrm{N/m})$ のばねをつけた水平ばね振り子の質点 P の変位 $x(t)$ が次式をみたすものとする。

$$\frac{d^2x}{dt^2} = -\omega^2 x \quad \cdots\cdots ① \quad \left(\omega = \sqrt{\frac{k}{m}},\ t \geqq 0\right)$$

初期条件：$x(0) = 5$，$\dot{x}(0) = 0$

(1) $x(t)$ を求めよ。

(2) この水平ばね振り子の運動エネルギー $K\left(= \frac{1}{2}m\dot{x}^2\right)$ と位置エネルギー $U\left(= \frac{1}{2}kx^2\right)$ の和，すなわち，力学的エネルギー $E(= K + U)$ が，常に一定であることを示せ。

(3) $x = \frac{5}{2}$ $\left(0 < t < \frac{\pi}{2}\right)$ のとき，運動エネルギー K と位置エネルギー U の値を求めよ。

ヒント！ (1) ①の単振動の微分方程式の一般解は，$x(t) = C_1\cos\omega t + C_2\sin\omega t$ である。与えられた初期条件から，C_1 と C_2 の値を求めよう。(2) 水平ばね振り子の力学的エネルギーの保存則：$E = K + U = (一定)$ が成り立つことを示す。

解答＆解説

(1) $m = 0.2\,(\mathrm{kg})$，$k = 0.8\,(\mathrm{N/m})$ のばね振り子の角振動数 ω は，

$\omega = \sqrt{\frac{k}{m}} = \sqrt{\frac{0.8}{0.2}} = \sqrt{4} = 2\,(1/\mathrm{s})$ となるので，①の単振動の微分方程式の一般解は，$x(t) = C_1\cos 2t + C_2\sin 2t$ ……② である。

②は，$x(t) = C_1\sin 2t + C_2\cos 2t$ でも，$x(t) = A\sin(2t + \phi_1)$ でも，$x(t) = A\cos(2t + \phi_2)$ でも，いずれを一般解としてもよい。

②を t で微分して，

$\dot{x}(t) = -2C_1\sin 2t + 2C_2\cos 2t$ ……③ となる。よって，

初期条件：$x(0) = 5$，$\dot{x}(0) = 0$ から，C_1 と C_2 の値を求めると，

(i) ②より，$x(0) = C_1 \cdot \underbrace{\cos 0}_{1} + C_2 \cdot \underbrace{\sin 0}_{0} = C_1 = 5 \qquad \therefore C_1 = 5$

(ii) ③より，$\dot{x}(0) = \cancel{-2\underbrace{C_1}_{5}\cdot}\underbrace{\sin 0}_{0} + 2C_2\underbrace{\cos 0}_{1} = \boxed{2C_2 = 0}$　　$\therefore C_2 = 0$

以上 (i)(ii) より，$C_1 = 5$，$C_2 = 0$ を②に代入すると，

$x(t) = 5\cos 2t$ ……④　$(t \geqq 0)$ となる。……………………………………(答)

(2) ④を t で微分すると，$\dot{x}(t) = -10\sin 2t$ ……⑤ となる。

よって，この水平ばね振り子の (i) 運動エネルギー $K\left(=\dfrac{1}{2}m\cdot\dot{x}^2\right)$ と (ii) 位置エネルギー $U\left(=\dfrac{1}{2}kx^2\right)$ を求めて，全力学的エネルギー $E(=K+U)$ を求めると，

$E = K + U = \dfrac{1}{2}\underbrace{m}_{0.2}\underbrace{\dot{x}^2}_{(-10\sin 2t)^2 = 100\sin^2 2t\ (⑤より)} + \dfrac{1}{2}\underbrace{k}_{0.8}\underbrace{x^2}_{(5\cos 2t)^2 = 25\cos^2 2t\ (④より)}$

$= \underbrace{\dfrac{1}{2}\times\dfrac{2}{10}\times 100}_{10}\sin^2 2t + \underbrace{\dfrac{1}{2}\times 0.8\times 25}_{10}\cos^2 2t = 10\sin^2 2t + 10\cos^2 2t$

$= 10(\sin^2 2t + \cos^2 2t) = 10\times 1 = 10\,(\mathrm{J})$（ジュール）　$(=(\text{一定}))$ となって，

力学的エネルギーの保存則が成り立つ。………………………………(終)

(3) $x(t) = \dfrac{5}{2}$　$\left(0 < t < \dfrac{\pi}{2}\right)$ のとき，④より，

$x(t) = \boxed{5\cos 2t = \dfrac{5}{2}}$　より，$\cos 2t = \dfrac{1}{2}$　$(0 < 2t < \pi)$　これから，

$2t = \dfrac{\pi}{3}$　　$\therefore t = \dfrac{\pi}{6}$　となる。このとき，(2) の結果より，

(i) 運動エネルギー $K = \dfrac{1}{2}m\dot{x}^2 = 10\cdot\sin^2\dfrac{\pi}{3} = 10\times\left(\dfrac{\sqrt{3}}{2}\right)^2 = \dfrac{15}{2}(\mathrm{J})$ …(答)

(ii) 位置エネルギー $U = \dfrac{1}{2}kx^2 = 10\cdot\cos^2\dfrac{\pi}{3} = 10\times\left(\dfrac{1}{2}\right)^2 = \dfrac{5}{2}(\mathrm{J})$ ……(答)

演習問題 4 ● 単振動の力学的エネルギーの保存則 (Ⅱ) ●

自然長が l_1, l_2, ばね定数が $k_1 = 1$ (N/m), $k_2 = 3$ (N/m) の 2 本のばねがある。質量 $m = \frac{1}{4}$ (kg) の質点 P の両側にこの 2 本のばねの一端を結び付けたものを，滑らかな水平面上に置き，さらに 2 本のばねの他端を壁に固定した。平衡状態の P の位置を原点 0，水平右向きに x 軸をとる。この状態から P を左右に単振動を行わせた。このとき，次の問いに答えよ。(ただし，抵抗は考えない。)

(1) 質点 P の変位 x が，微分方程式：$\ddot{x} = -16x$ ……① をみたすことを示せ。

(2) 初期条件：$x(0) = 2$, $\dot{x}(0) = 8$ のとき，特殊解 x を求めよ。さらに，このとき，運動エネルギー $K\left(=\frac{1}{2}mv^2\right)$ と位置エネルギー $U\left(=\frac{1}{2}(k_1+k_2)x^2\right)$ を求め，力学的エネルギー $E(=K+U)$ が一定であることを示せ。

ヒント！ (1) この水平ばね振り子の単振動の微分方程式は，$m\ddot{x} = -(k_1+k_2)x$ から，$\ddot{x} = -\omega^2 x$ となる。この一般解は，$x = C_1\cos\omega t + C_2\sin\omega t$ となるのもいいね。(2) では，初期条件から，C_1 と C_2 の値を求めて，特殊解 x を求め，位置エネルギー U と運動エネルギー K を求め，$E = K + U = $(一定) となることを示そう。

解答＆解説

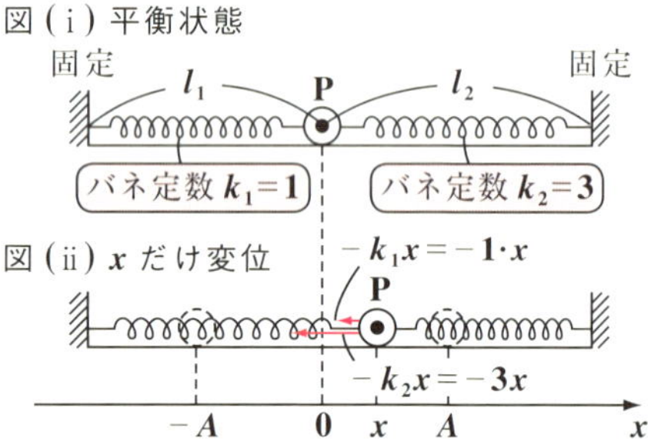

(1) 図 (i) の平衡状態から x だけ変位したときの P に働く復元力は，

$-k_1x - k_2x = -1\cdot x - 3\cdot x = -4x$

となる。

この水平方向の運動方程式は，

$m\ddot{x} = -4x \quad \left(m = \frac{1}{4}\right)$

$\therefore \ddot{x} = -16x$ ……① となる。……(終)

(2) ①の一般解は，

$x(t) = C_1\cos 4t + C_2\sin 4t$ ……② となる。

これは，$x = C_1\sin 4t + C_2\cos 4t = A\sin(4t+\phi_1) = A\cos(4t+\phi_2)$ のいずれでもよい。

②を t で微分して，

$\dot{x}(t) = -4C_1\sin 4t + 4C_2\cos 4t$ ……③ となる。

初期条件：$x(0)=2$，$\dot{x}(0)=8$ より，②，③に，$t=0$ を代入すると，

$x(0) = C_1\cdot 1 + C_2\cdot 0 = C_1 = 2$　　$\therefore C_1 = 2$

$\dot{x}(0) = -4C_1\cdot 0 + 4C_2\cdot 1 = 4C_2 = 8$　　$\therefore C_2 = 2$ となる。

以上より，$C_1=2$，$C_2=2$ を②に代入して，特殊解 $x(t)$ は，

$x(t) = 2\cos 4t + 2\sin 4t = 2(\cos 4t + \sin 4t)$ ……④ となる。………(答)

また，$\dot{x}(t)$ も同様に③より，

$\dot{x}(t) = -8\sin 4t + 8\cos 4t = 8(\cos 4t - \sin 4t)$ ……⑤

よって，この単振動の(i)運動エネルギー K と(ii)位置エネルギー U を求めると，

(i) $K = \frac{1}{2}mv^2 = \frac{1}{8}\times 64(\cos 4t - \sin 4t)^2$

（$m = \frac{1}{4}$，$v^2 = \{\dot{x}(t)\}^2 = 64(\cos 4t - \sin 4t)^2$ （⑤より））

$= 8(\cos^2 4t + \sin^2 4t - 2\sin 4t\cos 4t)$

（$\cos^2 4t + \sin^2 4t = 1$，$2\sin 4t\cos 4t = \sin 8t$ ← 公式：$\sin 2\theta = 2\sin\theta\cdot\cos\theta$）

$= 8(1 - \sin 8t)$ ……⑥ となる。………………………………………(答)

(ii) $U = \frac{1}{2}k\cdot x^2 = \frac{1}{2}\times 4\times 4(\cos 4t + \sin 4t)^2$

（$k = (k_1+k_2) = 4$，$x^2 = 4(\cos 4t + \sin 4t)^2$ （④より））

$= 8(\cos^2 4t + \sin^2 4t + 2\sin 4t\cdot\cos 4t)$

（$\cos^2 4t + \sin^2 4t = 1$，$2\sin 4t\cdot\cos 4t = \sin 8t$）

$= 8(1 + \sin 8t)$ ……⑦ となる。………………………………………(答)

以上(i)，(ii)より，この単振動の力学的エネルギー E は，

$E = K + U = 8(1 - \sin 8t) + 8(1 + \sin 8t) = 16$ (一定)となる。………(終)

（⑥より）（⑦より）

(よって，この単振動の力学的エネルギーの保存則は成り立っている。)

演習問題 5	● 鉛直ばね振り子 ●

質量 $m = \frac{1}{7}$ (kg) の質点 P を自然長 $l_0 = 0.8$(m)，ばね定数 k の軽いばねの先端に付け，他端を天井に固定して，鉛直下向きにつり下げると，ばねは $d = 0.2$(m) だけ伸びて静止した。さらに，その位置から質点 P を下向きに $A = 0.2$(m) だけ引っ張り下げて静かに手離して単振動を行わせた。天井の固定点を原点 0 をとり，鉛直下向きに x 軸をとるものとする。このとき，k(N/m) の値を求め，変位 $x(t)$ の微分方程式を導き，これを解いて，特殊解 $x(t)$ を求めよ。(ただし，重力加速度 $g = 9.8$(m/s²) とし，空気抵抗は考えないものとする。)

ヒント！ 質点 P を付けたつり合いの位置では $mg - kd = 0$ が成り立つので，これから k の値を求める。P の変位が x のときの鉛直方向の運動方程式は $m\ddot{x} = mg - k(x - l_0)$ から，変数の置き替えを行って，単振動の微分方程式にもち込むことがポイントなんだね。

解答＆解説

図(i)に示すように，静止状態では，質点 P に働く重力 mg と，ばねの弾性力 $-kd$ はつり合うので，

$mg - kd = 0$ ……① より，

$$k = \frac{mg}{d} = \frac{\frac{1}{7}\times 9.8}{0.2} = \frac{98}{2\times 7} = 7\text{(N/m)}$$

($98 = 2\times 7^2$)

($m = \frac{1}{7}$, $g = 9.8$, $d = 0.2$)

となる。 ……………………………(答)

図(i)

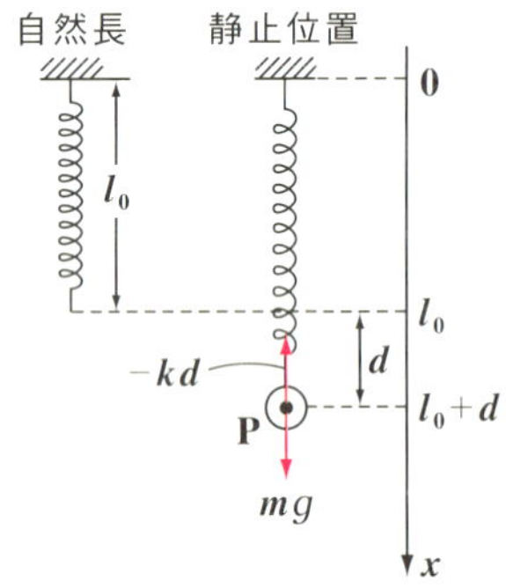

次に，質点 P を静止位置から $A = 0.2$(m) だけ下に引いて，静かに離すと，P は単振動を始める。このとき，図(ii)に示すように，P には下向きに重力

mg が働き,上向きにばねの弾性力 $-k(x-l_0)$ が働く。この合力を $f=m\ddot{x}$ とおけるので,
$m\ddot{x}=mg-k(x-l_0)$ となる。
これを変形して,
$m\ddot{x}=-k\left(x-l_0-\underbrace{\dfrac{mg}{k}}_{d\,(①より)}\right)$

図(ii)

$\ddot{x}=-\underbrace{\dfrac{k}{m}}_{\frac{7}{\frac{1}{7}}=7^2=49}(x-\underbrace{l_0-d}_{\substack{-0.8-0.2\\=-1}})$ これに,$k=7$,$m=\dfrac{1}{7}$,$l_0=0.8$,$d=0.2$ を

代入すると,$\ddot{x}=-49\underbrace{(x-1)}_{\zeta\,(ゼータ)}$ ……② となる。……………………(答)

ここで,新たな変数 ζ を $\zeta=x-1$ とおくと,$\ddot{\zeta}=\dfrac{d^2}{dt^2}(x-1)=\dfrac{d^2x}{dt^2}=\ddot{x}$ より,

②は,$\ddot{\zeta}=-\underbrace{49}_{\omega^2}\zeta$ ……③ となる。 ←単振動の微分方程式

よって,③の一般解は,$\boxed{\zeta}=C_1\cos 7t+C_2\sin 7t$ より,x の一般解は,
$x(t)=C_1\cos 7t+C_2\sin 7t+1$ ……④ となる。
④を t で微分して,$\dot{x}(t)=-7C_1\sin 7t+7C_2\cos 7t$ ……⑤
初期条件より,$x(0)=l_0+d+A=0.8+0.2+0.2=\boxed{1.2=C_1\cdot 1+C_2\cdot 0+1}$ (④より)
$C_1+1=1.2$ ∴ $C_1=0.2$
$\dot{x}(0)=-7C_1\cdot 0+7C_2\cdot 1=\boxed{7C_2=0}$ (⑤より) ∴ $C_2=0$

$t=0$ のとき,P を静止位置から $A=0.2$ だけ引き下げた状態で静かに手を離すので,当然 $\dot{x}(0)=0$ となるんだね。

よって,$C_1=\dfrac{1}{5}$,$C_2=0$ を④に代入すると,この単振動の変位 $x(t)$ は,

$x(t)=\dfrac{1}{5}\cos 7t+1$ $(t\geqq 0)$ で表される。………………………(答)

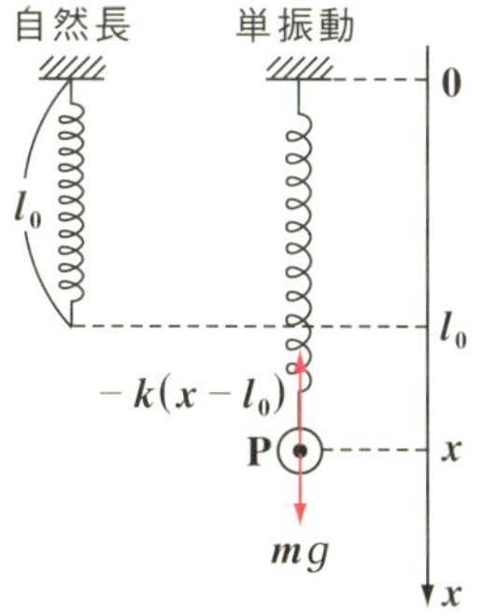

演習問題 6　● 単振り子 ●

質量を無視できる長さ $l=\frac{4}{5}$ (m) の軽い糸の上端 O を天井に固定し，下端に質量 $m=\frac{1}{4}$ (kg) の質点 (重り) P を付けて単振り子を作る。時刻 $t=0$ のとき，振れ角 $\theta=\frac{1}{10}$ (ラジアン) となるように質点 P を糸がたるまないように持ち上げ，静かに手離して，単振動を行わせた。
(θ は十分に小さいものとして，近似的に $\sin\theta \fallingdotseq \theta$，$\cos\theta \fallingdotseq 1$ が成り立つものとする。また，空気抵抗は考えない。)
このとき，振れ角 θ の微分方程式を導き，この特殊解 $\theta(t)$ を求めよ。

ヒント！ 単振り子の図を描いて，振れ角 θ のときの質点 P に作用する力を基に，x 軸方向と y 軸方向の運動方程式を立て，θ の微分方程式を導く。これを初期条件：$\theta(0)=\frac{1}{10}$，$\dot{\theta}(0)=0$ の下で解けばいいんだね。頑張ろう！

解答＆解説

図 (i) に示すように，xy 座標平面上に長さ $l=\frac{4}{5}$ (m) の糸に質量 $m=\frac{1}{4}$ (kg) の質点 P を付けた単振り子を考える。
質点 P の座標を P(x, y) とおくと，

$$\begin{cases} x = \underbrace{l}_{\frac{4}{5}} \cdot \underbrace{\sin\theta}_{\fallingdotseq\,\theta} \fallingdotseq \dfrac{4}{5}\theta \quad \cdots\cdots ① \\ y = -\underbrace{l}_{\frac{4}{5}} \cdot \underbrace{\cos\theta}_{\fallingdotseq\,1} \fallingdotseq -\dfrac{4}{5} \quad \cdots\cdots ② \quad (\because \theta \fallingdotseq 0) \end{cases}$$

図 (i) 単振り子

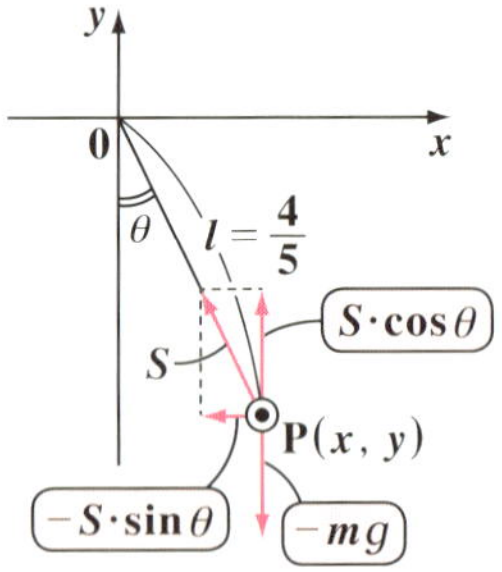

よって，x と y を共に時刻 t で1階，2階微分したものは，

$\dot{x}=\frac{4}{5}\dot{\theta}$，$\ddot{x}=\frac{4}{5}\ddot{\theta}$，$\dot{y}=0$，$\ddot{y}=0$ となる。

ここで，質点 P に作用する力は，重力 $-mg$ と糸の張力 S である。よって，この x 軸方向と y 軸方向の運動方程式を立てると，

x 軸方向：$m\ddot{x}=-S\cdot\sin\theta$ より，　$\frac{1}{5}\ddot{\theta}=-S\cdot\theta$ ……③ となり，また，
（$m=\frac{1}{4}$，$\ddot{x}=\frac{4}{5}\ddot{\theta}$，$\sin\theta\doteqdot\theta$ $(\because\theta\doteqdot 0)$）

y 軸方向：$m\ddot{y}=S\cdot\cos\theta-mg$ より，　$S=\frac{9.8}{4}$ ………④ となる。
（$m=\frac{1}{4}$，$\ddot{y}=0$，$\cos\theta\doteqdot 1$ $(\because\theta\doteqdot 0)$，$m=\frac{1}{4}$，$g=9.8$）

④を③に代入して，振れ角 θ の微分方程式を求めると，

$\frac{1}{5}\ddot{\theta}=-\frac{9.8}{4}\cdot\theta$　　$\therefore\ \ddot{\theta}=-\frac{49}{4}\theta$ ……⑤ となる。……………………………(答)

（単振動の微分方程式）
（$\frac{49}{4}=\omega^2$（ω：角振動数）より，$\omega=\frac{7}{2}$）

⑤は，単振動の微分方程式より，この振れ角 $\theta(t)$ の一般解は，

$\theta(t)=C_1\cos\frac{7}{2}t+C_2\sin\frac{7}{2}t$ ……⑥ となる。

⑥を t で微分して，

$\dot{\theta}(t)=-\frac{7}{2}C_1\sin\frac{7}{2}t+\frac{7}{2}C_2\cos\frac{7}{2}t$ ……⑦ となる。

（時刻 $t=0$ のとき，$\theta(0)=\frac{1}{10}$ で静かに手離すので，$\dot{\theta}(0)=0$ となる。）

ここで，初期条件：$\theta(0)=\frac{1}{10}$，$\dot{\theta}(0)=0$ より，

$\theta(0)=C_1\cdot 1+C_2\cdot 0=\frac{1}{10}$，$\dot{\theta}(0)=-\frac{7}{2}C_1\cdot 0+\frac{7}{2}C_2\cdot 1=0$

$\therefore\ C_1=\frac{1}{10}$，$C_2=0$

C_1，C_2 の値を⑥に代入して，求める振れ角 $\theta(t)$ の特殊解は，

$\theta(t)=\frac{1}{10}\cos\frac{7}{2}t$　$(t\geqq 0)$ となる。………………………………………(答)

演習問題 7　● LC 回路 ●

右図に示すように，電気容量 $C=2(\mu F)$ のコンデンサーに予め $\pm Q_0=\pm\frac{1}{2}(C)$ の電荷が与えられているものとする。これと，自己インダクタンス $L=8(H)$ のコイルをつないだ LC 回路のスイッチを，時刻 $t=0$ のときに閉じるものとする。このとき，次の問いに答えよ。

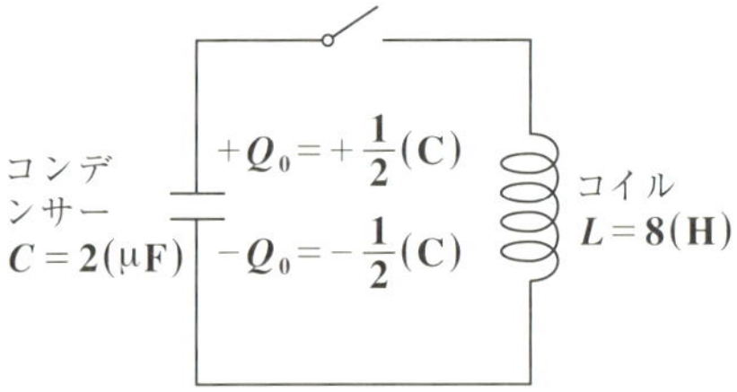

(1) 電荷 Q の微分方程式を導き，この特殊解 $Q(t)$ を求めよ。

(2) コンデンサーの静電エネルギー $U_c=\frac{1}{2}CV^2$ と，コイルの磁場エネルギー $U_m=\frac{1}{2}LI^2$ を求め，これらの和 U_c+U_m が一定となることを示せ。

ヒント！ (1)(逆起電力)＝(電圧降下)から $-L\frac{dI}{dt}=\frac{Q}{C}$ となる。これから，Q の単振動の微分方程式を導き，初期条件：$Q(0)=Q_0$，$\dot{Q}(0)=0$ から特殊解を求めよう。(2)は，LC 回路におけるエネルギーの保存則の問題なんだね。

解答＆解説

(1) コンデンサーの電荷 $Q(C)$ の時刻 t による導関数が LC 回路に流れる電流 I を表すので，$\dot{Q}=I$ ……① となる。

ここで，$L=8(H)$ のコイルには，電流 I の時間的変化を妨げるように逆起電力 $-L\frac{dI}{dt}$ が生じる。また，$C=2(\mu F)=2\times10^{-6}(F)$ のコンデンサーによる電圧降下は $\frac{Q}{C}$ である。よって，この回路について，式(逆起電力)＝(電圧降下)が成り立つので，

$$-L\frac{dI}{dt}=\frac{Q}{C}\qquad \therefore\ \ddot{Q}=-\omega^2Q\ \cdots\cdots②\ \left(\omega=\frac{1}{\sqrt{LC}}\right)$$ となる。

単振動の微分方程式

………(答)

$\frac{d}{dt}\left(\frac{dQ}{dt}\right)=\frac{d^2Q}{dt^2}=\ddot{Q}$ (①より)

ここで，$L=8(\mathrm{H})$，$C=2\times10^{-6}(\mathrm{F})$ より，この電気振動の角振動数 ω は，

$$\omega=\frac{1}{\sqrt{LC}}=\frac{1}{\sqrt{8\times2\times10^{-6}}}=\frac{1}{4\times10^{-3}}=\frac{1000}{4}=250(1/\mathrm{s})$$ となる。

よって，②の一般解 $Q(t)$ と，その t による導関数 $\dot{Q}(t)$ は，

$$Q(t)=C_1\cos250t+C_2\sin250t \quad\cdots\cdots③ \quad (C_1,\ C_2：定数)$$

$$\dot{Q}(t)=-250C_1\sin250t+250C_2\cos250t \quad\cdots\cdots④$$

ここで，初期条件：$Q(0)=Q_0=\frac{1}{2}$，$\dot{Q}(0)=0$ より，

$$\begin{cases} Q(0)=C_1\cdot1+C_2\cdot0=\frac{1}{2} & \therefore C_1=\frac{1}{2} \\ \dot{Q}(0)=-250C_1\cdot0+250C_2\cdot1=0 & \therefore C_2=0 \end{cases}$$

以上より，C_1 と C_2 の値を③に代入すると，$Q(t)$ の特殊解は，次のようになる。

$$Q(t)=\frac{1}{2}\cos250t \quad\cdots\cdots⑤ \quad (t\geqq0)$$ ……………………(答)

(2) コンデンサーの電位差（電圧）V は，$V=\frac{Q}{C}$ ……⑥ であり，

LC 回路に流れる電流 I は，$I=\dot{Q}=-\frac{1}{2}\times250\sin250t=-125\sin250t$ …⑦

である。以上より，静電エネルギー U_c と磁場エネルギー U_m は，

・$$U_c=\frac{1}{2}\cdot C\cdot V^2=\frac{1}{2}\cdot C\cdot\frac{Q^2}{C^2}=\frac{Q^2}{2C}=\frac{\frac{1}{4}\cos^2250t}{2\times2\times10^{-6}}=\underbrace{\frac{10^6}{16}}_{62500}\cos^2250t$$ （⑤，⑥より）

…………(答)

・$$U_m=\frac{1}{2}\cdot L\cdot I^2=\frac{1}{2}\cdot8\cdot(\underbrace{-125}_{-5^3}\cdot\sin250t)^2=\underbrace{4\times5^6}_{62500}\cdot\sin^2250t$$ （⑦より）

…………(答)

以上より，和 U_c+U_m を求めると，

$$U_c+U_m=62500(\underbrace{\cos^2250t+\sin^2250t}_{1})=62500(\mathrm{J})$$（一定）となる。…(終)

（ジュール）

これが，LC 回路におけるエネルギーの保存則である。

講義 Lecture 2 減衰振動と強制振動 methods & formulae

§1. 減衰振動

単振動に，速度に比例する抵抗が加わった場合の運動方程式は，

$m\ddot{x} = -kx - B\dot{x}$　（m：質量，k：ばね定数，B：正の比例定数）

である。これをまとめると，微分方程式：

$\ddot{x} + a\dot{x} + bx = 0$ …①　$\left(a = \dfrac{B}{m} > 0,\ b = \dfrac{k}{m} > 0\right)$ が得られる。これは，

定数係数 2 階線形微分方程式なので，①の解を $x = e^{\lambda t}$ とおくと，

①から特性方程式：$\lambda^2 + a\lambda + b = 0$ …②　が導ける。

この②の λ の解が，(Ⅰ) 異なる 2 虚数解をもつとき，"**減衰振動**"（*damped oscillation*）となり，(Ⅱ) 異なる 2 実数解をもつとき，"**過減衰**"（*over damping*）となり，そして，(Ⅲ) 重解をもつとき，"**臨界減衰**"（*critical damping*）になる。

（Ⅰ）②が相異なる 2 つの虚数解：

$\lambda_1 = -\alpha + \beta i$，$\lambda_2 = -\alpha - \beta i$

（α，β：実数，$\alpha > 0$）をもつとき，

①の解は，

$$x = e^{-\alpha t}(C_1\sin\beta t + C_2\cos\beta t)$$ である。

これは，"**減衰振動**" を表す。

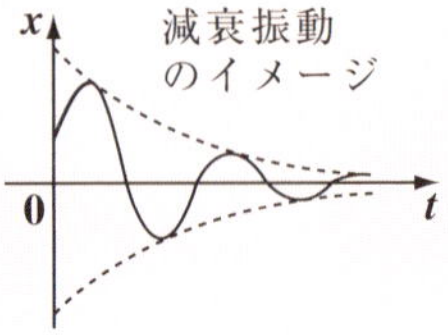

（Ⅱ）②が異なる 2 つの実数解：

λ_1，λ_2　（$\lambda_1 < 0$，$\lambda_2 < 0$）をもつとき，

①の解は，

$$x = C_1 e^{\lambda_1 t} + C_2 e^{\lambda_2 t}$$ である。

これは，"**過減衰**" を表す。

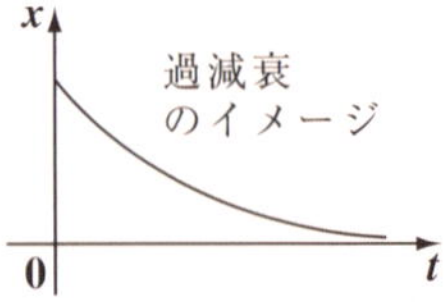

（Ⅲ）②が重解：

λ_1　（$\lambda_1 < 0$）をもつとき，

①の解は，

$$x = (C_1 + C_2 t)e^{\lambda_1 t}$$ である。

これは，"**臨界減衰**" を表す。

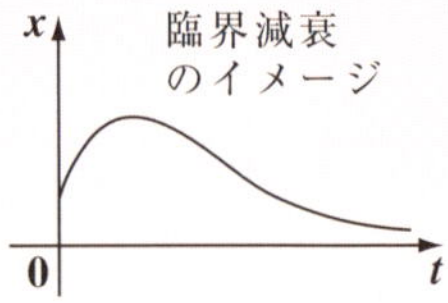

(ex) 微分方程式：$\ddot{x}+6\dot{x}+11x=0$ ……㋐ の一般解を求めよう。

㋐は，定数係数2階線形微分方程式なので，㋐の解を $x=e^{\lambda t}$ とおくと，

$\dot{x}=\lambda e^{\lambda t}$，$\ddot{x}=\lambda^2 e^{\lambda t}$ より，これらを㋐に代入して，

$\lambda^2 e^{\lambda t}+6\lambda e^{\lambda t}+11e^{\lambda t}=0$　　$(\lambda^2+6\lambda+11)e^{\lambda t}=0$

この両辺を $e^{\lambda t}\,(\neq 0)$ で割ると，特性方程式：

$\lambda^2+6\lambda+11=0$ ……㋑ が導かれる。㋑を解いて，

判別式 $\dfrac{D}{4}=3^2-1\cdot 11=-2<0$ より，これは減衰振動になる。

$\lambda=-3\pm\sqrt{9-11}=-3\pm\sqrt{2}\,i$　　よって，㋐の一般解 $x(t)$ は，

$x(t)=e^{-3t}\left(C_1\sin\sqrt{2}\,t+C_2\cos\sqrt{2}\,t\right)$　$(C_1,\ C_2：$定数$)$ となる。

減衰振動の微分方程式：$\ddot{x}+a\dot{x}+bx=0$ について，$0<a\ll b$ のとき，この減衰振動の力学的エネルギー $E=K+U$ は，

（K：運動エネルギー，U：ポテンシャルエネルギー）

$E=Ce^{-at}$　$(C：$定数$)$ となって，時刻 t の経過と共に減少する。これを

"エネルギーの散逸（さんいつ）" (*energy dissipation*) という。

また，減衰振動は，LC 回路に抵抗 $R(\Omega)$ を接続した右図に示すような RLC 回路においても生じる。$t=0$ で，この回路のスイッチを閉じると，Q について，次のような減衰振動の微分方程式が導かれる。

RLC 回路

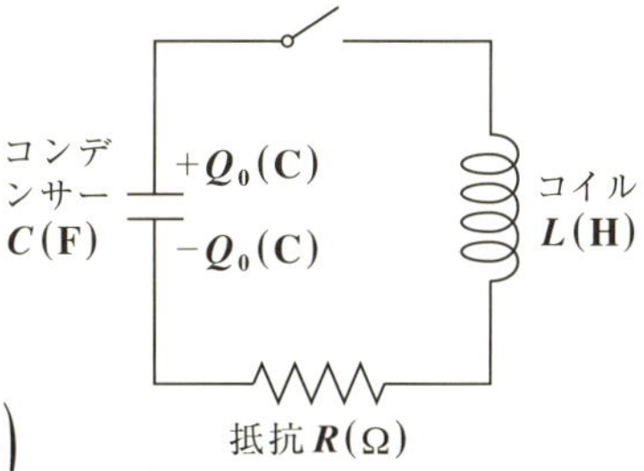

$\ddot{Q}+a\dot{Q}+bQ=0$ ……③　$\left(a=\dfrac{R}{L},\ b=\dfrac{1}{LC}\right)$

したがって，③の特性方程式：$\lambda^2+a\lambda+b=0$ の判別式 D が，$D=a^2-4b<0$ のとき，λ は虚数解 $\lambda_1=-\alpha+\beta i$ と $\lambda_2=-\alpha-\beta i$ $(\alpha,\ \beta：$実数，$\alpha>0)$ をもつので，Q は減衰振動の方程式：$Q=e^{-\alpha t}(C_1\sin\beta t+C_2\cos\beta t)$ で表されることになる。

§2. 強制振動

速度に比例する抵抗を受けながら減衰振動している物体(振動子)に対して，外部から強制的に振動している力 $f_0\cos\omega t$ が加えられるとき，これを"**強制振動**"(きょうせいしんどう)(*forced oscillation*)といい，この運動方程式は次のようになる。

$$m\ddot{x} = \underbrace{-kx}_{\text{復元力}}\ \underbrace{-B\dot{x}}_{\text{抵抗}} + \underbrace{f_0\cos\omega t}_{\text{外部から加えられる振動する力}} \qquad (f_0,\ \omega：定数)$$

これを変形して，

$\ddot{x} + a\dot{x} + bx = \gamma\cos\omega t$ ……① となる。

$\left(ただし，a = \dfrac{B}{m},\ b = \dfrac{k}{m}(=\omega_0{}^2),\ \gamma = \dfrac{f_0}{m}\right)$

①の方程式の一般解 x については，

(i) まず，$\ddot{x} + a\dot{x} + bx = 0$ ……② の一般解 $X = C_1e^{\lambda_1 t} + C_2e^{\lambda_2 t}$ を求め，

②が減衰振動の微分方程式ならば，これは $X = e^{-\alpha t}(C_1\sin\beta t + C_2\cos\beta t)$ となる。

(ii) 次に，$\ddot{x} + a\dot{x} + bx = \gamma\cos\omega t$ ……① をみたす特殊解 x_0 を求める。

以上(i)(ii)より，①の方程式の一般解 x は，

$x = X + x_0 = C_1e^{\lambda_1 t} + C_2e^{\lambda_2 t} + x_0$ ……③ となる。

$t \to \infty$ のとき $X \to 0$ となるので，長時間経過した後は，$x = x_0$ となる。

特殊解 x_0 は，$x_0 = \delta\cos(\omega t - \phi)$ と表される。

ただし，$\phi = \tan^{-1}\dfrac{a\omega}{b-\omega^2}$，$\delta = \dfrac{\gamma}{l}$，

$l = \sqrt{(b-\omega^2)^2 + (a\omega)^2}$

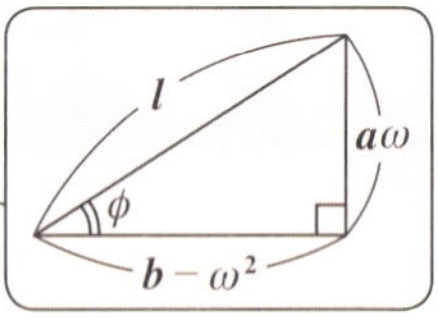

①の強制振動の方程式において，$B \fallingdotseq 0$ のとき，$\omega \fallingdotseq \omega_0\left(=\sqrt{\dfrac{k}{m}}\right)$ のとき，x_0

（ω_0：元の系の固有振動数という。）

の振幅 δ が急激に大きくなる。この現象を"**共振**"(きょうしん)または"**共鳴**"(きょうめい)(*resonance*)という。

ここで，十分時間が経過した後の強制振動系によるエネルギー吸収率を $P(\omega)$ とおくと，

$P(\omega)=\frac{1}{T}\int_0^T f_0\cos\omega t\,\frac{dx}{dt}dt$ ……④ (T：周期) となる。

これを計算すると，

$P(\omega)=\frac{f_0{}^2a}{2m}\cdot\frac{\omega^2}{(\omega_0{}^2-\omega^2)^2+a^2\omega^2}$ となり，これは，

$\omega=\omega_0$ のとき，最大値 $P(\omega_0)=\frac{f_0{}^2}{2ma}$ をとる。

次に，右図のように，RLC 回路に交流電源 $V=V_0\cos\omega t$ を接続して閉回路を作ると，この回路に流れる電流 I のみたす微分方程式は次のようになる。

強制振動系の RLC 回路

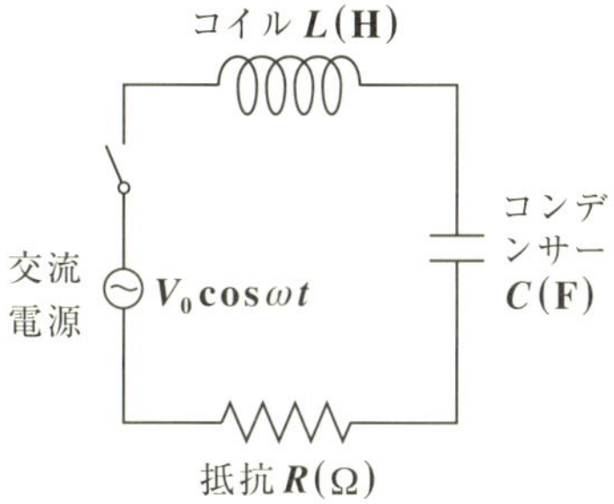

$L\ddot{I}+R\dot{I}+\frac{1}{C}I=-V_0\omega\sin\omega t$

よって，

$\ddot{I}+a\dot{I}+bI=-\gamma\cdot\sin\omega t$ ……⑤ となる。

$\left(\text{ただし，} a=\frac{R}{L},\ b=\frac{1}{LC}\ (=\omega_0{}^2),\ \gamma=\frac{V_0\omega}{L}\right)$

⑤の一般解 I は，①の一般解と同様に次のようになる。

$I=C_1e^{\lambda_1 t}+C_2e^{\lambda_2 t}+i_0$ (i_0：特殊解)

$t\to\infty$ のとき，$I\to i_0$ となり，この i_0 は，

$i_0=I_0\cos(\omega t-\phi)$ と表される。

ただし，$\phi=\tan^{-1}\left(\frac{L\omega-\frac{1}{C\omega}}{R}\right)$，$I_0=\frac{V_0}{l}$，

$l=\sqrt{R^2+\left(L\omega-\frac{1}{C\omega}\right)^2}$

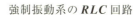

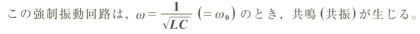

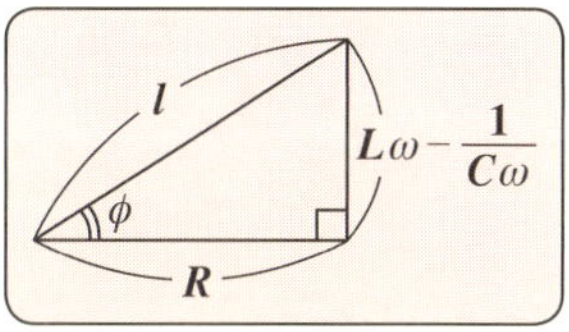

この強制振動回路は，$\omega=\frac{1}{\sqrt{LC}}$ $(=\omega_0)$ のとき，共鳴（共振）が生じる。

演習問題 8 　● 減衰振動 ●

速度に比例する抵抗を受けながら振動する水平ばね振り子の質点 **P** の変位 x が，次の各微分方程式で表されるとき，これを解いて特殊解 $x(t)$ を求めよ。

(1) $\ddot{x}+2\dot{x}+5x=0$ 　(初期条件：$x(0)=0$，$\dot{x}(0)=4$)

(2) $\ddot{x}+\dot{x}+\frac{1}{2}x=0$ 　(初期条件：$x(0)=1$，$\dot{x}(0)=0$)

ヒント！ 一般に，減衰振動の微分方程式：$\ddot{x}+a\dot{x}+bx=0$ $\left(a=\frac{B}{m},\ b=\frac{k}{m}\right)$ の特性方程式：$\lambda^2+a\lambda+b=0$ の解が $\lambda_1=-\alpha+\beta i$，$\lambda_2=-\alpha-\beta i$ ($\alpha>0$，β：実数) であるとき，この一般解は，$x(t)=e^{-\alpha t}(C_1\sin\beta t+C_2\cos\beta t)$ となるんだね。

解答＆解説

(1) $\ddot{x}+2\dot{x}+5x=0$ ……① (初期条件：$x(0)=0$，$\dot{x}(0)=4$) の解は，

$x=e^{\lambda t}$ (λ：定数) と考えられる。これを，t で 1 階，2 階微分して，

$\dot{x}=\lambda e^{\lambda t}$，$\ddot{x}=\lambda^2 e^{\lambda t}$ となる。これらを①に代入すると，

$\lambda^2 e^{\lambda t}+2\lambda e^{\lambda t}+5e^{\lambda t}=0$ 　 $(\lambda^2+2\lambda+5)\underbrace{e^{\lambda t}}_{\neq 0}=0$ となる。

この両辺を $e^{\lambda t}$ ($\neq 0$) で割ると，特性方程式：

$\lambda^2+2\lambda+5=0$ ……② が導ける。

(②の判別式を D とおくと，$\frac{D}{4}=1-5=-4<0$ より，これは減衰振動になる。)

②の解を求めると，

$\lambda=-1\pm\sqrt{1-5}=-1\pm 2i$

$\therefore \lambda_1=-1+2i$，$\lambda_2=-1-2i$ となる。

よって，①の微分方程式の 1 次独立な解は，

$x_1=e^{\lambda_1 t}=e^{(-1+2i)t}$，$x_2=e^{\lambda_2 t}=e^{(-1-2i)t}$

(ロンスキアン $W(x_1,\ x_2)$ は，
$W(x_1,\ x_2)=\begin{vmatrix} x_1 & x_2 \\ \dot{x}_1 & \dot{x}_2 \end{vmatrix}$
$=\begin{vmatrix} e^{\lambda_1 t} & e^{\lambda_2 t} \\ \lambda_1 e^{\lambda_1 t} & \lambda_2 e^{\lambda_2 t} \end{vmatrix}$
$=\lambda_2 e^{(\lambda_1+\lambda_2)t}-\lambda_1 e^{(\lambda_1+\lambda_2)t}$
$=\underbrace{(\lambda_2-\lambda_1)}_{-4i}\underbrace{e^{(\lambda_1+\lambda_2)t}}_{\neq 0}\neq 0$ より，
x_1 と x_2 は独立な解である。)

となる。これから，①の一般解 $x(t)$ は，

$x(t)=B_1e^{-t+2it}+B_2e^{-t-2it}$

$=e^{-t}\left(B_1e^{2it}+B_2e^{-2it}\right)$ (B_1，B_2：定数) となる。

$B_1(\cos 2t+i\sin 2t)+B_2(\cos 2t-i\sin 2t)$
$=\underbrace{(B_1i-B_2i)}_{C_1}\sin 2t+\underbrace{(B_1+B_2)}_{C_2}\cos 2t$

(オイラーの公式：$e^{i\theta}=\cos\theta+i\sin\theta$ を用いた。)

$\therefore x(t) = e^{-t}(C_1\sin 2t + C_2\cos 2t)$ ……③ （C_1, C_2：定数）となる。

③を t で微分して，

$\dot{x}(t) = -e^{-t}(C_1\sin 2t + C_2\cos 2t) + e^{-t}(2C_1\cos 2t - 2C_2\sin 2t)$ ……③′

ここで，初期条件：$x(0) = 0$, $\dot{x}(0) = 4$ より，

$x(0) = \underbrace{e^0}_{1}(C_1\underbrace{\sin 0}_{0} + C_2\underbrace{\cos 0}_{1}) = \boxed{C_2 = 0}$ （③より）　　$\therefore C_2 = 0$ ……④

$\dot{x}(0) = -\underbrace{e^0}_{1}(C_1\underbrace{\sin 0}_{0} + \underbrace{C_2}_{0}\cos 0) + \underbrace{e^0}_{1}(2C_1\underbrace{\cos 0}_{1} - 2\underbrace{C_2}_{0}\sin 0)$

$= \boxed{2C_1 = 4}$ （③′，④より）　　$\therefore C_1 = 2$ ……④′

以上より，④と④′を③に代入すると，①の微分方程式の特殊解 $x(t)$ は，

$x(t) = 2e^{-t}\sin 2t$ （$t \geqq 0$）となる。 ……………………………………（答）

(2) $\ddot{x} + \dot{x} + \dfrac{1}{2}x = 0$ ……⑤ (初期条件：$x(0) = 1$, $\dot{x}(0) = 0$) の解は，

$x = e^{\lambda t}$ （λ：定数）と考えられる。これを，t で1階，2階微分して，

$\dot{x} = \lambda e^{\lambda t}$, $\ddot{x} = \lambda^2 e^{\lambda t}$ となる。これらを⑤に代入すると，

$\lambda^2 e^{\lambda t} + \lambda e^{\lambda t} + \dfrac{1}{2}e^{\lambda t} = 0$　　$\left(\lambda^2 + \lambda + \dfrac{1}{2}\right)\underbrace{e^{\lambda t}}_{\neq 0} = 0$ となる。

この両辺を $e^{\lambda t}$ ($\neq 0$) で割ると，特性方程式：

$\lambda^2 + \lambda + \dfrac{1}{2} = 0$ ……⑥ が導ける。

> ①の判別式を D とおくと，
> $D = 1^2 - 4\cdot\dfrac{1}{2} = -1 < 0$ より，
> これは減衰振動になる。

⑥の解を求めると，

$$\lambda = \frac{-1 \pm \sqrt{1-2}}{2} = -\frac{1}{2} \pm \frac{1}{2}i \text{ となる。}$$

> これから，⑤の一般解を $x(t) = e^{-\frac{1}{2}t}\left(C_1\sin\dfrac{1}{2}t + C_2\cos\dfrac{1}{2}t\right)$ と持ち込んでもよいが，ここでは，これを導いておこう。

よって，⑤の微分方程式の1次独立な解は，

$x_1 = e^{\lambda_1 t} = e^{\left(-\frac{1}{2}+\frac{1}{2}i\right)t}$, $x_2 = e^{\lambda_2 t} = e^{\left(-\frac{1}{2}-\frac{1}{2}i\right)t}$

となる。

> ロンスキアン $W(x_1, x_2) \neq 0$ より，
> x_1 と x_2 は1次独立な解である。

これから，⑤の一般解 $x(t)$ は，

$x_1 = e^{-\frac{1}{2}t+\frac{1}{2}it}$
$x_2 = e^{-\frac{1}{2}t-\frac{1}{2}it}$

$$x(t) = B_1 e^{-\frac{1}{2}t+\frac{1}{2}it} + B_2 e^{-\frac{1}{2}t-\frac{1}{2}it}$$

$$= e^{-\frac{1}{2}t}\underbrace{\left(B_1 e^{\frac{1}{2}it} + B_2 e^{-\frac{1}{2}it}\right)}$$

$$B_1\left(\cos\frac{1}{2}t + i\sin\frac{1}{2}t\right) + B_2\left(\cos\frac{1}{2}t - i\sin\frac{1}{2}t\right)$$
$$= \underbrace{(B_1 i - B_2 i)}_{C_1}\sin\frac{1}{2}t + \underbrace{(B_1 + B_2)}_{C_2 \text{とおく}}\cos\frac{1}{2}t = C_1\sin\frac{1}{2}t + C_2\cos\frac{1}{2}t$$

$\therefore x(t) = e^{-\frac{1}{2}t}\left(C_1\sin\frac{1}{2}t + C_2\cos\frac{1}{2}t\right)$ ……⑦　(C_1，C_2：定数) となる。

⑦を t で微分して，

$$\dot{x}(t) = -\frac{1}{2}e^{-\frac{1}{2}t}\left(C_1\sin\frac{1}{2}t + C_2\cos\frac{1}{2}t\right) + e^{-\frac{1}{2}t}\left(\frac{1}{2}C_1\cos\frac{1}{2}t - \frac{1}{2}C_2\sin\frac{1}{2}t\right) \text{……⑦}'$$

ここで，初期条件：$x(0) = 1$，$\dot{x}(0) = 0$ より，

$$x(0) = 1\cdot(C_1\cdot 0 + C_2\cdot 1) = \boxed{C_2 = 1} \qquad \therefore C_2 = 1 \text{……⑧}$$

$$\dot{x}(0) = -\frac{1}{2}\cdot 1\cdot(C_1\cdot 0 + C_2\cdot 1) + 1\cdot\left(\frac{1}{2}C_1\cdot 1 - \frac{1}{2}C_2\cdot 0\right)$$

$$= -\frac{1}{2}\underbrace{C_2}_{1\,(⑧\text{より})} + \frac{1}{2}C_1 = \boxed{-\frac{1}{2} + \frac{1}{2}C_1 = 0} \qquad \therefore C_1 = 1 \text{……⑧}'$$

以上より，⑧と⑧´を⑦に代入すると，微分方程式：$\ddot{x} + \dot{x} + \frac{1}{2}x = 0$ ……⑤の特殊解 $x(t)$ が次のようになる。

$$x(t) = e^{-\frac{1}{2}t}\underbrace{\left(\sin\frac{1}{2}t + \cos\frac{1}{2}t\right)} = \sqrt{2}e^{-\frac{1}{2}t}\sin\left(\frac{1}{2}t + \frac{\pi}{4}\right) \text{…………………(答)}$$

$$\sqrt{2}\left(\sin\frac{1}{2}t\cdot\cos\frac{\pi}{4} + \cos\frac{1}{2}t\cdot\sin\frac{\pi}{4}\right) = \sqrt{2}\sin\left(\frac{1}{2}t + \frac{\pi}{4}\right) \leftarrow \text{三角関数の合成}$$

（この減衰振動のグラフの概形を右図に示す。）

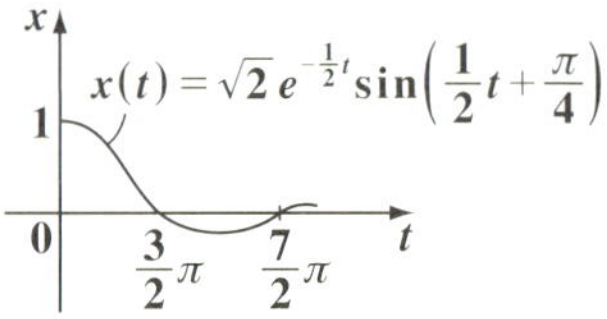

演習問題 9　● 過減衰 ●

速度 v に比例する抵抗を受けながら振動する水平ばね振り子の質点 P の変位 x が，次の各微分方程式で表されるとき，これを解いて特殊解 $x(t)$ を求めよ。

(1) $\ddot{x}+3\dot{x}+2x=0$　（初期条件：$x(0)=2$，$\dot{x}(0)=-4$）

(2) $\ddot{x}+\frac{4}{3}\dot{x}+\frac{1}{3}x=0$　$\left(\text{初期条件：}x(0)=3,\ \dot{x}(0)=-\frac{5}{3}\right)$

ヒント！ 一般に，過減衰の微分方程式：$\ddot{x}+a\dot{x}+bx=0$ $\left(a=\frac{B}{m},\ b=\frac{k}{m}\right)$ の特性方程式：$\lambda^2+a\lambda+b=0$ の実数解が λ_1，λ_2 $(\lambda_1<0,\ \lambda_2<0)$ であるとき，この一般解は $x=C_1e^{\lambda_1 t}+C_2e^{\lambda_2 t}$ となる。これに，初期条件を加えて，特殊解を求める。

解答＆解説

(1) $\ddot{x}+3\dot{x}+2x=0$ ……① （初期条件：$x(0)=2$，$\dot{x}(0)=-4$）の基本解は，

$x=e^{\lambda t}$　（λ：定数）と考えられる。これを t で1階，2階微分して，

$\dot{x}=\lambda e^{\lambda t}$，$\ddot{x}=\lambda^2e^{\lambda t}$ となる。これらを，①に代入すると，

$\lambda^2e^{\lambda t}+3\lambda e^{\lambda t}+2e^{\lambda t}=0$　　$(\lambda^2+3\lambda+2)\underbrace{e^{\lambda t}}_{\neq 0}=0$ となる。

この両辺を $e^{\lambda t}\ (\neq 0)$ で割ると，特性方程式：

$\lambda^2+3\lambda+2=0$ ……② が導ける。

②は，$(\lambda+1)(\lambda+2)=0$ より，

$\lambda_1=-1$，$\lambda_2=-2$ となる。

> ②の判別式を D とおくと，
> $D=9-8=1>0$ より，
> これは過減衰になる。

よって，①の微分方程式の1次独立な解は，

$x_1=e^{\lambda_1 t}=e^{-t}$，$x_2=e^{\lambda_2 t}=e^{-2t}$ となる。

> ロンスキアン $W(x_1,\ x_2)$ は，
> $W(x_1,\ x_2)=\begin{vmatrix}x_1 & x_2\\ \dot{x}_1 & \dot{x}_2\end{vmatrix}$
> $=\begin{vmatrix}e^{-t} & e^{-2t}\\ -e^{-t} & -2e^{-2t}\end{vmatrix}$
> $=-2e^{-3t}+e^{-3t}=-e^{-3t}\neq 0$
> より，x_1 と x_2 は独立な解である。

これから，①の一般解 $x(t)$ は，

$x(t)=C_1e^{-t}+C_2e^{-2t}$ ……③　$(C_1,\ C_2$：定数$)$

となる。③を t で微分すると，

$\dot{x}(t)=-C_1e^{-t}-2C_2e^{-2t}$ ……③′ となる。

ここで，初期条件：$x(0)=2$，$\dot{x}(0)=-4$ より，

$x(t)=C_1e^{-t}+C_2e^{-2t}$ ……③
$\dot{x}(t)=-C_1e^{-t}-2C_2e^{-2t}$ ……③´

$x(0)=C_1\cdot 1+C_2\cdot 1=\boxed{C_1+C_2=2}$　　$\therefore C_1+C_2=2$ ……④

$\dot{x}(0)=-C_1\cdot 1-2C_2\cdot 1=\boxed{-C_1-2C_2=-4}$　　$\therefore C_1+2C_2=4$ ……④´

④´－④より，$C_2=2$ ……⑤　　⑤を④に代入して，$C_1=0$ ……⑤´

以上より，⑤と⑤´を③に代入すると，微分方程式：$\ddot{x}+3\dot{x}+2x=0$ ……①の特殊解 $x(t)$ は，次のようになる。

$x(t)=2\cdot e^{-2t}\ (t\geqq 0)$ ……………………………………………………(答)

(2) $\ddot{x}+\frac{4}{3}\dot{x}+\frac{1}{3}x=0$ ……⑥ $\left(\text{初期条件：} x(0)=3,\ \dot{x}(0)=-\frac{5}{3}\right)$ の解は，

$x=e^{\lambda t}$ （λ：定数）と考えられる。これを t で1階，2階微分して，

$\dot{x}=\lambda e^{\lambda t}$，$\ddot{x}=\lambda^2e^{\lambda t}$ となる。これらを⑥に代入すると，

$\lambda^2e^{\lambda t}+\frac{4}{3}\lambda e^{\lambda t}+\frac{1}{3}e^{\lambda t}=0$　　$\left(\lambda^2+\frac{4}{3}\lambda+\frac{1}{3}\right)\underbrace{e^{\lambda t}}_{\neq 0}=0$

この両辺を，$e^{\lambda t}\ (\neq 0)$ で割ると，特性方程式：

$\lambda^2+\frac{4}{3}\lambda+\frac{1}{3}=0$ ……⑦ が導ける。

⑦の判別式を D とおくと，
$\frac{D}{4}=\frac{4}{9}-\frac{1}{3}=\frac{1}{9}>0$ より，
これは過減衰になる。

⑦は，$\left(\lambda+\frac{1}{3}\right)(\lambda+1)=0$ と変形できる。

$\therefore \lambda_1=-\frac{1}{3}$，$\lambda_2=-1$ となる。

よって，⑥の微分方程式の1次独立な解は，

$x_1=e^{\lambda_1 t}=e^{-\frac{1}{3}t}$，$x_2=e^{\lambda_2 t}=e^{-t}$ となる。

ロンスキアン $W(x_1,\ x_2)$ は，
$W(x_1,\ x_2)=\begin{vmatrix} x_1 & x_2 \\ \dot{x}_1 & \dot{x}_2 \end{vmatrix}$
$=\begin{vmatrix} e^{-\frac{1}{3}t} & e^{-t} \\ -\frac{1}{3}e^{-\frac{1}{3}t} & -e^{-t} \end{vmatrix}$
$=-e^{-\frac{4}{3}t}+\frac{1}{3}e^{-\frac{4}{3}t}=-\frac{2}{3}e^{-\frac{4}{3}t}\neq 0$
より，x_1 と x_2 は1次独立な解である。

これから，⑥の一般解 $x(t)$ は，

$x(t)=C_1e^{-\frac{1}{3}t}+C_2e^{-t}$ ……⑧ （C_1，C_2：定数）

となる。⑧を t で微分すると，

$\dot{x}(t)=-\frac{1}{3}C_1e^{-\frac{1}{3}t}-C_2e^{-t}$ ……⑧´ となる。

ここで，初期条件：$x(0)=3$，$\dot{x}(0)=-\frac{5}{3}$ より，

$x(0)=C_1\cdot 1+C_2\cdot 1=\boxed{C_1+C_2=3}$ 　　$\therefore C_1+C_2=3$ ………⑨

$\dot{x}(0)=-\frac{1}{3}C_1\cdot 1-C_2\cdot 1=\boxed{-\frac{1}{3}C_1-C_2=-\frac{5}{3}}$ 　$\therefore \frac{1}{3}C_1+C_2=\frac{5}{3}$ ……⑨´

⑨－⑨´より，$\frac{2}{3}C_1=\frac{4}{3}$ 　　$\therefore C_1=\frac{4}{\cancel{3}}\times\frac{\cancel{3}}{2}=2$ ……⑩

⑩を⑨に代入して，$2+C_2=3$ 　　$\therefore C_2=1$ ……………⑩´

以上より，⑩と⑩´を⑧に代入すると，⑥の微分方程式の特殊解 $x(t)$ は，次のようになる。

$x(t)=2e^{-\frac{1}{3}t}+e^{-t}\ \ (t\geqq 0)$ ……………………………………………(答)

参考

(1)の特殊解：$x(t)=2e^{-2t}\ \ (t\geqq 0)$ は，$x(0)=2$ であり，単調に減少する関数で，$\lim_{t\to\infty}x(t)=0$ となる。よって，このグラフの概形は，右の図(i)のようになる。

図(i) $x(t)=2e^{-2t}\ \ (t\geqq 0)$ のグラフ

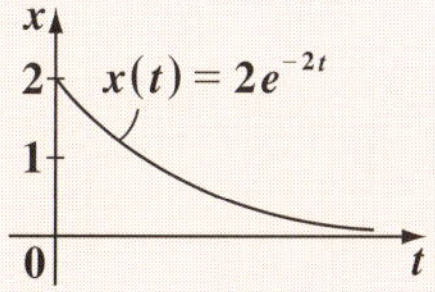

(2)の特殊解：$x(t)=2e^{-\frac{1}{3}t}+e^{-t}\ \ (t\geqq 0)$ は，$x(0)=2+1=3$ であり，単調に減少する関数で，$\lim_{t\to\infty}x(t)=0$ となる。よって，このグラフの概形は，右の図(ii)のようになる。

図(ii) $x(t)=2e^{-\frac{1}{3}t}+e^{-t}\ \ (t\geqq 0)$ のグラフ

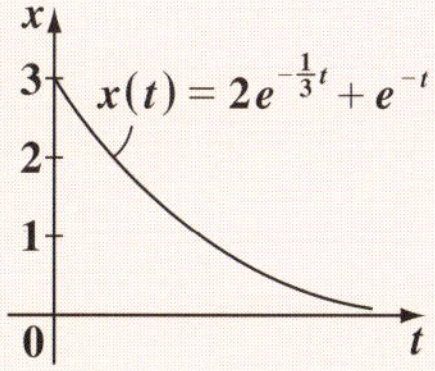

演習問題 10　● 臨界減衰 ●

速度 v に比例する抵抗を受けながら振動する水平ばね振り子の質点 $\mathbf{P}$ の変位 x が，次の各微分方程式で表されるとき，これを解いて特殊解 $x(t)$ を求めよ。

(1) $\ddot{x}+6\dot{x}+9x=0$　(初期条件：$x(0)=0$，$\dot{x}(0)=3$)

(2) $\ddot{x}+\frac{4}{3}\dot{x}+\frac{4}{9}x=0$　$\left(\text{初期条件：}x(0)=1,\ \dot{x}(0)=\frac{1}{3}\right)$

ヒント！ 一般に，臨界減衰の微分方程式：$\ddot{x}+a\dot{x}+bx=0$ $\left(a=\frac{B}{m},\ b=\frac{k}{m}\right)$ の特性方程式：$\lambda^2+a\lambda+b=0$ の解が，λ_1（重解）$(\lambda_1<0)$ であるとき，この一般解は，$x(t)=(C_1+C_2t)e^{\lambda_1 t}$ となる。後は，初期条件から C_1 と C_2 を決定して，特殊解を求めればいいんだね。頑張ろう！

解答＆解説

(1) $\ddot{x}+6\dot{x}+9x=0$ ……① (初期条件：$x(0)=0$，$\dot{x}(0)=3$) の解は，

$x=e^{\lambda t}$ （λ：定数）と考えられる。これを，t で1階，2階微分して，

$\dot{x}=\lambda e^{\lambda t}$，$\ddot{x}=\lambda^2 e^{\lambda t}$ となる。これらを，①に代入すると，

$\lambda^2 e^{\lambda t}+6\lambda e^{\lambda t}+9e^{\lambda t}=0$　　$(\lambda^2+6\lambda+9)\underbrace{e^{\lambda t}}_{\neq 0}=0$ となる。

この両辺を $e^{\lambda t}\ (\neq 0)$ で割ると，特性方程式：

$\lambda^2+6\lambda+9=0$ ……② が導ける。

> ②の判別式を D とおくと，$\frac{D}{4}=3^2-9=0$ より，これは臨界減衰になる。

②は，$(\lambda+3)^2=0$ となるので，

この解 $\lambda_1=-3$ （重解）となる。

よって，①の微分方程式の1次独立な解は，

$x_1=e^{\lambda_1 t}=e^{-3t}$，$\underline{x_2=te^{\lambda_1 t}=te^{-3t}}$

> ②の特性方程式が重解をもつとき，①の微分方程式は $x_1=e^{\lambda_1 t}$ 以外に，1次独立な基本解として，$x_2=te^{\lambda_1 t}$ をもつ。

> ロンスキアン $W(x_1, x_2)$ は，
> $W(x_1,x_2)=\begin{vmatrix} x_1 & x_2 \\ \dot{x}_1 & \dot{x}_2 \end{vmatrix}$
> $=\begin{vmatrix} e^{-3t} & t\cdot e^{-3t} \\ -3e^{-3t} & (1-3t)e^{-3t} \end{vmatrix}$
> $=(1-3t)e^{-6t}+3te^{-6t}$
> $=e^{-6t}\neq 0$ より，
> x_1 と x_2 は独立な解である。

となる。これから，①の一般解 $x(t)$ は，

$x(t) = C_1 e^{-3t} + C_2 t e^{-3t}$

$\therefore x(t) = (C_1 + C_2 t)e^{-3t}$ ……③ (C_1, C_2：定数) となる。

③を t で微分して，

$$\dot{x}(t) = C_2 e^{-3t} + (C_1 + C_2 t)\cdot(-3)\cdot e^{-3t}$$
$$= (-3C_1 + C_2 - 3C_2 t)e^{-3t} \text{ ……③}'$$ となる。

ここで，初期条件：$x(0) = 0$，$\dot{x}(0) = 3$ より，

$x(0) = (C_1 + \cancel{C_2 \cdot 0}) \cdot 1 = \boxed{C_1 = 0}$　　$\therefore C_1 = 0$ ……④

$\dot{x}(0) = (\cancel{-3 \cdot 0} + C_2 \cancel{- 3C_2 \cdot 0}) \cdot 1 = \boxed{C_2 = 3}$　　$\therefore C_2 = 3$ ……④′

以上より，④と④′を③に代入すると，①の微分方程式の特殊解 $x(t)$ は，次のようになる。

$x(t) = 3te^{-3t}$ $(t \geqq 0)$ ………(答)

(このグラフの概形を右図に示す。)

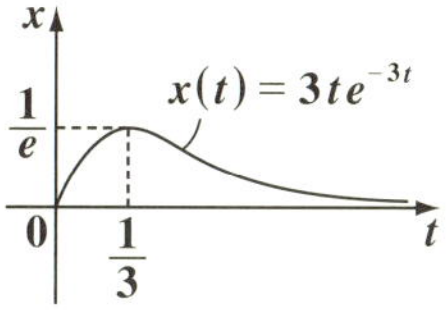

(2) $\ddot{x} + \dfrac{4}{3}\dot{x} + \dfrac{4}{9}x = 0$ ……⑤ $\left(\text{初期条件：} x(0) = 1,\ \dot{x}(0) = \dfrac{1}{3}\right)$ の解は，

$x = e^{\lambda t}$ (λ：定数) と考えられる。これを t で1階，2階微分して，

$\dot{x} = \lambda e^{\lambda t}$，$\ddot{x} = \lambda^2 e^{\lambda t}$ となる。これらを⑤に代入すると，

$$\lambda^2 e^{\lambda t} + \frac{4}{3}\lambda e^{\lambda t} + \frac{4}{9}e^{\lambda t} = 0 \qquad \left(\lambda^2 + \frac{4}{3}\lambda + \frac{4}{9}\right)\underbrace{e^{\lambda t}}_{\neq 0} = 0$$

この両辺を，$e^{\lambda t}$ $(\neq 0)$ で割ると，特性方程式：

$\lambda^2 + \dfrac{4}{3}\lambda + \dfrac{4}{9} = 0$ ……⑥ が導ける。

> ⑤の判別式を D とおくと，
> $\dfrac{D}{4} = \left(\dfrac{2}{3}\right)^2 - \dfrac{4}{9} = 0$ より，
> これは臨界減衰になる。

⑥は，$\left(\lambda + \dfrac{2}{3}\right)^2 = 0$ となるので，

この解は，$\lambda_1 = -\dfrac{2}{3}$ (重解) となる。

よって，⑤の微分方程式の1次独立な解は，

$x_1 = e^{\lambda_1 t} = e^{-\frac{2}{3}t}$，$x_2 = te^{\lambda_1 t} = te^{-\frac{2}{3}t}$

> ロンスキアン $W(x_1,\ x_2)$ は，
> $W(x_1,\ x_2) = \begin{vmatrix} x_1 & x_2 \\ \dot{x}_1 & \dot{x}_2 \end{vmatrix} = e^{-\frac{4}{3}t} \neq 0$
> より，x_1 と x_2 は1次独立な解。

となる。これから，⑤の一般解 $x(t)$ は，

$$x(t) = C_1 e^{-\frac{2}{3}t} + C_2 t e^{-\frac{2}{3}t}$$

$\therefore x(t) = (C_1 + C_2 t) e^{-\frac{2}{3}t}$ ……⑦ (C_1, C_2：定数) となる。

⑦を t で微分して,

$$\dot{x}(t) = C_2 e^{-\frac{2}{3}t} + (C_1 + C_2 t)\cdot\left(-\frac{2}{3}\right)e^{-\frac{2}{3}t}$$

$$= \left(-\frac{2}{3}C_1 + C_2 - \frac{2}{3}C_2 t\right)e^{-\frac{2}{3}t}$$ ……⑦′ となる。

ここで，初期条件：$x(0) = 1$, $\dot{x}(0) = \frac{1}{3}$ より,

$x(0) = (C_1 + 0)\cdot 1 = \boxed{C_1 = 1}$ $\therefore C_1 = 1$ ……⑧

$\dot{x}(0) = \left(-\frac{2}{3}\underbrace{C_1}_{1} + C_2 - \frac{2}{3}C_2\cdot 0\right)\cdot 1 = \boxed{-\frac{2}{3} + C_2 = \frac{1}{3}}$ $\therefore C_2 = 1$ ……⑧′

以上より，⑧と⑧′を⑦に代入すると，⑤の微分方程式の特殊解 $x(t)$ は，次のようになる。

$x(t) = (1 + t)e^{-\frac{2}{3}t}$ $(t \geqq 0)$ ………(答)

(このグラフの概形を右図に示す。)

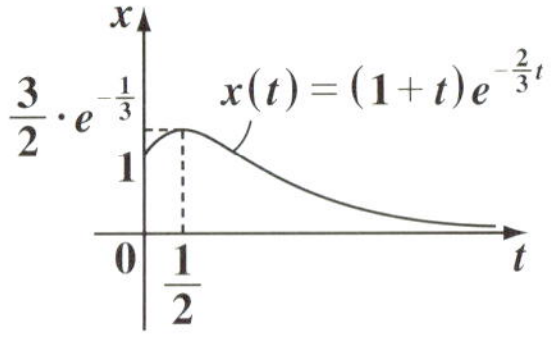

演習問題 11 ● 減衰振動によるエネルギー散逸(I) ●

速度 v に比例する抵抗を受けながら減衰振動する水平ばね振り子の質点 P の質量を m とする。また，質点 P の変位 x は，微分方程式：

$\ddot{x}+a\dot{x}+bx=0$ ……① で表される。$\left(\text{ただし，} a=\frac{B}{m},\ b=\omega_0{}^2=\frac{k}{m},\ B\text{：抵抗の比例定数，} k\text{：ばね定数}\right)$ $0<a\ll b$ のとき，次の各問いに答えよ。

(1) ①の一般解 $x(t)$ は，近似的に $x=e^{-\frac{a}{2}t}(C_1\sin\omega_0 t+C_2\cos\omega_0 t)$ （C_1，C_2：定数）となることを示せ。

(2) この減衰振動の力学的エネルギー $E=\frac{1}{2}mv^2+\frac{1}{2}kx^2$ が，近似的に $E=\frac{1}{2}kA^2e^{-at}$ $(A^2=C_1{}^2+C_2{}^2)$ で表されることを示せ。

ヒント！ 減衰振動の場合，水平ばね振り子の力学的エネルギー E は時刻の経過と共に減少（散逸）していく。この現象を，$0<a\ll b$ のとき，$E=\frac{1}{2}kA^2e^{-at}$ で表すことができる。(1), (2) の流れに従って，この式を導いてみよう。

解答＆解説

(1) $\ddot{x}+a\dot{x}+bx=0$ ……① $\left(a=\frac{B}{m},\ b=\omega_0{}^2=\frac{k}{m}\right)$ $(0<a\ll b)$ の解は，

$x=e^{\lambda t}$ と考えられる。このとき，$\dot{x}=\lambda e^{\lambda t}$，$\ddot{x}=\lambda^2e^{\lambda t}$ となるので，これらを①に代入して，$e^{\lambda t}\,(\neq 0)$ で割ると，特性方程式：

$\lambda^2+a\lambda+b=0$ ……② が導ける。$a\ll b$ を考慮して，②の近似解を求めると，

（$0<a\ll b$ より，a^2 は $-4b$ と比べて，無視できる。）

$$\lambda=\frac{-a\pm\sqrt{a^2-4b}}{2}\fallingdotseq\frac{-a\pm2\sqrt{b}\,i}{2}=-\frac{a}{2}\pm\omega_0 i\quad(\because b=\omega_0{}^2,\ \omega_0>0)$$

∴近似的に，$\lambda_1=-\frac{a}{2}+\omega_0 i$，$\lambda_2=-\frac{a}{2}-\omega_0 i$ より，①の基本解 x_1，x_2 も

近似的に $x_1=e^{\lambda_1 t}=e^{\left(-\frac{a}{2}+\omega_0 i\right)t}$，$x_2=e^{\lambda_2 t}=e^{\left(-\frac{a}{2}-\omega_0 i\right)t}$ となる。

よって，①の一般解 $x(t)$ の近似解は，

$$x(t) = B_1 x_1 + B_2 x_2 \quad (B_1, \ B_2 : \text{定数})$$

$$\boxed{\begin{aligned} x_1 &= e^{-\frac{a}{2}t + i\omega_0 t} \\ x_2 &= e^{-\frac{a}{2}t - i\omega_0 t} \end{aligned}}$$

$$= e^{-\frac{a}{2}t} \underbrace{(B_1 e^{i\omega_0 t} + B_2 e^{-i\omega_0 t})}$$

$$\boxed{\begin{aligned} B_1(\cos\omega_0 t + i\sin\omega_0 t) &+ B_2(\cos\omega_0 t - i\sin\omega_0 t) \\ = \underbrace{(B_1 i - B_2 i)}_{\boxed{C_1}}\sin\omega_0 t &+ \underbrace{(B_1 + B_2)}_{\boxed{C_2 \text{ とおく}}}\cos\omega_0 t \end{aligned}}$$

$$\therefore \ x(t) = e^{-\frac{a}{2}t}(C_1 \sin\omega_0 t + C_2 \cos\omega_0 t) \ \cdots\cdots ③ \ \text{ となる。} \ \cdots\cdots\cdots\cdots(\text{終})$$

$$(\text{ただし, } C_1 = (B_1 - B_2)i, \ C_2 = B_1 + B_2, \ \omega_0 : \text{固有角振動数})$$

(2) ③を t で微分すると，質点 P の速度 $v = \dot{x}(t)$ は，$0 < a \ll b$ より，近似的に次のようになる。

$$v = \dot{x}(t) = \frac{d}{dt}\left\{ e^{-\frac{a}{2}t}(C_1 \sin\omega_0 t + C_2 \cos\omega_0 t) \right\}$$

$$= -\underbrace{\frac{a}{2}}_{\boxed{\text{小さな数}}} e^{-\frac{a}{2}t}(C_1 \sin\omega_0 t + C_2 \cos\omega_0 t)$$

$$+ e^{-\frac{a}{2}t}(C_1 \omega_0 \cos\omega_0 t - C_2 \omega_0 \sin\omega_0 t)$$

$\leftarrow$ $\boxed{0 < a \ll b \text{ より, } a \ll \sqrt{b} = \omega_0 \text{ と考えて, 第 1 項は第 2 項に比べて無視できるものとする。}}$

$$\therefore \ v = \dot{x}(t) \fallingdotseq \omega_0 e^{-\frac{a}{2}t}(C_1 \cos\omega_0 t - C_2 \sin\omega_0 t) \ \cdots\cdots ④$$

③，④より，この減衰振動の振動子 P の力学的エネルギー E の近似値を求めると，

$$E = \underbrace{K}_{\boxed{\text{運動エネルギー}}} + \underbrace{U}_{\boxed{\text{ポテンシャルエネルギー}}} = \frac{1}{2}mv^2 + \frac{1}{2}kx^2$$

$$= \frac{1}{2}m \cdot \underbrace{\omega_0^2}_{\boxed{\frac{k}{m}}} \underbrace{e^{-at}(C_1 \cos\omega_0 t - C_2 \sin\omega_0 t)^2}_{\boxed{v^2 \ (④ \text{より})}} + \frac{1}{2}k \cdot \underbrace{e^{-at}(C_1 \sin\omega_0 t + C_2 \cos\omega_0 t)^2}_{\boxed{x^2 \ (③ \text{より})}}$$

$$= \frac{1}{2}ke^{-at}\left\{ \underbrace{(C_1 \cos\omega_0 t - C_2 \sin\omega_0 t)^2}_{\boxed{C_1^2\cos^2\omega_0 t - 2C_1C_2\sin\omega_0 t\cos\omega_0 t + C_2^2\sin^2\omega_0 t}} + \underbrace{(C_1 \sin\omega_0 t + C_2 \cos\omega_0 t)^2}_{\boxed{C_1^2\sin^2\omega_0 t + 2C_1C_2\sin\omega_0 t\cos\omega_0 t + C_2^2\cos^2\omega_0 t}} \right\}$$

よって，

$$E=\frac{1}{2}ke^{-at}\{C_1{}^2(\underbrace{\cos^2\omega_0t+\sin^2\omega_0t}_{1})+C_2{}^2(\underbrace{\sin^2\omega_0t+\cos^2\omega_0t}_{1})\}$$

$$=\frac{1}{2}k(\underbrace{C_1{}^2+C_2{}^2}_{A^2\text{（定数）とおく}})\cdot e^{-at}$$

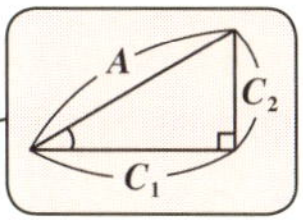

ここで，$C_1{}^2+C_2{}^2=A^2$ とおくと，$0<a\ll b$ のとき，減衰振動における振動子の力学的エネルギー E は，次のように表される。

$$E=\frac{1}{2}kA^2e^{-at}\quad(A^2=C_1{}^2+C_2{}^2)$$

………(終)

（力学的エネルギー E が時刻 t の経過と共に散逸していく様子を，右図に示す。）

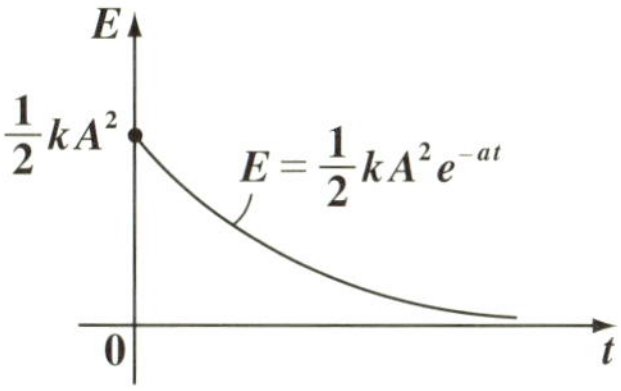

演習問題 12　●減衰振動によるエネルギー散逸（II）●

速度 v に比例する抵抗を受けながら減衰振動する水平ばね振り子の質点 P の質量を $m=2$ とする。また，質点 P の変位 x は，微分方程式：

$\ddot{x}+\frac{1}{2}\dot{x}+100x=0$ ……① $\left(a=\frac{B}{m}=\frac{1}{2},\ b=\omega_0{}^2=\frac{k}{m}=100,\ B,k：定数\right)$

(初期条件：$x(0)=1$，$\dot{x}(0)=10$) で表される。$a \ll b$ として，次の各問いに答えよ。

(1) ①の特殊解の近似解を求めよ。

(2) この減衰振動の力学的エネルギー E を求めよ。

ヒント！ (1) $a=\frac{1}{2}$，$b=100$ より，$a \ll b$ と考えられるので，①の一般解の近似解は，$x(t)=e^{-\frac{a}{2}t}(C_1\sin\omega_0 t+C_2\cos\omega_0 t)$ となる。初期条件から C_1 と C_2 を決定して，①の特殊解を求める。(2) この減衰振動の力学的エネルギー E は，公式：$E=\frac{1}{2}kA^2e^{-at}$　$(A^2=C_1{}^2+C_2{}^2)$ から求めればいいんだね。

解答＆解説

(1) $\ddot{x}+\underbrace{\frac{1}{2}}_{a}\dot{x}+\underbrace{100}_{b=\omega_0{}^2=\frac{k}{m}\ (m=2\text{ より, }k=200)}x=0$ ……① (初期条件：$x(0)=1$，$\dot{x}(0)=10$) の解は，

$x=e^{\lambda t}$ と考えられる。よって，①の特性方程式は，$\lambda^2+\frac{1}{2}\lambda+100=0$ となる。

ここで，$a=\frac{1}{2} \ll b=100$ より，λ の近似解は，

（$\frac{1}{4}$ は，これは，-400 に比べて無視できる。）

$$\lambda=\frac{-\frac{1}{2}\pm\sqrt{\frac{1}{4}-400}}{2} \fallingdotseq -\frac{1}{4}\pm\frac{20}{2}i=\underbrace{-\frac{1}{4}}_{-\frac{a}{2}}\pm\underbrace{10}_{\omega_0}i$$

よって，①の一般解の近似解 $x(t)$ は，

$$x(t)=e^{-\frac{1}{4}t}(C_1\sin 10t+C_2\cos 10t)\ \cdots\cdots②$$

一般解の近似解
$x(t)=e^{-\frac{a}{2}t}(C_1\sin\omega_0 t+C_2\cos\omega_0 t)$

となる。②を t で微分して，

$$\dot{x}(t)=-\frac{1}{4}e^{-\frac{1}{4}t}(C_1\sin 10t+C_2\cos 10t)+e^{-\frac{1}{4}t}(10C_1\cos 10t-10C_2\sin 10t)$$

$-\frac{1}{4}$ は，10 に比べて，十分に小さいと考えられるので，この第1項を無視できる。

$$\therefore\ \dot{x}(t)\fallingdotseq 10e^{-\frac{1}{4}t}(C_1\cos 10t-C_2\sin 10t)\ \cdots\cdots②'$$

ここで，初期条件：$x(0)=1$，$\dot{x}(0)=10$ より，

$x(0)=1\cdot(C_1\cdot 0+C_2\cdot 1)=\boxed{C_2=1}$　　$\therefore\ C_2=1\ \cdots\cdots③$

$\dot{x}(0)=10\cdot 1\cdot(C_1\cdot 1-C_2\cdot 0)=\boxed{10C_1=10}$　　$\therefore\ C_1=1\ \cdots\cdots③'$

よって，③と③′を②に代入すると，①の特殊解の近似解は次のようになる。

$x(t)=e^{-\frac{1}{4}t}(\sin 10t+\cos 10t)$ ……………………………………(答)

(2) $a=\frac{1}{2}\ll b=100$ より，この場合の減衰振動の力学的エネルギー E は，

$E=\frac{1}{2}kA^2e^{-at}\ \cdots\cdots④$ で表される。

ここで，$k=200$ より，$A^2=C_1{}^2+C_2{}^2=1^2+1^2=2$，$a=\frac{1}{2}$ である。

$m=2$，$\frac{k}{m}=100$ より

$C_1=1$，$C_2=1$（③，③′より）

これらを④に代入すると，E は，

$E=\frac{1}{2}\cdot 200\cdot 2\cdot e^{-\frac{1}{2}t}$ より，

$\therefore\ E=200e^{-\frac{1}{2}t}$ となる。………(答)

（エネルギー散逸を表す $E=200e^{-\frac{1}{2}t}$ のグラフの概形を右図に示す。）

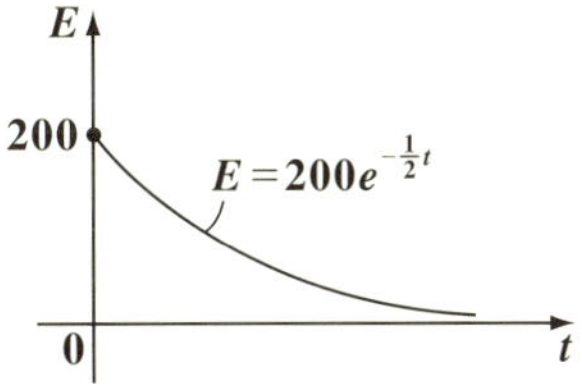

演習問題 13　●RLC回路の減衰振動●

右図に示すように，電気容量 C(F) のコンデンサーに，予め $\pm\frac{1}{2}$(C) の電荷が与えられているものとする。これと，自己インダクタンス L(H) のコイルと $R(\Omega)$ の抵抗をつないだ回路のスイッチを，時刻 $t=0$ のときに閉じるものとする。

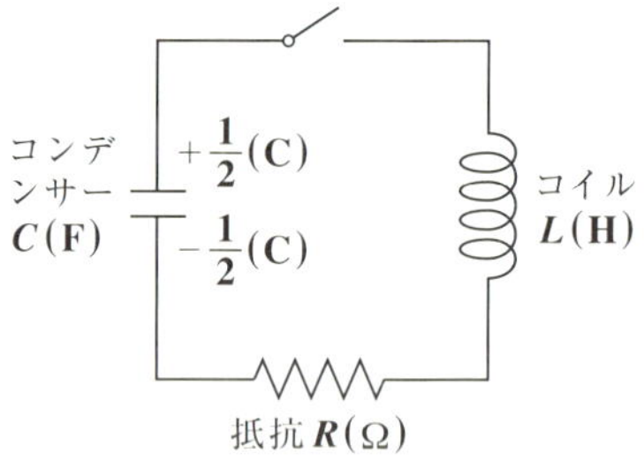

このとき，回路に流れる電流 I(A) を時刻 t の関数として求めよ。
ただし，$\frac{R}{L}=2$ (1/s)，$\frac{1}{LC}=26$ (1/s^2) とする。

ヒント！ RLC回路の減衰振動の問題だね。コンデンサーの電荷を $Q(t)$ とおくと，Q の微分方程式は，$\ddot{Q}+\frac{R}{L}\dot{Q}+\frac{1}{LC}Q=0$ となる。初期条件は，$Q(0)=\frac{1}{2}$，$\dot{Q}(0)=0$ となるので，これを利用して，特殊解 Q を求め，$I=\dot{Q}$ から電流 I を求めよう。

解答&解説

コンデンサーの電荷を $Q(t)$ とおくと，このRLC回路を流れる電流 I は，

$I=\dot{Q}=\frac{dQ}{dt}$ ……① となる。

このRLC回路について，(起電力)＝(電圧降下) の方程式を立てると，

$-L\frac{dI}{dt}=RI+\frac{Q}{C}$ ……② となる。これから，Q の微分方程式：

$\left(\frac{d}{dt}\left(\frac{dQ}{dt}\right)=\ddot{Q}\right)$　$\left(\frac{dQ}{dt}=\dot{Q}\right)$

$\ddot{Q}+a\dot{Q}+bQ=0$ ……③ $\left(a,\ b：定数，a=\frac{R}{L}，b=\frac{1}{LC}\right)$ が導ける。

ここで，$a=\frac{R}{L}=2$ (1/s)，$b=\frac{1}{LC}=26$ (1/s^2) が与えられているので，これらを③に代入すると，Q の微分方程式：$\ddot{Q}+2\dot{Q}+26Q=0$ ……③′ が導ける。

これは，2階定数係数線形微分方程式なので，この解を $Q=e^{\lambda t}$ とおくと，

③′より，λ の特性方程式：

$\lambda^2+2\lambda+26=0$ が導ける。これを

$$\lambda=-1\pm\sqrt{1^2-26}$$
$$=-1\pm\sqrt{-25}=-1\pm 5i$$

解いて，$\lambda_1=-1+5i$，$\lambda_2=-1-5i$ より，

③′の一般解 $Q(t)$ は，

$Q(t)=e^{-t}(C_1\sin 5t+C_2\cos 5t)$ ……④ （C_1，C_2：定数）となる。

④を t で微分して，

$\dot{Q}(t)=-e^{-t}(C_1\sin 5t+C_2\cos 5t)+e^{-t}(5C_1\cos 5t-5C_2\sin 5t)$ ……④′

となる。

ここで，初期条件は，$Q(0)=\frac{1}{2}$，$\dot{Q}(0)=I(0)=0$ より，

（初めのコンデンサーの電荷）（初め，電流は流れていない）

$Q(0)=1\cdot(C_1\cdot 0+C_2\cdot 1)=$ $C_2=\frac{1}{2}$ （④より） $\therefore C_2=\frac{1}{2}$ ……⑤

$\dot{Q}(0)=-1\cdot(C_1\cdot 0+C_2\cdot 1)+1\cdot(5C_1\cdot 1-5C_2\cdot 0)=$ $-C_2+5C_1=0$ （④′より）

$\therefore C_1=\frac{C_2}{5}=\frac{1}{10}$ ……⑤′

よって，⑤と⑤′を④′に代入すると，この RLC 回路に流れる電流 $I(t)$ が，次のように求められる。

$$I(t)=\dot{Q}(t)=-e^{-t}\left(\frac{1}{10}\sin 5t+\frac{1}{2}\cos 5t\right)+e^{-t}\left(5\cdot\frac{1}{10}\cos 5t-5\cdot\frac{1}{2}\sin 5t\right)$$

$$=-\left(\frac{1}{10}+\frac{5}{2}\right)e^{-t}\sin 5t=-\frac{13}{5}e^{-t}\sin 5t \quad (t\geqq 0)$$ ……（答）

$$-\frac{1+25}{10}=-\frac{13}{5}$$

演習問題 14	● 強制振動 (I) ●

速度に比例する抵抗を受けながら減衰振動している振動子に，外部から強制的に力 $f_0\cos\omega t$ $(f_0,\ \omega$：定数) が加えられる場合の運動方程式は，

$m\ddot{x} = -kx - B\dot{x} + f_0\cos\omega t$　(m：質量，k, B：定数) より，

$\ddot{x} + a\dot{x} + bx = \gamma\cos\omega t$ ……①　$\left(a = \dfrac{B}{m},\ b = \dfrac{k}{m},\ \gamma = \dfrac{f_0}{m}\right)$ となる。

①の一般解 x は，$x = X + x_0$ の形で表される。ただし，

・X は，①の同次方程式：$\ddot{x} + a\dot{x} + bx = 0$ の一般解 $X = C_1e^{\lambda_1 t} + C_2e^{\lambda_2 t}$

(C_1，C_2：定数，λ_1，λ_2 は特性方程式 $\lambda^2 + a\lambda + b = 0$ の解) を表し，

・x_0 は，①の特殊解 $x_0 = \delta\cos(\omega t - \phi)$ (δ，ϕ：定数) を表す。

時刻 t が十分に経過したとき，X は 0 に収束するので，①の解 x は

$x = x_0 = \delta\cos(\omega t - \phi)$ となる。δ と ϕ を a，b，γ，ω で表せ。

ヒント！ ①の同次方程式：$\ddot{x} + a\dot{x} + bx = 0$ の一般解は，特性方程式 $\lambda^2 + a\lambda + b = 0$ の判別式により，(i) 減衰振動，(ii) 過減衰，(iii) 臨界減衰のいずれかになるが，時刻 t が十分に経過すると，これらはいずれも 0 に収束するため，最終的には①の解 x は，特殊解 $x_0 = \delta\cos(\omega t - \phi)$ で表される。したがって，位相がずれたり，振幅の変化はあるが，この特殊解は，強制的に加えられる外力 $f_0\cos\omega t$ の角振動数 ω と等しくなるはずなので，$x_0 = \delta\cos(\omega t - \phi)$ と表している。そして，この定数 δ と ϕ は，x_0，$\dot{x}_0$，$\ddot{x}_0$ を①に代入することにより，求めることができるんだね。

解答&解説

$\ddot{x} + a\dot{x} + bx = \gamma\cos\omega t$ ……① の特殊解を

$x_0 = \delta\cos(\omega t - \phi)$ ……② とおく。x_0 を t で，1 階，2 階微分すると，

$\dot{x}_0 = -\delta\omega\sin(\omega t - \phi)$ ……②′，$\ddot{x}_0 = -\delta\omega^2\cos(\omega t - \phi)$ ……②″ となる。

②，②′，②″ を①に代入して，

$$\underbrace{-\delta\omega^2\cos(\omega t - \phi)}_{\ddot{x}_0}\underbrace{-a\delta\omega\sin(\omega t - \phi)}_{a\dot{x}_0} + \underbrace{b\delta\cos(\omega t - \phi)}_{bx_0\text{のこと}} = \gamma\cos\omega t$$

となる。この左辺をさらにまとめて，

$\delta\{(b-\omega^2)\cos(\omega t-\phi)-a\omega\sin(\omega t-\phi)\}=\gamma\cos\omega t$ ……③ となる。

これに三角関数の合成を行う。
右図のような $b-\omega^2$ と $a\omega$ を
2 辺にもつ直角三角形を考え，
斜辺を l，頂角の 1 つを ψ（プサイ）と
おくと，

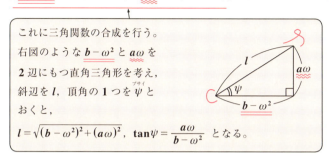

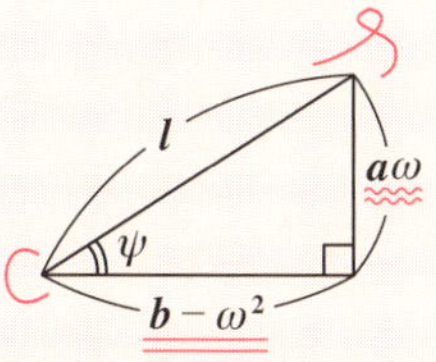

$l=\sqrt{(b-\omega^2)^2+(a\omega)^2}$，$\tan\psi=\dfrac{a\omega}{b-\omega^2}$ となる。

ここで，$l=\sqrt{(b-\omega^2)^2+(a\omega)^2}$，

$\tan\psi=\dfrac{a\omega}{b-\omega^2}$ ……④ とおくと，

$\cos\psi=\dfrac{b-\omega^2}{l}$，$\sin\psi=\dfrac{a\omega}{l}$ となる。

よって，③の左辺の { } 内に三角関数の合成を用いて変形すると，

$\delta l\left\{\dfrac{b-\omega^2}{l}\cos(\omega t-\phi)-\dfrac{a\omega}{l}\sin(\omega t-\phi)\right\}=\gamma\cos\omega t$ となる。

（$\dfrac{b-\omega^2}{l}=\cos\psi$，$\dfrac{a\omega}{l}=\sin\psi$）

l をくくり出した！

$\delta l\{\cos(\omega t-\phi)\cdot\cos\psi-\sin(\omega t-\phi)\cdot\sin\psi\}=\gamma\cos\omega t$

加法定理
$\cos\alpha\cos\beta-\sin\alpha\sin\beta=\cos(\alpha+\beta)$

$\delta l\cos(\omega t-\phi+\psi)=\gamma\cos\omega t$

$\therefore\ \delta l=\gamma$ ……⑤，かつ $\omega t-\phi+\psi=\omega t+2n\pi$ ……⑥　(n：整数)

⑥より，$\phi=\psi-2n\pi$

$\therefore\ \tan\phi=\tan(\psi-2n\pi)=\tan\psi=\dfrac{a\omega}{b-\omega^2}$ ……⑦　（④より）

以上⑤，⑦より，未知数 δ と ϕ は，

$\delta=\dfrac{\gamma}{l}$，$\phi=\tan^{-1}\dfrac{a\omega}{b-\omega^2}$ となる。$\left(\text{ただし，}l=\sqrt{(b-\omega^2)^2+a^2\omega^2}\right)$ ……（答）

演習問題 15　● 強制振動 (II) ●

抵抗と強制振動が作用する水平ばね振り子の微分方程式が，

$\ddot{x}+\dfrac{2}{\sqrt{3}}\dot{x}+15x=6\cos 3t$ ……① で与えられている。

十分に時間が経過した後，この強制振動の変位 x の方程式が，

$x=\delta\cos(3t-\phi)$ で表されるものとする。δ と ϕ $(0<\phi<\pi)$ を求めよ。

ヒント！ 時刻 t が十分経過した後は，①の特殊解 $x=\delta\cos(3t-\phi)$ に従って振動することになる。$a=\dfrac{2}{\sqrt{3}}$，$b=15$，$\omega=3$ より，$b-\omega^2$ と $a\omega$ を 2 辺とする直角三角形を利用して，δ と ϕ の値を求めよう。

解答＆解説

$\ddot{x}+\underbrace{\dfrac{2}{\sqrt{3}}}_{a}\dot{x}+\underbrace{15}_{b}x=\underbrace{6}_{\gamma}\cos\underbrace{3}_{\omega}t$ ……① より，

$a=\dfrac{2}{\sqrt{3}}$，$b=15$，$\gamma=6$，$\omega=3$ とおく。

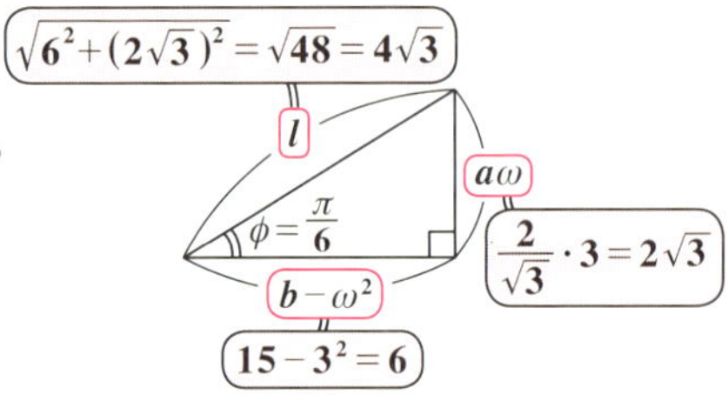

時刻 t が十分経過した後，①の強制振動の微分方程式の解 x は，①の特殊解 x_0 で表される。すなわち，

$x=x_0=\delta\cos(3t-\phi)$ ……②

ただし，$\delta=\dfrac{\gamma}{l}$ ……③　　$\phi=\tan^{-1}\dfrac{a\omega}{b-\omega^2}$ ……④

$\left(l=\sqrt{(b-\omega^2)^2+(a\omega)^2}\right.$ ……⑤$\left.\right)$ となる。

右上図の $b-\omega^2$，$a\omega$，l を 3 辺にもつ直角三角形から，

$b-\omega^2=15-3^2=6$，$a\omega=\dfrac{2}{\sqrt{3}}\cdot 3=2\sqrt{3}$，$l=\sqrt{6^2+(2\sqrt{3})^2}=\sqrt{48}=4\sqrt{3}$

以上を③，④に代入して，

$\delta=\dfrac{6}{4\sqrt{3}}=\dfrac{2\sqrt{3}}{4}=\dfrac{\sqrt{3}}{2}$，$\phi=\tan^{-1}\dfrac{2\sqrt{3}}{6}=\tan^{-1}\dfrac{1}{\sqrt{3}}=\dfrac{\pi}{6}$ である。……(答)

演習問題 16　● 強制振動 (Ⅲ) ●

抵抗と強制振動が作用する水平ばね振り子の微分方程式が，

$\ddot{x}+\dot{x}+\frac{257}{4}x=4\cos\frac{15}{2}t$ ……① で与えられている。

この①の変位 x の一般解を求めよ。

ヒント！ ①の一般解 x は，(i) ①の同次方程式：$\ddot{x}+\dot{x}+\frac{257}{4}x=0$ の一般解 $X=B_1e^{\lambda_1t}+B_2e^{\lambda_2t}$ と，(ii) ①の特殊解 $x_0=\delta\cos\left(\frac{15}{2}t-\phi\right)$ の和，すなわち，$x=X+x_0=B_1e^{\lambda_1t}+B_2e^{\lambda_2t}+\delta\cos\left(\frac{15}{2}t-\phi\right)$ で表されるんだね。

解答＆解説

強制振動の微分方程式：

$\ddot{x}+\underset{a}{\underline{1}}\cdot\dot{x}+\underset{b}{\underline{\frac{257}{4}}}x=\underset{\gamma}{\underline{4}}\cdot\cos\underset{\omega}{\underline{\frac{15}{2}}}t$ ……① より，

$a=1,\ b=\frac{257}{4},\ \gamma=4,\ \omega=\frac{15}{2}$ とおく。

①の一般解 x は，$x=X+x_0$ ……② の形で求められる。まず，

(i) X は，①の同次方程式：$\ddot{x}+\dot{x}+\frac{257}{4}x=0$ ……③ の一般解のことである。

③の解を $x=e^{\lambda t}$ （λ：定数）とおくと，③より，λ の特性方程式：

$\lambda^2+\lambda+\frac{257}{4}=0$ が導ける。これを解いて，

> この判別式を D とおくと，
> $D=1^2-4\cdot1\cdot\frac{257}{4}=-256<0$
> より，これは減衰振動になる。

$$\lambda=\frac{-1\pm\sqrt{1-257}}{2}=\frac{-1\pm\sqrt{-256}}{2}=-\frac{1}{2}\pm8i$$

（$\sqrt{-2^8}=2^4i=16i$）

よって，③の一般解 X は，

$X=e^{-\frac{1}{2}t}\left(C_1\sin8t+C_2\cos8t\right)$ ……④

となる。

> 特性方程式の解が，$\lambda=-\alpha\pm\beta i$ のとき，減衰振動の方程式の解は，
> $x=e^{-\alpha t}(C_1\sin\beta t+C_2\cos\beta t)$
> となる。

(ⅱ) ①の強制振動の微分方程式の特殊解 x_0 は，次の形で求められる。

$x_0 = \delta\cos(\omega t - \phi)$ ……⑤

・①の一般解
$x = X + x_0$ ……②
・①の同次方程式の一般解
$x = e^{-\frac{1}{2}t}(C_1\sin 8t + C_2\cos 8t)$ ……④

ここで，①より，$a = 1$，$b = \dfrac{257}{4}$，$\omega = \dfrac{15}{2}$，$\gamma = 4$ であり，

$\delta = \dfrac{\gamma}{l}$ ……⑥ $\phi = \tan^{-1}\dfrac{a\omega}{b-\omega^2}$ ……⑦ $\left(l = \sqrt{(b-\omega^2)^2 + (a\omega)^2}\right)$ より，

$a\omega = 1\cdot\dfrac{15}{2} = \dfrac{15}{2}$，$b - \omega^2 = \dfrac{257}{4} - \left(\dfrac{15}{2}\right)^2 = \dfrac{257-225}{4} = \dfrac{32}{4} = 8$，

$l = \sqrt{8^2 + \left(\dfrac{15}{2}\right)^2}$

$= \sqrt{\dfrac{4\times 64 + 225}{4}} = \dfrac{\sqrt{481}}{2}$ となる。

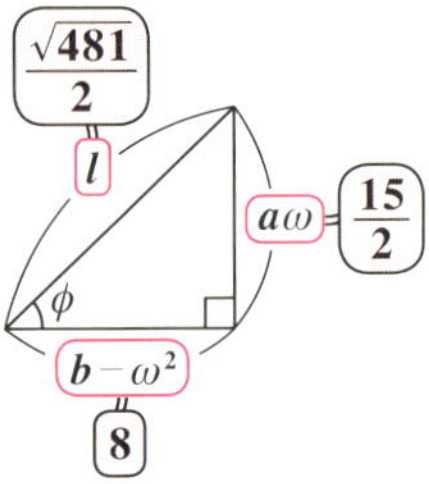

⑥より，$\delta = \dfrac{4}{\dfrac{\sqrt{481}}{2}} = \dfrac{8}{\sqrt{481}}$

⑦より，$\phi = \tan^{-1}\dfrac{\dfrac{15}{2}}{8} = \tan^{-1}\dfrac{15}{16}$ となる。以上を⑤に代入して，

$\therefore x_0 = \dfrac{8}{\sqrt{481}}\cos\left(\dfrac{15}{2}t - \phi\right)$ ……⑧ $\left(\text{ただし，} \phi = \tan^{-1}\dfrac{15}{16}\right)$ となる。

以上(ⅰ)(ⅱ)の④，⑧を②に代入すると，①の強制振動の微分方程式の一般解 $x(t)$ は，次のようになる。

$$x(t) = \underbrace{e^{-\frac{1}{2}t}(C_1\sin 8t + C_2\cos 8t)}_{X\ (④より)} + \underbrace{\frac{8}{\sqrt{481}}\cos\left(\frac{15}{2}t - \phi\right)}_{x_0\ (⑧より)} \quad \cdots\cdots(答)$$

$\left(\text{ただし，} \phi = \tan^{-1}\dfrac{15}{16}\right)$

演習問題 17 ● 強制振動 (IV) ●

右図に示すように，自己インダクタンス $L(\mathrm{H})$ のコイルと電気容量 $C(\mathrm{F})$ の帯電していないコンデンサーと $R(\Omega)$ の抵抗を直列につなぎ，これに起電力 $V=V_0\cos\omega t$ (V) の交流電源を接続して閉回路を作る。時刻 $t=0$ のときにスイッチを閉じた。

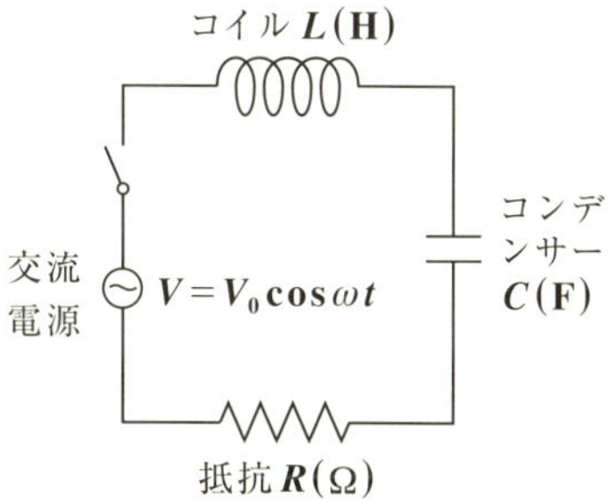

このとき，この強制振動回路に流れる電流 I のみたす微分方程式は，

$L\ddot{I}+R\dot{I}+\frac{1}{C}I=-V_0\omega\sin\omega t$ ……① であり，これを変形して，

$\ddot{I}+a\dot{I}+bI=-\gamma\sin\omega t$ ……② $\left(a=\frac{R}{L},\ b=\frac{1}{LC},\ \gamma=\frac{V_0\omega}{L}\right)$ となる。

②の一般解 I は，$I=\hat{I}+i_0$ の形で表される。ただし，

・$\hat{I}$ は，②の同次方程式：$\ddot{I}+a\dot{I}+bI=0$ の一般解 $\hat{I}=C_1e^{\lambda_1 t}+C_2e^{\lambda_2 t}$ (C_1，C_2：定数，λ_1，λ_2 は特性方程式 $\lambda^2+a\lambda+b=0$ の解) を表し，

・i_0 は，② (または①) の特殊解 $i_0=I_0\cos(\omega t-\phi)$ (I_0，ϕ：定数) を表す。

時刻 t が十分に経過したとき，$\hat{I}$ は 0 に収束するので，② (または①) の解 I は，$I=i_0=I_0\cos(\omega t-\phi)$ となる。I_0 と ϕ を R，L，C，ω で表せ。

ヒント！ ①と②は同じ微分方程式なので，ここでは，①の微分方程式の特殊解として，$i_0=I_0\cos(\omega t-\phi)$ の I_0 と ϕ の値を決定する。$\dot{i}_0$ と $\ddot{i}_0$ を求めて，これらを①に代入して，R と $L\omega-\frac{1}{C\omega}$ を直角を挟む 2 辺とする直角三角形を利用して，I_0 と ϕ を R，L，C，ω の式で表せばいいんだね。頑張ろう！

解答＆解説

$i_0=I_0\cos(\omega t-\phi)$ ……③ (I_0，ϕ：未定定数) について，

$t\gg 0$ のとき，$I=i_0$ となるので，振幅や初期位相は変化しても，強制振動 (交流電源) の角振動数 ω は変化しないと考えられるからだ。

③を t で順次，1階，2階微分して，

$\dot{i}_0=-I_0\omega\sin(\omega t-\phi)$ ……③′ $\ddot{i}_0=-I_0\omega^2\cos(\omega t-\phi)$ ……③″

この③，③′，③″を，①に代入すると，

$$-LI_0\omega^2\cos(\omega t-\phi)-RI_0\omega\sin(\omega t-\phi)+\frac{1}{C}I_0\cos(\omega t-\phi)=-V_0\omega\sin\omega t$$

両辺を $-\omega$ で割って，まとめると，

$$I_0\left\{R\sin(\omega t-\phi)+\left(L\omega-\frac{1}{C\omega}\right)\cos(\omega t-\phi)\right\}=V_0\sin\omega t \quad \cdots\cdots ④$$

となる。

ここで，右図に示すように，R と $L\omega-\dfrac{1}{C\omega}$ を直角を挟む2辺とする直角三角形を考え，この斜辺の長さを l とおくと，三平方の定理より，

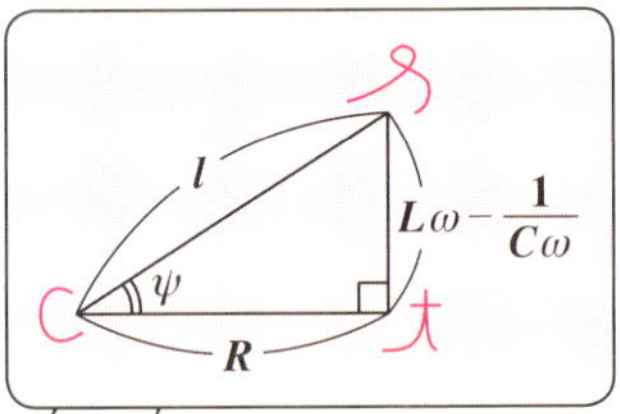

$$l=\sqrt{R^2+\left(L\omega-\frac{1}{C\omega}\right)^2} \quad \cdots\cdots ⑤ \text{ となる。}$$

また，$\tan\psi=\dfrac{L\omega-\dfrac{1}{C\omega}}{R}$ ……⑥ となるように，角 ψ をとる。

$\left(⑥\text{は，}\psi=\tan^{-1}\left(\dfrac{L\omega-\dfrac{1}{C\omega}}{R}\right)\text{と表してもよい。}\right)$

以上より，④の左辺から l をくくり出して，三角関数の合成公式を用いて変形すると，

$$I_0 l\left\{\frac{R}{l}\sin(\omega t-\phi)+\frac{L\omega-\dfrac{1}{C\omega}}{l}\cos(\omega t-\phi)\right\}=V_0\sin\omega t$$

（$\dfrac{R}{l}=\cos\psi$，$\dfrac{L\omega-\dfrac{1}{C\omega}}{l}=\sin\psi$）

三角関数の合成：
$\sin\alpha\cos\beta+\cos\alpha\sin\beta=\sin(\alpha+\beta)$

$$I_0 l\sin(\omega t-\phi+\psi)=V_0\sin\omega t$$

以上より，$\begin{cases} I_0 l = V_0 \cdots\cdots\cdots\cdots\cdots\cdots\cdots\cdots ⑦ \\ \cancel{\omega t} - \phi + \psi = \cancel{\omega t} + 2n\pi \cdots\cdots ⑧ \end{cases}$ （n：整数）が導ける。

$\therefore$ ⑦より，$I_0 = \dfrac{V_0}{l} = \dfrac{V_0}{\sqrt{R^2 + \left(L\omega - \dfrac{1}{C\omega}\right)^2}}$

⑧より，$\phi = \psi - 2n\pi$

よって，$\tan\phi = \tan(\psi - 2n\pi) = \tan\psi = \dfrac{L\omega - \dfrac{1}{C\omega}}{R}$ も導かれる。

$\therefore \phi = \tan^{-1}\dfrac{L\omega - \dfrac{1}{C\omega}}{R}$ となる。

以上より，十分時刻が経過したとき，①（または②）の同次方程式の一般解 $\hat{I}$ は 0 に収束するので，この強制振動回路を流れる電流 I は，最終的に $I = i_0 = I_0\cos(\omega t - \phi)$ となり，この定数 I_0 と ϕ は，それぞれ，

$I_0 = \dfrac{V_0}{l} = \dfrac{V_0}{\sqrt{R^2 + \left(L\omega - \dfrac{1}{C\omega}\right)^2}}$，$\phi = \tan^{-1}\dfrac{L\omega - \dfrac{1}{C\omega}}{R}$ である。…………（答）

（ここで，$l = \sqrt{R^2 + \left(L\omega - \dfrac{1}{C\omega}\right)^2}$ は，直流の抵抗を一般化したもので，
“**インピーダンス**”，または“**交流抵抗**”と呼ぶ。）

演習問題 18 ● 強制振動(V) ●

交流電源 $V_0\cos\omega t$ を接続した RLC 回路に流れる電流 I が次の微分方程式をみたすものとする。

$$L\ddot{I}+R\dot{I}+\frac{1}{C}I=-V_0\omega\sin\omega t \quad \cdots\cdots ①$$

$\left(\text{ただし，} L=4(\mathrm{H}),\ R=4(\Omega),\ C=\frac{1}{101}(\mathrm{F}),\ V_0=\frac{4}{3}(\mathrm{V}),\ \omega=6(1/s)\right)$

このとき，①をみたす一般解 $I=\hat{I}+i_0$ を求めよ。

(ただし，$\hat{I}$ は，①の同次方程式の一般解，$i_0(=I_0\cos(\omega t-\phi))$ は①の特殊解とする。)

ヒント！ $\hat{I}$ は①の同次方程式の一般解より，$e^{\lambda t}$ とおいて，特性方程式の解 $\lambda=-\alpha\pm\beta i$ を求めると，$\hat{I}=e^{-\alpha t}(C_1\sin\beta t+C_2\cos\beta t)$ となる。①の特殊解 $i_0=I_0\cos(\omega t-\phi)$ は，$I_0=\frac{V_0}{l}$，$\phi=\tan^{-1}\frac{L\omega-\frac{1}{C\omega}}{R}$ $\left(l=\sqrt{R^2+\left(L\omega-\frac{1}{C\omega}\right)^2}\right)$ から求めればいいんだね。

解答＆解説

$L=4$，$R=4$，$\frac{1}{C}=101$，$V_0=\frac{4}{3}$，$\omega=6$ を①に代入すると，

$$4\ddot{I}+4\dot{I}+101I=-8\sin 6t \quad \cdots\cdots ①' \text{ となる。}$$

①′の両辺を 4 で割ると，

$$\ddot{I}+\dot{I}+\frac{101}{4}I=-2\sin 6t \quad \cdots\cdots ①'' \text{ となる。}$$

①′(または①″)の一般解 I は，$I=\hat{I}+i_0$ ……② で表される。

(i) ①″の同次方程式の一般解 $\hat{I}$ について，

①″の同次方程式：$\ddot{I}+\dot{I}+\frac{101}{4}I=0$ ……③ の解を $I=e^{\lambda t}$ とおくと，

$\dot{I}=\lambda e^{\lambda t}$，$\ddot{I}=\lambda^2 e^{\lambda t}$ となるので，これらを③に代入して，$e^{\lambda t}(\neq 0)$ で割ると，

特性方程式：$\lambda^2+\lambda+\frac{101}{4}=0$ ……④ が導かれる。

④を解いて,

$$\lambda = \frac{-1 \pm \sqrt{1 - 4 \cdot \frac{101}{4}}}{2} = \frac{-1 \pm \overset{10i}{\sqrt{-100}}}{2}$$

$= -\dfrac{1}{2} \pm 5i$ となる。よって,

$$\hat{I} = e^{-\frac{1}{2}t}\left(C_1 \sin 5t + C_2 \cos 5t\right)$$

となる。

減衰振動の場合
$\lambda = -\alpha \pm \beta i$ のとき,
一般解 x は,
$x = e^{-\alpha t}(C_1 \sin\beta t + C_2 \cos\beta t)$
となる。

(ii) ①´の特殊解 i_0 について,

$i_0 = I_0 \cos(\underbrace{6}_{\omega} t - \phi)$ の I_0 と ϕ を求める。

$R = 4$

$$L\omega - \frac{1}{C\omega} = 4 \cdot 6 - \frac{1}{\frac{1}{101} \cdot 6} = 24 - \frac{101}{6} = \frac{144 - 101}{6} = \frac{43}{6}$$

$$l = \sqrt{R^2 + \left(L\omega - \frac{1}{C\omega}\right)^2} = \sqrt{16 + \frac{43^2}{36}}$$

$$= \sqrt{\frac{\overset{576}{16 \times 36} + \overset{1849}{43^2}}{36}} = \sqrt{\frac{\overset{25 \times 97}{2425}}{36}} = \frac{5\sqrt{97}}{6}$$

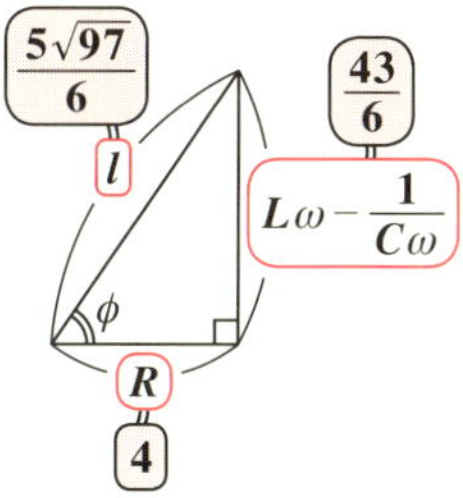

$\therefore I_0 = \dfrac{V_0}{l} = \dfrac{4}{3} \times \dfrac{6}{5\sqrt{97}} = \dfrac{8}{5\sqrt{97}}$ であり,

また, $\phi = \tan^{-1} \dfrac{L\omega - \frac{1}{C\omega}}{R} = \tan^{-1}\left(\dfrac{1}{4} \cdot \dfrac{43}{6}\right) = \tan^{-1} \dfrac{43}{24}$ である。

以上 (i)(ii) より, ①をみたす電流の一般解 I は, ②より,

$I = \hat{I} + i_0 = e^{-\frac{1}{2}t}\left(C_1 \sin 5t + C_2 \cos 5t\right) + \dfrac{8}{5\sqrt{97}} \cos(6t - \phi)$ である。……(答)

$\left(\text{ただし, } \phi = \tan^{-1} \dfrac{43}{24}\right)$

演習問題 19　● 共鳴 (I) ●

抵抗と強制振動 $f_0\cos\omega t$ が作用する水平ばね振り子の微分方程式：

$\ddot{x}+a\dot{x}+bx=\gamma\cos\omega t$ ……①　$\left(a=\dfrac{B}{m},\ b=\omega_0{}^2=\dfrac{k}{m},\ \gamma=\dfrac{f_0}{m}\right)$

について，$a\fallingdotseq 0$ のとき，①の特殊解 $x_0=\delta\cos(\omega t-\phi)$

$\left(\delta=\dfrac{\gamma}{l},\ \phi=\tan^{-1}\dfrac{a\omega}{b-\omega^2},\ l=\sqrt{(b-\omega^2)^2+a^2\omega^2}\right)$ が，$\omega\fallingdotseq\omega_0\left(=\sqrt{\dfrac{k}{m}}\right)$

のときに，振幅 δ が最大となって，共鳴が生じることを示せ。

(ただし，m：質点の質量，B，k，f_0：定数とする。)

ヒント！ $a\fallingdotseq 0$，すなわち，速度に比例する抵抗が十分に小さいとき，特殊解 x_0 の振幅 $\delta=\dfrac{\gamma}{l}=\dfrac{\gamma}{\sqrt{(b-\omega^2)^2+a^2\omega^2}}$ が，$\omega\fallingdotseq\omega_0$ のときに最大となることを示す。この場合 $\gamma\left(=\dfrac{f_0}{m}\right)$ は定数なので，分母の $\sqrt{\ }$ 内の ω の 4 次式を $g(\omega)$ とおいて，これが $\omega\fallingdotseq\omega_0$ のときに最小となることを示せばいいんだね。

解答＆解説

①の強制振動の微分方程式：$\ddot{x}+a\dot{x}+bx=\gamma\cos\omega t$ ……①　$(a\fallingdotseq 0)$

（ω：外部からの強制振動の角振動数）

で表される振動子の振動運動は，十分に時間が経過した後に，

$x=x_0=\delta\cos(\omega t-\phi)$ ……②　で表される。

ここで，$\omega\fallingdotseq\omega_0\left(=\sqrt{\dfrac{k}{m}}=\sqrt{b}\right)$ のとき，②の振幅 δ が最大となって，共鳴（または共振）現象が生じることを示す。ここで，

$$\delta=\frac{\gamma}{l}=\frac{\gamma}{\sqrt{(b-\omega^2)^2+a^2\omega^2}}\quad\cdots\cdots③\quad(\gamma,\ a,\ b：定数)$$

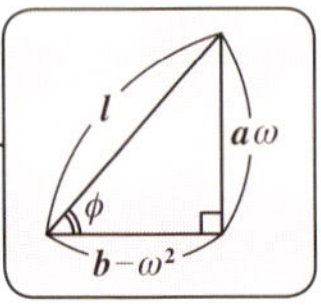

（$(b-\omega^2)^2+a^2\omega^2$ を $g(\omega)$ とおく。$g(\omega)$ が最小のとき δ は最大となる。）

より，$g(\omega)=(b-\omega^2)^2+a^2\omega^2=\omega^4+(a^2-2b)\omega^2+b^2$ ……④ $(\omega>0)$ とおいて，

（$(b-\omega^2)^2=\omega^4-2b\omega^2+b^2$）

（$g(-\omega)=g(\omega)$ をみたすので，$g(\omega)$ は偶関数である。）

$g(\omega)$ が最小となるときの ω の値を求める。

$g(\omega)$ を ω で微分して，

$g'(\omega) = 4\omega^3 + 2(a^2 - 2b)\omega$ となる。

よって，$g'(\omega) = 0$ のとき，$\underbrace{2\omega}_{\oplus}(2\omega^2 + a^2 - 2b) = 0$ より，

$\omega = \sqrt{\dfrac{2b - a^2}{2}}$ （$a^2 \fallingdotseq 0$） $(\because \omega > 0)$ となる。ここで，$a \fallingdotseq 0$ より，$a^2 \fallingdotseq 0$

$\therefore \omega \fallingdotseq \sqrt{b} = \sqrt{\omega_0^2} = \omega_0$

（これは，元の振動系の固有角振動数）

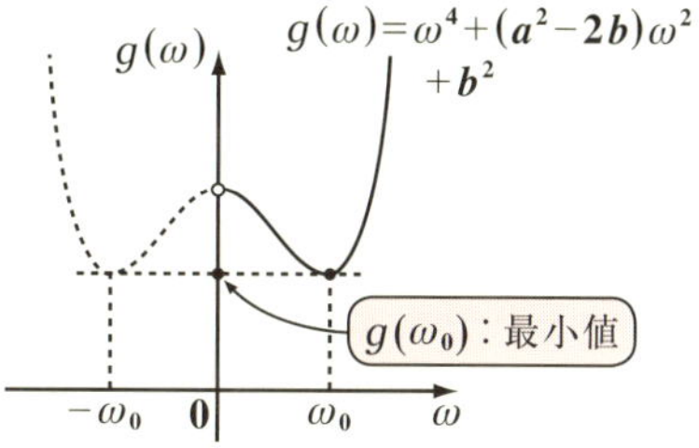

$g(\omega)$ は，偶関数の 4 次関数なので，

（$g(\omega)$ 軸に関して左右対称なグラフ）

そのグラフの概形は右図のようになる。

これから，$a \fallingdotseq 0$ のとき，$\omega \fallingdotseq \omega_0$ のとき，

$g(\omega)$ は正の最小値をとる。

（$g(\omega) = \underbrace{(b - \omega^2)^2}_{0\text{以上}} + \underbrace{a^2\omega^2}_{\oplus}$ より，$g(\omega)$ は正の値しかとらない。）

このとき，$\delta = \dfrac{\gamma}{\sqrt{g(\omega)}}$ は最大となる

ので，$\omega \fallingdotseq \omega_0$ の角振動数の強制振動が，

この振動系に加えられるとき，共鳴現象が生じることが分かる。…………(終)

演習問題 20　● 共鳴 (Ⅱ) ●

抵抗と強制振動 $f_0\cos\omega t$ が作用する水平ばね振り子の微分方程式：

$\ddot{x}+a\dot{x}+bx=\gamma\cos\omega t$ ……①　$\left(a=\dfrac{B}{m},\ b=\omega_0{}^2=\dfrac{k}{m},\ \gamma=\dfrac{f_0}{m}\right)$

の解は，時刻 t が十分に経過した後は

$x(t)=\delta\cos(\omega t-\phi)$ ……② となる。

$\left(\delta=\dfrac{\gamma}{l}=\dfrac{f_0}{ml},\ \phi=\tan^{-1}\dfrac{a\omega}{b-\omega^2},\ l=\sqrt{(b-\omega^2)^2+a^2\omega^2}\right)$

このとき，次の各問いに答えよ。

(1) ②を変形して，$x(t)=C_1\cos\omega t+C_2\sin\omega t$ ……③ と表すとき，定数 C_1 と C_2 を求めよ。

(2) この強制振動系の周期を T とおく。このとき，この振動系のエネルギー吸収率 $P(\omega)=\dfrac{1}{T}\displaystyle\int_0^T f_0\cos\omega t\dfrac{dx}{dt}dt$ ……④ を求めよ。

(3) エネルギー吸収率 $P(\omega)$ の最大値と，そのときの ω の値を求めよ。

ヒント！ この強制振動系の運動方程式：$m\ddot{x}=-kx-B\dot{x}+f_0\cos\omega t$ から①は導かれる。**(1)** 時間が十分経過した後，$x(t)$ は②と表されるので，この右辺を変形して③の形にしよう。**(2)** のエネルギー吸収率 $P(\omega)$ の定義式④に③を t で微分した式を代入して定積分を求めよう。**(3)** では $\omega^2=x$ とおいて，x で微分するといいんだね。

解答＆解説

(1) $x(t)=x_0=\delta\cos(\omega t-\phi)$ ……②　$(t\gg0)$

を変形すると，

$$x(t)=\underbrace{\delta}_{\frac{\gamma}{l}=\frac{f_0}{ml}}(\cos\omega t\underbrace{\cos\phi}_{\frac{b-\omega^2}{l}}+\sin\omega t\underbrace{\sin\phi}_{\frac{a\omega}{l}})$$

$$=\underbrace{\frac{f_0(b-\omega^2)}{ml^2}}_{C_1}\cos\omega t+\underbrace{\frac{f_0a\omega}{ml^2}}_{C_2\text{とおく}}\sin\omega t$$

$\tan\phi=\dfrac{a\omega}{b-\omega^2}$ より，

$\sin\phi=\dfrac{a\omega}{l}$，$\cos\phi=\dfrac{b-\omega^2}{l}$

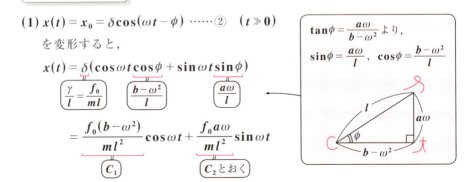

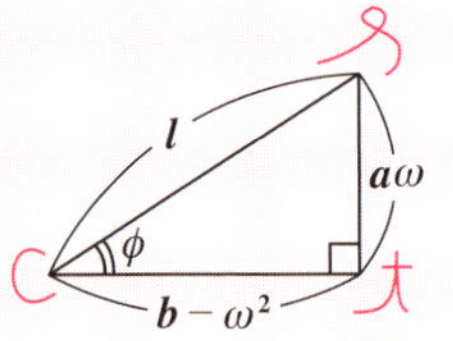

よって，$t \gg 0$ のとき，①の一般解は，

$$x(t) = C_1\cos\omega t + C_2\sin\omega t \quad \cdots\cdots ③$$

ただし，$C_1 = \dfrac{f_0(b-\omega^2)}{ml^2}$，$C_2 = \dfrac{f_0 a\omega}{ml^2}$ $\quad (l^2 = (b-\omega^2)^2 + a^2\omega^2)$

である。 ……………………………………………………………(答)

(2) この強制振動系のエネルギー吸収率：

$$P(\omega) = \frac{1}{T}\int_0^T \underbrace{f_0\cos\omega t}_{\text{振動系に加えられる強制振動}} \frac{dx}{dt}dt \quad \cdots\cdots ④ \text{ を求める。}$$

③を t で微分して，

$$\dot{x}(t) = \frac{dx}{dt} = -C_1\omega\sin\omega t + C_2\omega\cos\omega t \quad \cdots\cdots ③' \text{ となる。}$$

③´を④に代入して，

$$P(\omega) = \frac{1}{T}\int_0^T f_0\cos\omega t(-C_1\omega\sin\omega t + C_2\omega\cos\omega t)dt$$

$$P(\omega) = \frac{f_0}{T}\int_0^T \cos\omega t(-C_1\omega\sin\omega t + C_2\omega\cos\omega t)dt$$

$$= \frac{f_0}{T}\left(-C_1\omega\int_0^T \underbrace{\sin\omega t\cos\omega t}_{\frac{1}{2}\sin 2\omega t} dt + C_2\omega\int_0^T \underbrace{\cos^2\omega t}_{\frac{1}{2}(1+\cos 2\omega t)} dt\right)$$

$$= \frac{f_0}{T}\left\{-\frac{C_1\omega}{2}\int_0^T \sin 2\omega t\, dt + \frac{C_2\omega}{2}\int_0^T (1+\cos 2\omega t)dt\right\}$$

$$\int_0^T \sin 2\omega t\, dt = -\frac{1}{2\omega}[\cos 2\omega t]_0^T = -\frac{1}{2\omega}(\cos \underbrace{2\omega T}_{4\pi\ (\because \omega T = 2\pi)} - \cos 0) = -\frac{1}{2\omega}(1-1) = 0$$

$$\int_0^T (1+\cos 2\omega t)dt = \left[t + \frac{1}{2\omega}\sin 2\omega t\right]_0^T = T + \frac{1}{2\omega}\underbrace{\sin 2\omega T}_{\sin 4\pi = 0}$$

$$\therefore P(\omega) = \frac{f_0}{T} \times \frac{C_2\omega}{2} \times T = \frac{f_0\omega}{2} \cdot C_2 \quad \cdots\cdots ⑤$$

ここで, $C_2 = \dfrac{f_0 a\omega}{ml^2} = \dfrac{f_0 a\omega}{m} \cdot \dfrac{1}{(b-\omega^2)^2 + a^2\omega^2}$ より, これを⑤に代入すると,

$$P(\omega) = \frac{f_0^{\ 2}a}{2m} \cdot \frac{\omega^2}{(\omega_0^{\ 2}-\omega^2)^2 + a^2\omega^2} \ (\overset{ワット}{\text{W}}) \quad \cdots\cdots ⑥$$ となる。………………(答)

（$\dfrac{f_0^{\ 2}a}{2m}$：定数，$\omega_0^{\ 2}$：b，単位：J/s でもよい。）

(3) ⑥の $P(\omega)$ の式の定数係数 $\dfrac{f_0^{\ 2}a}{2m}$ を除いた $\dfrac{\omega^2}{(\omega^2-\omega_0^{\ 2})^2 + a^2\omega^2}$ について,

これを，ω の関数 $h(\omega)$ として，ω で微分して，その最大値を求めると計算が複雑になるんだね。この分数式の中の ω は，すべて ω^2 の形になっているので，$\omega^2 = x$ とおいて，これを $g(x)$ で表して計算するといい。

$\omega^2 = x\ (>0)$ とおき，さらに，これを $g(x) = \dfrac{x}{(x-\omega_0^{\ 2})^2 + a^2 x}\ (x>0)$ とおく。

$g(x)$ を x で微分して,

$$g'(x) = \frac{1\cdot\{(x-\omega_0^{\ 2})^2 + a^2x\} - x\cdot\{2(x-\omega_0^{\ 2}) + a^2\}}{\{(x-\omega_0^{\ 2})^2 + a^2x\}^2}$$

公式：$\left(\dfrac{g}{f}\right)' = \dfrac{g'\cdot f - g\cdot f'}{f^2}$ を使った。

$$= \frac{(x-\omega_0^{\ 2})^2 - 2x(x-\omega_0^{\ 2})}{\{(x-\omega_0^{\ 2})^2 + a^2x\}^2}$$

$(x-\omega_0^{\ 2})(x-\omega_0^{\ 2}-2x) = -(x-\omega_0^{\ 2})(x+\omega_0^{\ 2})$

$$= -(x-\omega_0^{\ 2}) \cdot \frac{x+\omega_0^{\ 2}}{\{(x-\omega_0^{\ 2})^2 + a^2x\}^2}$$

$\widetilde{g'(x)}$ ($g'(x)$ の符号に関する本質的な部分)

⊕ ($g'(x)$ の符号に影響しない。)

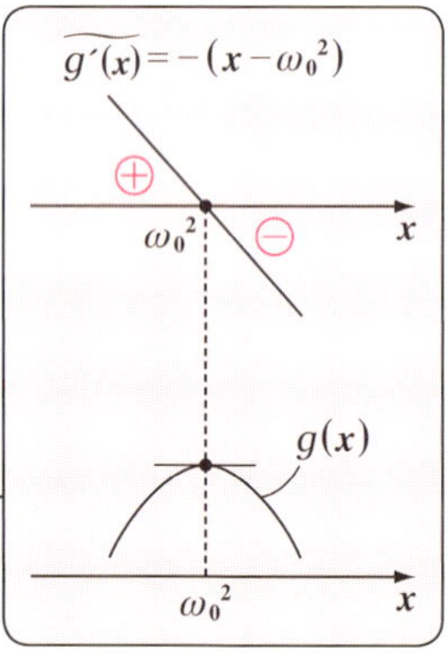

よって，$g'(x) = 0$ のとき，$x = \omega_0^{\ 2}$ となり，

このとき，$g(x)$ は最大となる。

以上より，$x = \omega^2 = \omega_0^{\ 2}$，すなわち $\omega = \omega_0$ のとき，

$P(\omega)$ は最大となる。…………………………………………(答)

最大値 $P(\omega_0)=\dfrac{f_0{}^2 a}{2m}\cdot g(\omega_0{}^2)=\dfrac{f_0{}^2}{2ma}$ ……………………………………(答)

$$g(\omega_0{}^2)=\frac{\omega_0{}^2}{(\omega_0{}^2-\omega_0{}^2)^2+a^2\omega_0{}^2}=\frac{\omega_0{}^2}{a^2\omega_0{}^2}=\frac{1}{a^2}$$

参考

強制振動系のエネルギー吸収率 $P(\omega)$ のグラフの概形を図(i)に示す。これは，$\omega=\omega_0$ のときに最大値 $P(\omega_0)=\dfrac{f_0{}^2}{2ma}$ をとる。

ここで，抵抗の比例定数 B が $B\fallingdotseq 0$ のとき，$a\fallingdotseq 0$ となる。$\left(\because a=\dfrac{B}{m}\right)$

図(i) 強制振動系のエネルギー吸収率 $P(\omega)$

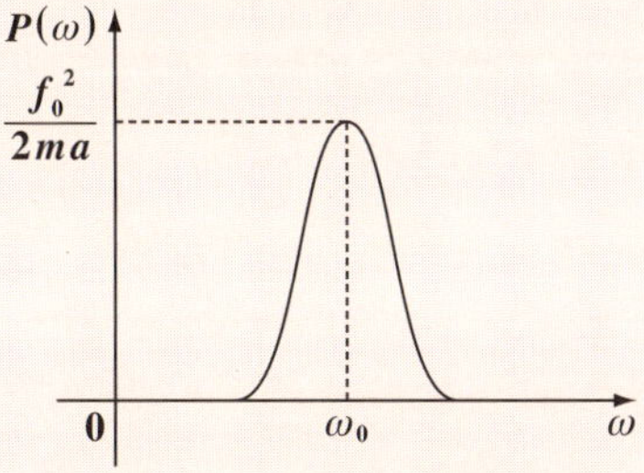

よって，最大値 $P(\omega_0)=\dfrac{f_0{}^2}{2m\,a}$ $(a\fallingdotseq 0)$ は非常に大きな値になることが分かるんだね。

ただし，この強制振動系に吸収されたエネルギーは，最終的には熱となって放出される。

演習問題 21　● 共鳴(Ⅲ) ●

抵抗と強制振動が作用する振動子の質量 $m = 0.2\,(\mathrm{kg})$ の水平ばね振り子の微分方程式：$\ddot{x} + a\dot{x} + bx = \gamma\cos\omega t$ ……① の各係数が，

$a = \dfrac{B}{m} = \dfrac{1}{6}$，$b = \omega_0{}^2 = \dfrac{k}{m} = 12$，$\gamma = \dfrac{f_0}{m} = 4$ と与えられている。時刻 t が十分に経過しているものとして，次の各問いに答えよ。

(1) この振動系のエネルギー吸収率 $P(\omega) = \dfrac{f_0{}^2 a}{2m}\cdot\dfrac{\omega^2}{(\omega^2-\omega_0{}^2)^2+a^2\omega^2}$ の最大値 $P(\omega_0)$ を求めよ。

(2) $\omega = \omega_0$ のとき，この強制振動の方程式 $x(t)$ を求めよ。

ヒント！ (1) この振動系のエネルギー吸収率 $P(\omega)$ は，$\omega=\omega_0=\sqrt{12}=2\sqrt{3}$ のとき最大値 $P(\omega_0)=\dfrac{f_0{}^2}{2ma}$ となるんだね。(2) $t \gg 0$ より，この強制振動の方程式は，$x(t)=\delta\cos(\omega t-\phi)$ となる。さらに，$\omega=\omega_0$ のとき，これは共鳴が生じている。このときの $\delta=\dfrac{\gamma}{l}$ と ϕ の値を求めよう。

解答＆解説

①の微分方程式は $\ddot{x} + \dfrac{1}{6}\dot{x} + 12x = 4\cos\omega t$ ……①′ と与えられている。

$a = \dfrac{B}{m} = \dfrac{1}{6}$ ……②，$b = \omega_0{}^2 = \dfrac{k}{m} = 12$ ……③，$\gamma = \dfrac{f_0}{m} = 4$ ……④

ここで，$m = \dfrac{1}{5}$ より，$f_0 = 4\times m = 4\times\dfrac{1}{5} = \dfrac{4}{5}$ ……⑤ となる。

(1) この強制振動系のエネルギー吸収率：$P(\omega) = \dfrac{f_0{}^2 a}{2m}\cdot\dfrac{\omega^2}{(\omega^2-\omega_0{}^2)^2+a^2\omega^2}$ は，

$\omega = \omega_0 = 2\sqrt{3}$ のとき最大となる。よって，この最大値 $P(\omega_0)$ は，

$$P(\omega_0) = \frac{f_0{}^2 a}{2m}\cdot\frac{\omega_0{}^2}{\cancel{(\omega_0{}^2-\omega_0{}^2)^2}+a^2\omega_0{}^2} = \frac{f_0{}^2}{2ma} \quad \cdots\cdots⑥ \text{ となる。}$$

$m=\dfrac{1}{5}$ と，②，⑤を⑥に代入して，

最大値 $P(\omega_0)=P(2\sqrt{3})=\dfrac{\left(\dfrac{4}{5}\right)^2}{2\times\dfrac{1}{5}\times\dfrac{1}{6}}=\dfrac{\dfrac{16}{25}}{\dfrac{1}{15}}=\dfrac{16\times 15}{25}=\dfrac{48}{5}$ (W)（ワット）である。 ………(答)

（$\sqrt{12}=2\sqrt{3}$）

(2) $t\gg 0$ のとき，①の微分方程式の一般解 $x(t)$ は，その特殊解 x_0 で表されるので，$x(t)=x_0=\delta\cos(\omega t-\phi)$ ……⑦

ただし，$\delta=\dfrac{\gamma}{l}$ ……⑧，$\phi=\tan^{-1}\dfrac{a\omega}{b-\omega^2}$ ……⑨，

$l=\sqrt{(b-\omega^2)^2+a^2\omega^2}$ である。

図(i)

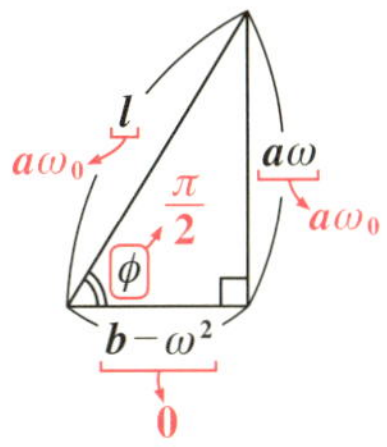

ここで，$\omega=\omega_0$ のとき，これを $\omega\to\omega_0$ の極限で考えると，図(i)の直角三角形から，

$\displaystyle\lim_{\omega\to\omega_0}(b-\omega^2)=\omega_0{}^2-\omega_0{}^2=0$

（$b=\omega_0{}^2$（③より），$\omega^2\to\omega_0{}^2$）

$\displaystyle\lim_{\omega\to\omega_0}a\omega=a\omega_0$，　$\displaystyle\lim_{\omega\to\omega_0}l=\sqrt{(b-\omega^2)^2+a^2\omega^2}=\sqrt{a^2\omega_0{}^2}=a\omega_0$ ……⑨

（$(b-\omega^2)^2\to 0^2$，$\omega^2\to\omega_0{}^2$）

よって，⑨より，位相 ϕ は，$\displaystyle\lim_{\omega\to\omega_0}\phi=\frac{\pi}{2}$ となる。

⑧は，⑨より，$\delta=\dfrac{\gamma}{a\omega_0}=\dfrac{4}{\dfrac{1}{6}\cdot 2\sqrt{3}}=\dfrac{12}{\sqrt{3}}=4\sqrt{3}$ となる。(②，③，④より)

よって，$t\gg 0$，$\omega=\omega_0$ のとき，この強制振動の方程式⑦は，

$x(t)=x_0=4\sqrt{3}\cdot\cos\left(2\sqrt{3}\,t-\dfrac{\pi}{2}\right)=4\sqrt{3}\sin 2\sqrt{3}\,t$ となる。 …………(答)

（$2\sqrt{3}=\omega_0$，$\cos\left(\theta-\dfrac{\pi}{2}\right)=\sin\theta$）

演習問題 22　● 共鳴 (Ⅳ) ●

自己インダクタンス L(H) のコイルと電気容量 C(F) のコンデンサーと R(Ω) の抵抗を直列につないだ RLC 回路に起電力 $V = V_0\cos\omega t$ (V) の交流電源を接続した強制振動回路を流れる電流 I は，次の微分方程式をみたす。

$$L\ddot{I} + R\dot{I} + \frac{1}{C}I = -V_0\omega\sin\omega t \quad \cdots\cdots①$$

そして，時刻 t が十分に経過したときの電流 I は，

$$I = i_0 = I_0\cos(\omega t - \phi) \quad \cdots\cdots② \quad \left(I_0 = \frac{V_0}{l},\ \phi = \tan^{-1}\frac{L\omega - \frac{1}{C\omega}}{R},\right.$$

$$\left. l = \sqrt{R^2 + \left(L\omega - \frac{1}{C\omega}\right)^2}\right)$$ で表される。このとき，次の各問いに答えよ。

(1) この強制振動回路は $\omega = \omega_0 = \dfrac{1}{\sqrt{LC}}$ のとき共鳴することを示せ。

(2) 共鳴が生じているときの回路を流れる電流 I を V_0, R, L, C, t で表せ。

ヒント！ (1) $L\omega - \dfrac{1}{C\omega} = 0$，すなわち $\omega = \omega_0 = \dfrac{1}{\sqrt{LC}}$ のとき，$l = R$ (最小値) となって共鳴が生じることが分かる。(2) $\omega = \omega_0$ のときの I_0 と ϕ を求めて，②に代入すればいいんだね。

解答＆解説

(1) $t \gg 0$ のとき，この強制振動回路に流れる電流は，

$$I = i_0 = I_0\cos(\omega t - \phi) \quad \cdots\cdots② \quad (I_0,\ \phi：定数) であり，$$

$$I_0 = \frac{V_0}{l} \quad \cdots\cdots③, \quad \phi = \tan^{-1}\frac{L\omega - \frac{1}{C\omega}}{R} \quad \cdots\cdots④$$

インピーダンス $l = \sqrt{R^2 + \left(L\omega - \dfrac{1}{C\omega}\right)^2}$ ………⑤

（R^2：定数，$\left(L\omega - \dfrac{1}{C\omega}\right)$：ωの関数）

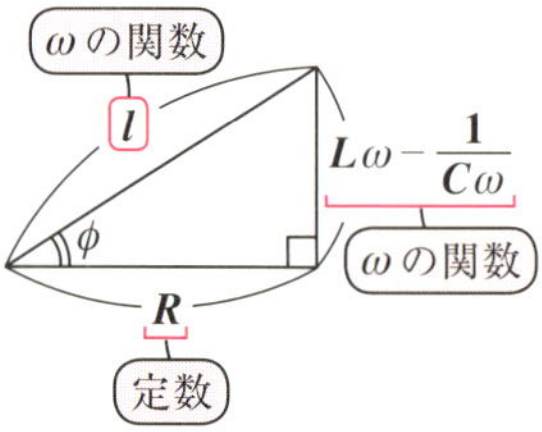

⑤のインピーダンス l について，R は定数なので，$L\omega - \dfrac{1}{C\omega} = 0$ ……⑥ のとき，l は最小値 R をとり，このとき，③より，電流の振幅 I_0 が最大となる。つまり，共鳴現象が生じる。

よって，⑥より，$L\omega = \dfrac{1}{C\omega}$　　$\omega^2 = \dfrac{1}{LC}$　$(\omega > 0)$

$\therefore \omega = \omega_0 = \dfrac{1}{\sqrt{LC}}$ のとき，この強制振動回路に共鳴が生じる。………(終)

(2) $t \gg 0$ のとき，この強制振動回路が共鳴現象を起こしている場合，$\omega = \omega_0$ となっている。これを $\omega \to \omega_0$ の極限で考えると，図(i)から明らかに，③，④は，

$$\lim_{\omega \to \omega_0} I_0 = \lim_{\omega \to \omega_0} \frac{V_0}{\underbrace{l}_{R}} = \frac{V_0}{R}$$

図(i)

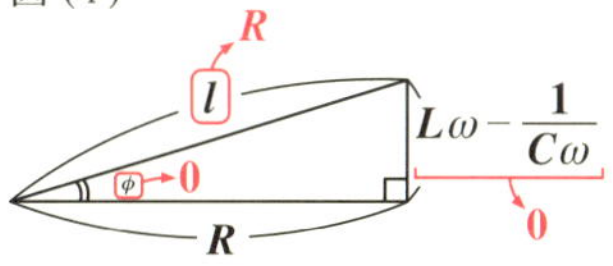

$$\lim_{\omega \to \omega_0} \phi = \lim_{\omega \to \omega_0} \tan^{-1} \underbrace{\frac{L\omega - \frac{1}{C\omega}}{R}}_{0} = \tan^{-1} 0 = 0$$

となる。

以上，I_0 と ϕ の極限値を②に代入すると，$t \gg 0$ でかつ共鳴が生じているときに，この強制回路に流れる電流 $I(t)$ は，

$$I(t) = \underbrace{\frac{V_0}{R}}_{I_0} \cos(\underbrace{\omega_0}_{\frac{1}{\sqrt{LC}}} t - \underbrace{0}_{\phi}) = \frac{V_0}{R} \cos \frac{1}{\sqrt{LC}} t$$ で表される。……………(答)

演習問題 23　● 共鳴 (V) ●

右図に示すように，自己インダクタンス $L=20\,(\mathrm{H})$ のコイル，電気容量 $C=20\,(\mu\mathrm{F})$ のコンデンサー，$R=10\,(\Omega)$ の抵抗，そして，$V=100\cos\omega t\,(\mathrm{V})$ の交流電源を接続して閉回路を作る。時刻 $t=0$ のときにスイッチを閉じた。この強制振動回路に流れる電流 I のみたす微分方程式は，

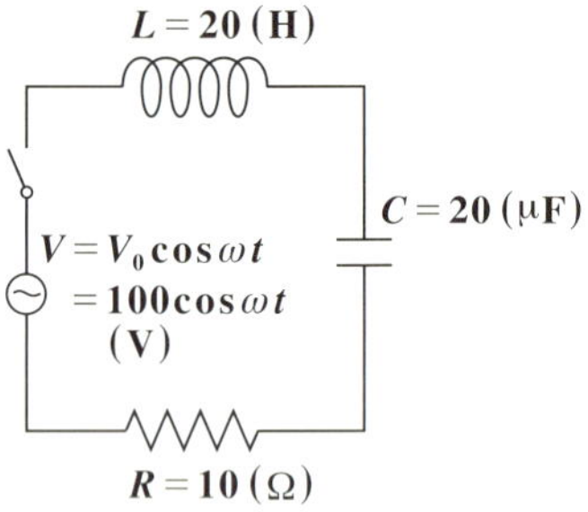

$\ddot{I}+a\dot{I}+bI=-\gamma\sin\omega t$ ……① $\left(a=\dfrac{R}{L},\ b=\dfrac{1}{LC},\ \gamma=\dfrac{100\omega}{L}\right)$ である。

この回路が共鳴しているとき，この電流 $I(t)$ の方程式 $I(t)=\hat{I}+i_0$ を求めよ。(ただし，$\hat{I}$ は①の同次方程式の一般解であり，i_0 は①の特殊解である。また，$\hat{I}$ は近似解でよい。)

ヒント！ ①は $\ddot{I}+\dfrac{1}{2}\dot{I}+2500I=-5\omega\sin\omega t$ となる。この回路は共鳴しているので，$\omega=\dfrac{1}{\sqrt{LC}}=50$ となることに気を付けて解いていこう。

解答＆解説

$L=20\,(\mathrm{H})$，$C=20\times10^{-6}=2\times10^{-5}\,(\mathrm{F})$，$R=10\,(\Omega)$，$V=100\cos\omega t$

よって，$a=\dfrac{R}{L}=\dfrac{10}{20}=\dfrac{1}{2}$，$b=\dfrac{1}{LC}=\dfrac{1}{20\times2\times10^{-5}}=\dfrac{10^4}{4}=2500$

また，この強制振動回路は共鳴しているので，

$\omega=\omega_0=\dfrac{1}{\sqrt{LC}}=\sqrt{b}=\sqrt{2500}=50$ となる。

よって，$\gamma=\dfrac{100\omega}{L}=\dfrac{100\cdot50}{20}=250$ となる。

以上より，①の I の微分方程式は，

$\ddot{I} + \frac{1}{2}\dot{I} + 2500I = -250\sin 50t$ ……①´ となる。

(ⅰ) ①´の同次方程式：$\ddot{I} + \frac{1}{2}\dot{I} + 2500I = 0$ ……② の一般解 $\hat{I}$ について，

②の解を $I = e^{\lambda t}$ （λ：定数）とおくと，②の特性方程式は，

$\lambda^2 + \frac{1}{2}\lambda + 2500 = 0$ となる。これを近似的に解くと，

（-10^4 からみて，微小なので無視する。）

$$\lambda = \frac{-\frac{1}{2} \pm \sqrt{\frac{1}{4} - 4\times 2500}}{2} \fallingdotseq -\frac{1}{4} \pm \frac{1}{2}\sqrt{-10^4} = -\frac{1}{4} \pm 50i$$

（$\sqrt{-10^4} = 100i$）

よって，②の一般解 $\hat{I}$ は近似的に，

$\hat{I} = e^{-\frac{1}{4}t}(C_1\sin 50t + C_2\cos 50t)$ ……③ となる。

(ⅱ) ①´の特殊解 i_0 について，

$i_0 = \frac{V_0}{l}\cos(\omega t - \phi)$ ……④ となる。

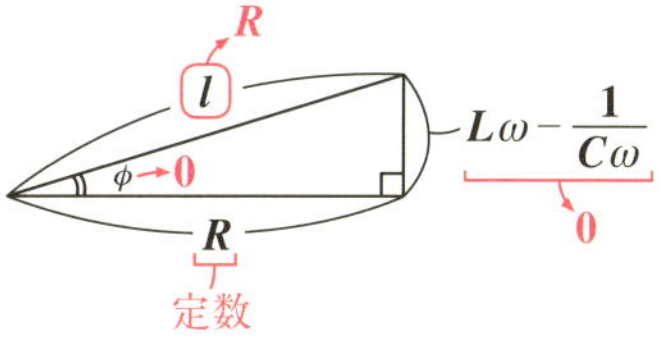

これは共鳴回路なので，

$\omega \to \omega_0 = \frac{1}{\sqrt{LC}} = 50$ のとき，

$l \to R = 10$，$\phi \to 0$ となる。よって，④は，

$i_0 = \frac{V_0}{R}\cos(\omega_0 t - 0) = \frac{100}{10}\cos 50t = 10\cos 50t$ ……⑤ となる。

以上(ⅰ)(ⅱ)の③，⑤より，①の一般解は，近似的に次のようになる。

$I(t) = \hat{I} + i_0 = e^{-\frac{1}{4}t}(C_1\sin 50t + C_2\cos 50t) + 10\cos 50t$ ……………………(答)

講義 3 Lecture 連成振動 methods & formulae

§1. 自由度 2 の連成振動

自由度 2 の連成水平ばね振り子

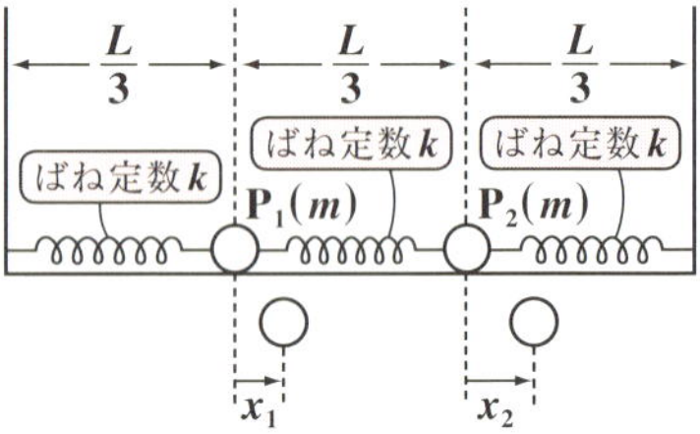

右図に示すように，2 つの振動子 P_1，P_2 をもつ自由度 2 の連成水平ばね振り子について，P_1，P_2 の変位をそれぞれ x_1，x_2 とおくと，これらは次の微分方程式：

$$\begin{cases} \ddot{x}_1 = -\omega_0{}^2(2x_1 - x_2) \\ \ddot{x}_2 = -\omega_0{}^2(-x_1 + 2x_2) \end{cases} \quad \cdots\cdots ①$$

で表され，

これらの一般解は，

$$\begin{cases} x_1 = C_1\cos(\omega_0 t + \phi_1) + C_2\cos(\sqrt{3}\,\omega_0 t + \phi_2) \\ x_2 = C_1\cos(\omega_0 t + \phi_1) - C_2\cos(\sqrt{3}\,\omega_0 t + \phi_2) \end{cases}$$

となる。$\left(\text{ただし，} \omega_0 = \sqrt{\dfrac{k}{m}}\right)$

よって，この自由度 2 の連成振動は，次の 2 つの基準モードをもつ。

(i) $\begin{cases} x_1 = C_1\cos(\omega_0 t + \phi_1) \\ x_2 = C_1\cos(\omega_0 t + \phi_1) \end{cases}$ (ii) $\begin{cases} x_1 = C_2\cos(\sqrt{3}\,\omega_0 t + \phi_2) \\ x_2 = -C_2\cos(\sqrt{3}\,\omega_0 t + \phi_2) \end{cases}$

・基準モードによる解法

基準モード $\begin{cases} x_1 = B_1\cos(\omega t + \phi) \\ x_2 = B_2\cos(\omega t + \phi) \end{cases}$ (未知数：ω，B_1，B_2) とおく。$\ddot{x}_1$ と $\ddot{x}_2$ を求めて，これらを①に代入してまとめると，

$$A\begin{bmatrix} B_1 \\ B_2 \end{bmatrix} = \begin{bmatrix} 0 \\ 0 \end{bmatrix} \quad \cdots\cdots ② \quad \left(\text{ただし，} A = \begin{bmatrix} \omega^2 - 2\omega_0{}^2 & \omega_0{}^2 \\ \omega_0{}^2 & \omega^2 - 2\omega_0{}^2 \end{bmatrix}\right) \text{となる。}$$

ここで，$\begin{bmatrix} B_1 \\ B_2 \end{bmatrix} \neq \begin{bmatrix} 0 \\ 0 \end{bmatrix}$ より，A^{-1} は存在しない。よって，$|A| = 0$ より，ω の値を 2 つ求め，それぞれについて，②から $B_1 : B_2$ の比を求める。

2 つの基準モードの角振動数が $\omega + \Delta\omega$，$\omega - \Delta\omega$ ($\Delta\omega \ll \omega$) で，その差が小さいとき，次式により“**うなり**”(*beat*) が生じる。

$$x = \cos(\omega + \Delta\omega)t + \cos(\omega - \Delta\omega)t = \underline{2\cos\Delta\omega t} \cdot \cos\omega t$$

これは，時刻 t により，ゆっくりと変動するうなりの振幅 $A(t)$ を表す。

§2. 自由度3以上の連成振動

右図に示すように，3つの振動子 P_1，P_2，P_3 をもつ自由度3の連成水平ばね振り子について，P_1，P_2，P_3 の変位をそれぞれ x_1，x_2，x_3 とおくと，これらは次の微分方程式：

自由度3の連成水平ばね振り子

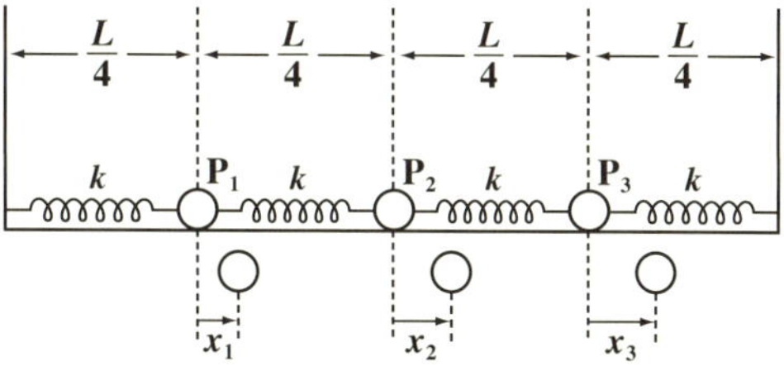

$$\begin{cases} \ddot{x}_1 = -\omega_0^2(2x_1 - x_2) \\ \ddot{x}_2 = -\omega_0^2(2x_2 - x_1 - x_3) \\ \ddot{x}_3 = -\omega_0^2(2x_3 - x_2) \end{cases} \quad \cdots\cdots③$$

で表される。

・基準モードによる解法

基準モード $\begin{cases} x_1 = B_1\cos(\omega t + \phi) \\ x_2 = B_2\cos(\omega t + \phi) \\ x_3 = B_3\cos(\omega t + \phi) \end{cases}$ （未知数：ω，B_1，B_2，B_3）とおく。

$\ddot{x}_1$，$\ddot{x}_2$，$\ddot{x}_3$ を求めて，これらを③に代入してまとめると，

$$A\begin{bmatrix} B_1 \\ B_2 \\ B_3 \end{bmatrix} = \begin{bmatrix} 0 \\ 0 \\ 0 \end{bmatrix} \cdots\cdots④ \quad \left(\text{ただし，} A = \begin{bmatrix} \omega^2 - 2\omega_0^2 & \omega_0^2 & 0 \\ \omega_0^2 & \omega^2 - 2\omega_0^2 & \omega_0^2 \\ 0 & \omega_0^2 & \omega^2 - 2\omega_0^2 \end{bmatrix}\right)$$

となる。$\begin{bmatrix} B_1 \\ B_2 \\ B_3 \end{bmatrix} \neq \begin{bmatrix} 0 \\ 0 \\ 0 \end{bmatrix}$ より，A^{-1} は存在しない。よって，$|A| = 0$ より，

3つの ω の値を求め，それぞれについて，④から $B_1 : B_2 : B_3$ の比を求める。

さらに，自由度 N の連成水平ばね振り子の基本事項は次のようになる。

自由度 N の連成水平ばね振り子

自由度 N の連成水平ばね振り子の運動方程式は，

$$\ddot{x}_n = -\omega_0^2(2x_n - x_{n+1} - x_{n-1}) \quad \left(n = 1, 2, \cdots, N,\ x_0 = x_{N+1} = 0,\ \omega_0 = \sqrt{\frac{k}{m}}\right)$$

であり，j 番目の基準モードの

波数 $\kappa_j = \dfrac{j}{N+1}\pi$，分散関係 $\omega_j = 2\omega_0 \sin\dfrac{\kappa_j}{2}$ 　$(j = 1, 2, \cdots, N)$

であり，このときの P_n の変位 x_n は，

$x_n = B\sin\kappa_j n \cdot \cos(\omega_j t + \phi_j)$ 　$(n = 1, 2, \cdots, N)$ 　である。

係数 B_1，B_2，$\cdots$，B_N は比が分かればよい。

演習問題 24　● 自由度 2 の連成水平ばね振り子 (Ⅰ) ●

右図に示すように，質量 m の 2 つの質点 P_1，P_2 に，いずれも質量が無視できる自然長が L で，ばね定数が順に $2k$，k，$2k$ の 3 本のばねを連結して，滑らかな水平面上におき，両端点を $3L$ だけ隔てた壁面に固定する。ここで，P_1 と P_2 をつり合いの位置からずらして振動させる。質点 P_1 と P_2 のつり合いの位置からの変位をそれぞれ x_1，x_2 とおいて，P_1 と P_2 の運動方程式を立て，これを解いて，x_1，x_2 を求めよ。

自由度 2 の連成水平ばね振り子

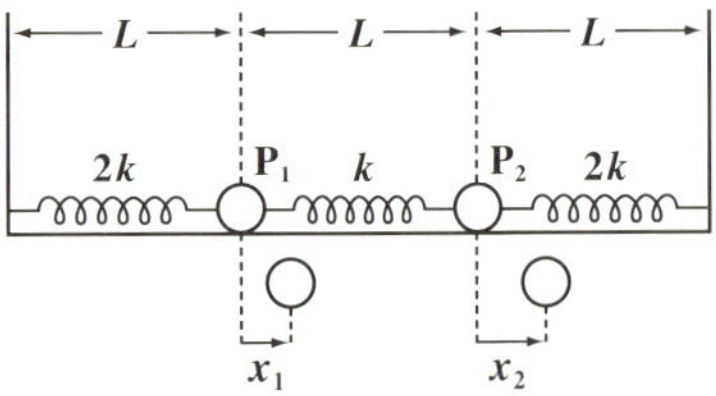

ヒント！ 運動方程式を立てるときのコツは，$0 < x_1 < x_2$ とし，$x_2 - x_1 > 0$ と考えて，力の向き (⊕, ⊖) を考えるようにするといい。

解答＆解説

2 つの質点 P_1，P_2 のつり合いの位置からの変位をそれぞれ x_1，x_2 とおいて，P_1，P_2 の運動方程式を立てると，次のようになる。

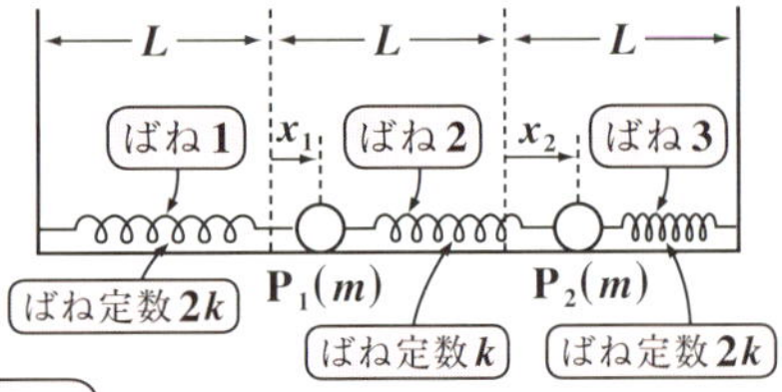

$$m\ddot{x}_1 = -2kx_1 + k(x_2 - x_1) \quad \cdots\cdots ①$$

（$-2kx_1$）バネ 1 は，x_1 伸びている分縮もうとして，P_1 に ⊖ の向きの力を及ぼす。

（$k(x_2 - x_1)$）$x_2 - x_1 > 0$ とすると，バネ 2 は $x_2 - x_1$ 伸びている分縮もうとして，P_1 に ⊕ の向きの力を及ぼす。

$$m\ddot{x}_2 = -k(x_2 - x_1) - 2kx_2 \quad \cdots\cdots ②$$

（$-k(x_2 - x_1)$）$x_2 - x_1 > 0$ とすると，バネ 2 は $x_2 - x_1$ 伸びている分縮もうとして，P_2 に ⊖ の向きの力を及ぼす。

（$-2kx_2$）バネ 3 は，x_2 縮んでいる分伸びようとして，P_2 に ⊖ の向きの力を及ぼす。

ここで，$\dfrac{k}{m} = \omega_0^2$ とおくと，①，②は次のようになる。

$$\begin{cases} \ddot{x}_1 = -\omega_0^2(3x_1 - x_2) \cdots\cdots\text{③} \\ \ddot{x}_2 = -\omega_0^2(-x_1 + 3x_2) \cdots\cdots\text{④} \quad \left(\omega_0^2 = \frac{k}{m}\right) \end{cases}$$ ←(連立の微分方程式)

(ⅰ) ③＋④より，

$$\underbrace{\ddot{x}_1 + \ddot{x}_2}_{\ddot{\zeta}} = -2\omega_0^2 \underbrace{(x_1 + x_2)}_{\zeta\text{ とおく}} \cdots\cdots\text{⑤}$$

（ゼータ）

ここで，$\zeta = x_1 + x_2$ とおくと，$\ddot{\zeta} = \ddot{x}_1 + \ddot{x}_2$ となるので，⑤は，

$\ddot{\zeta} = -(\sqrt{2}\omega_0)^2 \zeta$ より，

$\zeta = B_1\cos(\sqrt{2}\omega_0 t + \phi_1) \cdots\cdots$⑥ となる。

単振動の公式：
$\ddot{x} = -\omega^2 x$ のとき，
$x = A\cos(\omega t + \phi)$

(ⅱ) ③－④より，

$$\underbrace{\ddot{x}_1 - \ddot{x}_2}_{\ddot{\eta}} = -4\omega_0^2 \underbrace{(x_1 - x_2)}_{\eta\text{ とおく}} \cdots\cdots\text{⑦}$$

（イェータ）

ここで，$\eta = x_1 - x_2$ とおくと，$\ddot{\eta} = \ddot{x}_1 - \ddot{x}_2$ となるので，⑦は，

$\ddot{\eta} = -(2\omega_0)^2 \eta$ より，

$\eta = B_2\cos(2\omega_0 t + \phi_2) \cdots\cdots$⑧ となる。

以上 (ⅰ)(ⅱ) より，⑥，⑧を列記すると，

$$\zeta = x_1 + x_2 = B_1\cos(\sqrt{2}\omega_0 t + \phi_1) \cdots\cdots\text{⑥}$$
$$\eta = x_1 - x_2 = B_2\cos(2\omega_0 t + \phi_2) \cdots\cdots\text{⑧}$$

・$\frac{⑥+⑧}{2}$ より，$x_1 = \underbrace{\frac{B_1}{2}}_{C_1}\cos(\sqrt{2}\omega_0 t + \phi_1) + \underbrace{\frac{B_2}{2}}_{C_2\text{ とおく}}\cos(2\omega_0 t + \phi_2)$

・$\frac{⑥-⑧}{2}$ より，$x_2 = \underbrace{\frac{B_1}{2}}_{C_1}\cos(\sqrt{2}\omega_0 t + \phi_1) - \underbrace{\frac{B_2}{2}}_{C_2\text{ とおく}}\cos(2\omega_0 t + \phi_2)$

以上より，P_1 と P_2 の変位 x_1，x_2 は，次式で表される。

$$\begin{cases} x_1 = C_1\cos(\sqrt{2}\omega_0 t + \phi_1) + C_2\cos(2\omega_0 t + \phi_2) \\ x_2 = C_1\cos(\sqrt{2}\omega_0 t + \phi_1) - C_2\cos(2\omega_0 t + \phi_2) \end{cases}$$ ……………………………(答)

$\left(\text{ただし，} C_1 = \frac{B_1}{2}，C_2 = \frac{B_2}{2}，\omega_0 = \sqrt{\frac{k}{m}}\right)$

演習問題 25　● 自由度 2 の連成水平ばね振り子 (Ⅱ) ●

右図に示すように，質量 m の 2 つの質点 P_1，P_2 に，いずれも質量が無視できる自然長が L で，ばね定数が順に $2k$，k，$2k$ の 3 本のばねを連結して，滑らかな水平面上におき，両端点を $3L$ だけ隔てた壁面に固定する。ここで，P_1 と P_2 をつり合いの位置からずらして振動させる。

自由度 2 の連成水平ばね振り子

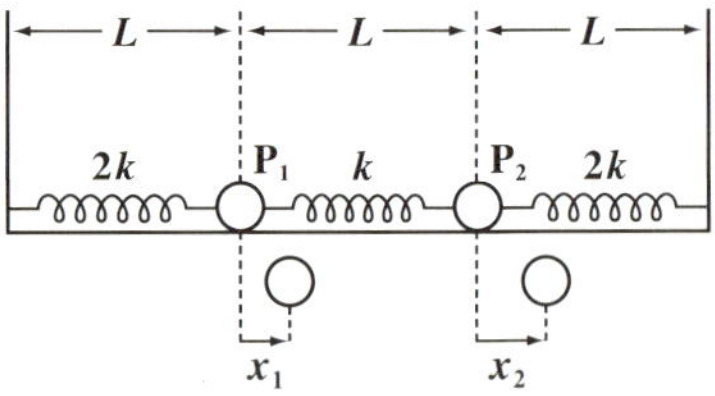

質点 P_1 と P_2 のつり合いの位置からの変位をそれぞれ x_1，x_2 とおくと，

これらは連立微分方程式 $\begin{cases} \ddot{x}_1 = -\omega_0^2(3x_1 - x_2) & \cdots\cdots\cdots ① \\ \ddot{x}_2 = -\omega_0^2(-x_1 + 3x_2) & \cdots\cdots ② \end{cases}$　$\left(\omega_0^2 = \dfrac{k}{m}\right)$

で表される。この連成振動の基準モードを

$\begin{cases} x_1 = B_1\cos(\omega t + \phi) \\ x_2 = B_2\cos(\omega t + \phi) \end{cases}$ ……③ $\left(\omega,\ B_1,\ B_2：未知数,\ \begin{bmatrix} B_1 \\ B_2 \end{bmatrix} \neq \begin{bmatrix} 0 \\ 0 \end{bmatrix}\right)$ とおいて，

ω の値と $B_1：B_2$ の比を求めて，この連成振動の一般解 x_1，x_2 を求めよ。

ヒント！ これは，演習問題 24 とまったく同じ問題だけれど，この自由度 2 の連成振動の問題を基準モードを利用して解く。自由度の 2 の連成振動では，2 つの角振動数 ω が求められるので，それぞれの ω の値に対する係数の比 $B_1：B_2$ を求めよう。

解答&解説

この自由度 2 の連成振動の基準モードを，

$$\begin{cases} x_1 = B_1\cos(\omega t + \phi) \\ x_2 = B_2\cos(\omega t + \phi) \end{cases} \cdots\cdots ③$$ とおく。

これらを，t で 2 階微分すると，

$$\begin{cases} \ddot{x}_1 = \dfrac{d}{dt}\left(\dfrac{dx_1}{dt}\right) = \dfrac{d}{dt}\{-B_1\omega\sin(\omega t + \phi)\} = -B_1\omega^2\cos(\omega t + \phi) \\ \ddot{x}_2 = \dfrac{d}{dt}\left(\dfrac{dx_2}{dt}\right) = \dfrac{d}{dt}\{-B_2\omega\sin(\omega t + \phi)\} = -B_2\omega^2\cos(\omega t + \phi) \end{cases} \cdots\cdots ③' となる。$$

③′ を①，②に代入すると，

$$\begin{cases} -B_1\omega^2\cos(\omega t+\phi) = -\omega_0^2(3B_1-B_2)\cos(\omega t+\phi) \\ -B_2\omega^2\cos(\omega t+\phi) = -\omega_0^2(-B_1+3B_2)\cos(\omega t+\phi) \end{cases}$$ となる。

この 2 式の両辺を $\cos(\omega t+\phi)$ で割って，B_1 と B_2 でまとめると，

$$\begin{cases} (\omega^2-3\omega_0^2)B_1+\omega_0^2B_2=0 \\ \omega_0^2B_1+(\omega^2-3\omega_0^2)B_2=0 \end{cases}$$ となる。

この左辺を行列とベクトルの積の形で表すと，

$$\begin{bmatrix} \omega^2-3\omega_0^2 & \omega_0^2 \\ \omega_0^2 & \omega^2-3\omega_0^2 \end{bmatrix}\begin{bmatrix} B_1 \\ B_2 \end{bmatrix}=\begin{bmatrix} 0 \\ 0 \end{bmatrix}$$ ……④ となる。

（これを行列 A とおく。）

ここで，$A=\begin{bmatrix} \omega^2-3\omega_0^2 & \omega_0^2 \\ \omega_0^2 & \omega^2-3\omega_0^2 \end{bmatrix}$ とおくと，④は，$A\begin{bmatrix} B_1 \\ B_2 \end{bmatrix}=\begin{bmatrix} 0 \\ 0 \end{bmatrix}$ ……④′となる。

もし，A の逆行列 A^{-1} が存在すると仮定すると，この A^{-1} を④′の両辺に左からかけて，$\begin{bmatrix} B_1 \\ B_2 \end{bmatrix}=A^{-1}\begin{bmatrix} 0 \\ 0 \end{bmatrix}=\begin{bmatrix} 0 \\ 0 \end{bmatrix}$ となって，$\begin{bmatrix} B_1 \\ B_2 \end{bmatrix}\neq\begin{bmatrix} 0 \\ 0 \end{bmatrix}$ の条件に反する。

（$B_1=0$ かつ $B_2=0$ ならば，$x_1=0$，$x_2=0$ となって，振動が起こらない。）

よって，A^{-1} は存在しないので，

$$\det A=|A|=\begin{vmatrix} \omega^2-3\omega_0^2 & \omega_0^2 \\ \omega_0^2 & \omega^2-3\omega_0^2 \end{vmatrix}$$

$$=(\omega^2-3\omega_0^2)^2-(\omega_0^2)^2=0$$

（一般に，$A=\begin{bmatrix} a & b \\ c & d \end{bmatrix}$ の逆行列 A^{-1} が存在しないとき，$\det A=ad-bc=0$ となる。）

よって，$(\omega^2-3\omega_0^2+\omega_0^2)(\omega^2-3\omega_0^2-\omega_0^2)=0$

$(\omega^2-2\omega_0^2)(\omega^2-4\omega_0^2)=0$　　$\therefore\ \omega^2=2\omega_0^2,\ 4\omega_0^2$

ここで，$\omega>0$，$\omega_0=\sqrt{\dfrac{k}{m}}>0$ より，

(i) $\omega=\sqrt{2}\omega_0$ または (ii) $\omega=2\omega_0$ である。

（これで，ω の値が分かったので，後は，これらを④に代入して，B_1 と B_2 の比を決定すればいいんだね。）

(i) $\omega = \sqrt{2}\omega_0$ のとき，④より，

$$\begin{bmatrix} \omega^2 - 3\omega_0{}^2 & \omega_0{}^2 \\ \omega_0{}^2 & \omega^2 - 3\omega_0{}^2 \end{bmatrix}\begin{bmatrix} B_1 \\ B_2 \end{bmatrix} = \begin{bmatrix} 0 \\ 0 \end{bmatrix} \cdots\cdots ④$$

$$\begin{bmatrix} -\omega_0{}^2 & \omega_0{}^2 \\ \omega_0{}^2 & -\omega_0{}^2 \end{bmatrix}\begin{bmatrix} B_1 \\ B_2 \end{bmatrix} = \begin{bmatrix} 0 \\ 0 \end{bmatrix}$$

$$\cancel{\omega_0{}^2}\begin{bmatrix} -1 & 1 \\ 1 & -1 \end{bmatrix}\begin{bmatrix} B_1 \\ B_2 \end{bmatrix} = \begin{bmatrix} 0 \\ 0 \end{bmatrix}$$ （$\omega_0{}^2$ で両辺を割った）

$-B_1 + B_2 = 0$　　$\therefore B_1 = B_2$ より，$B_1 : B_2 = 1 : 1$

よって，$B_1 = B_2 = C_1$ とおくと，このときの基準モードは，$\omega = \sqrt{2}\omega_0$ より，

$$\begin{cases} x_1 = C_1\cos(\sqrt{2}\omega_0 t + \phi_1) \\ x_2 = C_1\cos(\sqrt{2}\omega_0 t + \phi_1) \end{cases} \cdots\cdots ⑤$$ となる。

(ii) $\omega = 2\omega_0$ のとき，④より，

$$\begin{bmatrix} \omega_0{}^2 & \omega_0{}^2 \\ \omega_0{}^2 & \omega_0{}^2 \end{bmatrix}\begin{bmatrix} B_1 \\ B_2 \end{bmatrix} = \begin{bmatrix} 0 \\ 0 \end{bmatrix} \qquad \cancel{\omega_0{}^2}\begin{bmatrix} 1 & 1 \\ 1 & 1 \end{bmatrix}\begin{bmatrix} B_1 \\ B_2 \end{bmatrix} = \begin{bmatrix} 0 \\ 0 \end{bmatrix}$$ （$\omega_0{}^2$ で両辺を割った）

$B_1 + B_2 = 0$　　$\therefore B_2 = -B_1$　　$\therefore B_1 : B_2 = 1 : -1$

よって，$B_1 = C_2$ とおくと，$B_2 = -C_2$ となる。

ゆえに，このときの基準モードは，$\omega = 2\omega_0$ より，

$$\begin{cases} x_1 = \ \ C_2\cos(2\omega_0 t + \phi_2) \\ x_2 = -C_2\cos(2\omega_0 t + \phi_2) \end{cases} \cdots\cdots ⑥$$ となる。

以上 (i)(ii) の⑤，⑥の重ね合わせにより，この自由度 2 の連成水平ばね振り子の振動は，次の方程式で表される。

$$\begin{cases} x_1 = C_1\cos(\sqrt{2}\omega_0 t + \phi_1) + C_2\cos(2\omega_0 t + \phi_2) \\ x_2 = C_1\cos(\sqrt{2}\omega_0 t + \phi_1) - C_2\cos(2\omega_0 t + \phi_2) \end{cases} \left(\omega_0 = \sqrt{\frac{k}{m}}\right) \cdots\cdots\cdots\cdots(答)$$

（この結果は，微分方程式を直接解いた演習問題 24 の結果と一致する。）

演習問題 26　● うなり ●

自由度 **2** の連成振動系で，**2** つの基準モードの角振動数が $\omega_1 = \omega + \Delta\omega$，$\omega_2 = \omega - \Delta\omega$（$\Delta\omega \ll \omega$）のように，その差が小さい場合を考える。
ここで，各係数を C として，振動子の変位 x が，

$$x = C\cos\omega_1 t + C\cos\omega_2 t = C\cos(\omega + \Delta\omega)t + C\cos(\omega - \Delta\omega)t \quad \cdots\cdots ①$$

と表されるものとする。このとき，次の各問いに答えよ。

(1) ①から，うなりが生じることを説明せよ。

(2) $C = 2$，$\omega_1 = 12.5$，$\omega_2 = 11.5$ のとき，うなりの式を求め，うなりのグラフの概形を描け。

(3) $C = 3$，$\omega_1 = 22$，$\omega_2 = 20$ のとき，うなりの式を求め，うなりのグラフの概形を描け。

ヒント！ **(1)** 三角関数の和→積の公式を利用して，$x = A(t)\cdot\cos\omega t$ の形の式にもち込めばいい。$A(t)$ は，ゆっくりと変動するうなりの振幅を表す。**(2)**，**(3)** は **(1)** の結果を利用して，うなりの式を導き，そのグラフの概形を描く。解答では，コンピュータを用いて正確なグラフを示しているが，手計算で描く場合でも，うなりの振幅を表す $A(t)$ については正確に描くように心がけよう。

解答＆解説

(1) $\omega_1 = \omega + \Delta\omega$，$\omega_2 = \omega - \Delta\omega$　($\Delta\omega \ll \omega$) のとき，

$x = C\cos\omega_1 t + C\cos\omega_2 t$ ……① から，うなりが生じることを示す。

①を，三角関数の和→積の公式を利用して変形すると，

$$\begin{aligned} x &= C\cos(\omega + \Delta\omega)t + C\cos(\omega - \Delta\omega)t \\ &= C\{\cos(\omega t + \Delta\omega t) + \cos(\omega t - \Delta\omega t)\} \\ &= 2C\cos\omega t\cos\Delta\omega t \\ &= 2C\cos\Delta\omega t\cdot\cos\omega t \quad \cdots\cdots ① \end{aligned}$$

公式：
$\cos(\alpha+\beta)+\cos(\alpha-\beta) = 2\cos\alpha\cos\beta$

これは，時刻 t により，ゆっくりと変動する振幅 $A(t)$ と考える。

$\Delta\omega \ll \omega$ より，$\cos\Delta\omega t$ と $\cos\omega t$ の周期をそれぞれ T_1，T_2 とおくと，$T_1 = \dfrac{2\pi}{\Delta\omega}$，$T_2 = \dfrac{2\pi}{\omega}$ より，$T_1 \gg T_2$ となる。

ここで，①の $2C\cos\Delta\omega t$ は，周期の大きいゆっくりとした振動を表すので，これを x の変動する振幅 $A(t)$ とおくと，①は，$x = A(t)\cos\omega t$ となる。←（$\cos\omega t$ は周期の短い波動）

これから，小刻みに振動する波 $\cos\omega t$ が，その振幅をゆっくりと変動する $A(t)$ によって，変化させていくので，うなりの現象が生じることになる。……(終)

(2) $C=2$，$\omega_1 = 12.5 = \underbrace{12+0.5}_{\omega+\Delta\omega}$，$\omega_2 = 11.5 = \underbrace{12-0.5}_{\omega-\Delta\omega}$ のとき，

$\omega = 12$，$\Delta\omega = 0.5$ より，これらをうなりの式 $x(t) = 2C\cos\Delta\omega t\cdot\cos\omega t$ に代入すると，

$x(t) = \underbrace{4\cos\frac{1}{2}t}_{\text{うなりの振幅を表す}A(t)\ (\text{周期}T=4\pi)}\cdot\cos 12t$ ……② $(t \geqq 0)$ となる。……………………(答)

②のグラフ，すなわち，うなりのグラフの概形を右図に示す。…(答)

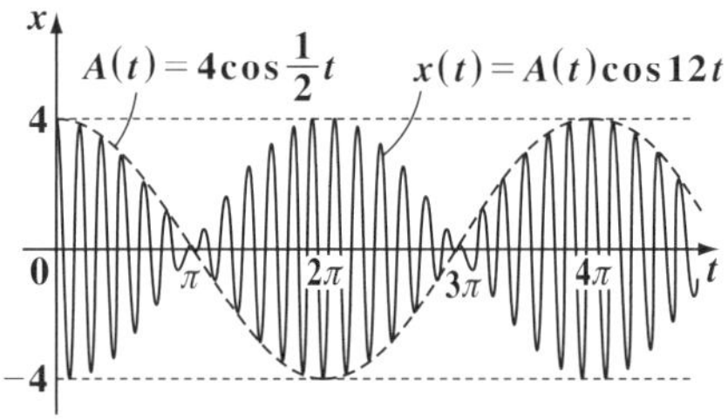

(3) $C=3$，$\omega_1 = 22 = \underbrace{21+1}_{\omega+\Delta\omega}$，$\omega_2 = 20 = \underbrace{21-1}_{\omega-\Delta\omega}$ のとき，

$\omega = 21$，$\Delta\omega = 1$ より，これらをうなりの式 $x(t) = 2C\cos\Delta\omega t\cdot\cos\omega t$ に代入すると，

$x(t) = \underbrace{6\cos t}_{\text{うなりの振幅を表す}A(t)\ (\text{周期}T=2\pi)}\cdot\cos 21t$ ……③ $(t \geqq 0)$ となる。……………………(答)

③のグラフ，すなわち，うなりのグラフの概形を右図に示す。…(答)

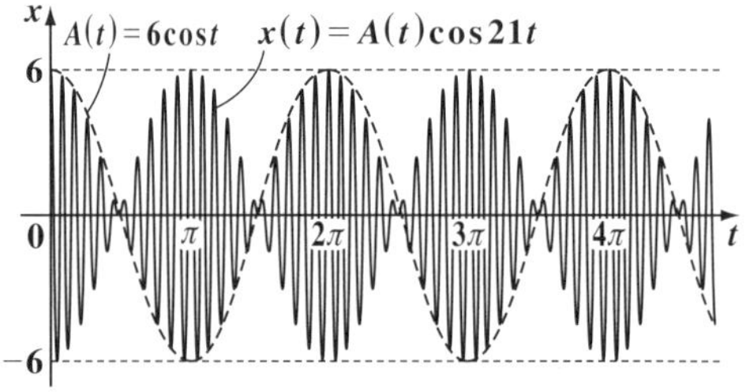

演習問題 27 ● 連成振り子(Ⅰ) ●

右図に示すように，質量 m の質点 P_1，P_2 と，質量を無視できる長さ l の 2 本の糸をつないで連成振り子を作る。糸の上端を天井に固定して，原点 0 とし，水平方向に x 軸，鉛直上方に y 軸をとり，P_1，P_2 を微小振動させる。鉛直方向と糸 1 のなす角を θ_1，同じく糸 2 のなす角を θ_2 とし，$\theta_1 \doteqdot 0$，$\theta_2 \doteqdot 0$ とする。このとき，θ_1 と θ_2 の微分方程式を立て，その一般解を求めよ。(ただし，$\theta \doteqdot 0$ のとき，$\sin\theta \doteqdot \theta$，$\cos\theta \doteqdot 1$ とする。)

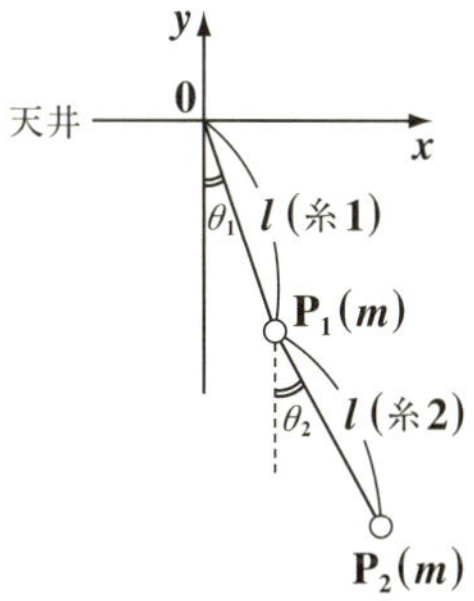

ヒント！ 2 質点 P_1，P_2 それぞれの x 軸方向，y 軸方向の運動方程式を立て，最終的に，$\ddot{\theta}_1$，$\ddot{\theta}_2$ と θ_1，θ_2 との関係式を導き，$\ddot{\theta}_1+\alpha\ddot{\theta}_2=-\omega^2(\theta_1+\alpha\theta_2)$ (α：定数) の形，すなわち単振動の微分方程式にもち込んで解けばいいんだね。頑張ろう！

解答＆解説

右図に示すように，2 つの質点 P_1，P_2 の座標を $P_1(x_1,\ y_1)$，$P_2(x_2,\ y_2)$ とおくと，$\theta_1 \doteqdot 0$，$\theta_2 \doteqdot 0$ より，次のようになる。

$$\begin{cases} x_1 = l\sin\theta_1 \doteqdot l\theta_1 & \cdots\cdots ① \\ y_1 = -l\cos\theta_1 \doteqdot -l & \cdots\cdots ② \end{cases}$$

($\sin\theta_1$ ≒ θ_1 ($\because \theta_1 \doteqdot 0$) 以下同様)
($\cos\theta_1$ ≒ 1 ($\because \theta_1 \doteqdot 0$) 以下同様)

$$\begin{cases} x_2 = l\sin\theta_1 + l\sin\theta_2 \doteqdot l\theta_1 + l\theta_2 & \cdots\cdots ③ \\ y_2 = -l\cos\theta_1 - l\cos\theta_2 \doteqdot -l-l=-2l & \cdots\cdots ④ \end{cases}$$

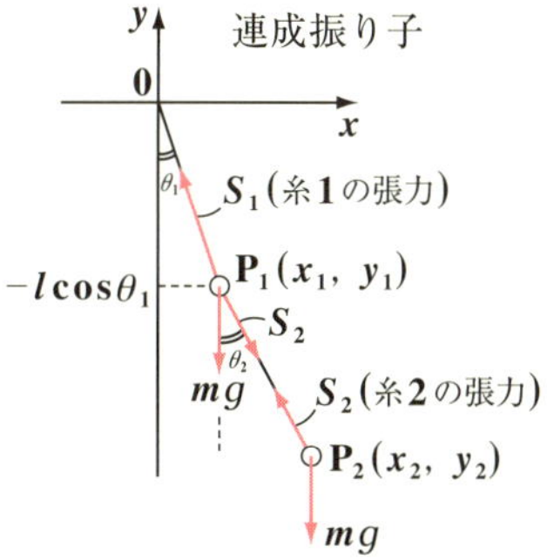

(ⅰ) P_1 の x 軸方向と y 軸方向の運動方程式 (ただし，S_1，S_2 は糸 1，2 の張力を表す。)

$$\begin{cases} m\ddot{x}_1 = -S_1\sin\theta_1 + S_2\sin\theta_2 \doteqdot -S_1\theta_1 + S_2\theta_2 & \cdots\cdots ⑤ \\ m\ddot{y}_1 = S_1\cos\theta_1 - mg - S_2\cos\theta_2 \doteqdot S_1 - mg - S_2\ (=0) & \cdots\cdots ⑥ \end{cases}$$

(ⅱ) P_2 の x 軸方向と y 軸方向の運動方程式

$$\begin{cases} m\ddot{x}_2 = -S_2\sin\theta_2 \doteqdot -S_2\theta_2 & \cdots\cdots ⑦ \\ m\ddot{y}_2 = S_2\cos\theta_2 - mg \doteqdot S_2 - mg\ (=0) & \cdots\cdots ⑧ \end{cases}$$

②，④より，y_1 と y_2 はいずれも定数より，これを t で 2 階微分したものは，いずれも 0 となる。よって，⑥，⑧は，

$$\begin{cases} m\ddot{y}_1 = S_1 - mg - S_2 = 0 & \cdots\cdots ⑥' \\ m\ddot{y}_2 = S_2 - mg = 0 & \cdots\cdots\cdots ⑧' \end{cases} \text{ となる。}$$

よって，$S_1 = 2mg$ $\cdots\cdots ⑨$，$S_2 = mg$ $\cdots\cdots ⑩$ となる。

$$\begin{cases} x_1 = l\theta_1 & \cdots\cdots\cdots\cdots\cdots ① \\ y_1 = -l & \cdots\cdots\cdots\cdots\cdots ② \\ x_2 = l(\theta_1 + \theta_2) & \cdots\cdots\cdots ③ \\ y_2 = -2l & \cdots\cdots\cdots\cdots\cdots ④ \\ m\ddot{x}_1 = -S_1\theta_1 + S_2\theta_2 & \cdots\cdots ⑤ \\ m\ddot{y}_1 = S_1 - mg - S_2\ (=0) & \cdots\cdots ⑥ \\ m\ddot{x}_2 = -S_2\theta_2 & \cdots\cdots ⑦ \\ m\ddot{y}_2 = S_2 - mg\ (=0) & \cdots\cdots\cdots ⑧ \end{cases}$$

①，③を t で 2 階微分すると，

$$\ddot{x}_1 = l\ddot{\theta}_1 \cdots\cdots ①' \qquad \ddot{x}_2 = l(\ddot{\theta}_1 + \ddot{\theta}_2) \cdots\cdots ③' \text{ となる。}$$

（ⅰ）①'，⑨，⑩を⑤に代入すると，

$$\cancel{m}l\ddot{\theta}_1 = -2\cancel{m}g\theta_1 + \cancel{m}g\theta_2 \quad \therefore \ddot{\theta}_1 = -2\omega_0{}^2\theta_1 + \omega_0{}^2\theta_2 \cdots ⑪ \ \left(\omega_0{}^2 = \frac{g}{l}\right) \text{ となる。}$$

（ⅱ）③'，⑩を⑦に代入すると，

$$\cancel{m}l(\ddot{\theta}_1 + \ddot{\theta}_2) = -\cancel{m}g\theta_2 \quad \therefore \ddot{\theta}_1 + \ddot{\theta}_2 = -\omega_0{}^2\theta_2 \cdots\cdots\cdots ⑫ \ \left(\omega_0{}^2 = \frac{g}{l}\right) \text{ となる。}$$

⑪，⑫を列記して，まとめると，

$$\begin{cases} \ddot{\theta}_1 = -2\omega_0{}^2\theta_1 + \omega_0{}^2\theta_2 & \cdots\cdots ⑪ \\ \ddot{\theta}_1 + \ddot{\theta}_2 = -\omega_0{}^2\theta_2 & \cdots\cdots\cdots ⑫ \end{cases} \text{ となる。} \cdots\cdots\cdots\cdots\cdots\cdots\cdots\text{（答）}$$

⑪と⑫をまとめて，

$$\begin{bmatrix} 1 & 0 \\ 1 & 1 \end{bmatrix} \begin{bmatrix} \ddot{\theta}_1 \\ \ddot{\theta}_2 \end{bmatrix} = \omega_0{}^2 \begin{bmatrix} -2 & 1 \\ 0 & -1 \end{bmatrix} \begin{bmatrix} \theta_1 \\ \theta_2 \end{bmatrix} \cdots\cdots ⑬ \text{ となる。}$$

⑬の両辺に $\begin{bmatrix} 1 & 0 \\ 1 & 1 \end{bmatrix}^{-1} = \begin{bmatrix} 1 & 0 \\ -1 & 1 \end{bmatrix}$ を左からかけると，

$$\begin{bmatrix} a & b \\ c & d \end{bmatrix}^{-1} = \frac{1}{\Delta} \begin{bmatrix} d & -b \\ -c & a \end{bmatrix} \quad (\Delta = ad - bc)$$

$$\begin{bmatrix} \ddot{\theta}_1 \\ \ddot{\theta}_2 \end{bmatrix} = \omega_0{}^2 \begin{bmatrix} 1 & 0 \\ -1 & 1 \end{bmatrix} \begin{bmatrix} -2 & 1 \\ 0 & -1 \end{bmatrix} \begin{bmatrix} \theta_1 \\ \theta_2 \end{bmatrix}$$

$$= \omega_0{}^2 \begin{bmatrix} -2 & 1 \\ 2 & -2 \end{bmatrix} \begin{bmatrix} \theta_1 \\ \theta_2 \end{bmatrix} = \omega_0{}^2 \begin{bmatrix} -2\theta_1 + \theta_2 \\ 2\theta_1 - 2\theta_2 \end{bmatrix}$$

$$\therefore \begin{cases} \ddot{\theta}_1 = -\omega_0{}^2(2\theta_1 - \theta_2) & \cdots\cdots\cdots\cdots ⑭ \\ \ddot{\theta}_2 = -\omega_0{}^2(-2\theta_1 + 2\theta_2) & \cdots\cdots ⑮ \end{cases}$$

これから，$\ddot{\theta}_1 + \alpha\ddot{\theta}_2 = -\beta\omega_0{}^2(\theta_1 + \alpha\theta_2)$ の形をみたす α と β を求める。$\theta_1 + \alpha\theta_2 = \zeta$ とおくと，単振動の微分方程式 $\ddot{\zeta} = -\omega^2\zeta$ ができるからだね。

ここで，⑭，⑮より，$\ddot{\theta}_1 + \alpha\ddot{\theta}_2$ を求めると，

$$\ddot{\theta}_1 + \alpha\ddot{\theta}_2 = -\omega_0{}^2\{2\theta_1 - \theta_2 + \alpha(-2\theta_1 + 2\theta_2)\}$$

$$= -\omega_0{}^2\{\underline{(2 - 2\alpha)}\theta_1 + \underline{(2\alpha - 1)}\theta_2\} \cdots\cdots ⑯ \text{ となる。これから，}$$

この比を $1 : \alpha$ とする α の値を求める。

$1 : \alpha = (2-2\alpha) : (2\alpha-1)$ をみたす α を求めると，

$\alpha(2-2\alpha) = 2\alpha-1 \qquad 2\alpha^2 = 1 \qquad \alpha = \pm\dfrac{1}{\sqrt{2}}$ となる。

(i) $\alpha = \dfrac{1}{\sqrt{2}}$ のとき，⑯より，

$$\ddot{\theta}_1 + \frac{1}{\sqrt{2}}\ddot{\theta}_2 = -\omega_0{}^2\left\{\left(2-\sqrt{2}\right)\theta_1 + \left(\sqrt{2}-1\right)\theta_2\right\}$$
$$= -\left(2-\sqrt{2}\right)\omega_0{}^2\left(\theta_1 + \frac{1}{\sqrt{2}}\theta_2\right)$$

これは，単振動の微分方程式より，

$$\theta_1 + \frac{1}{\sqrt{2}}\theta_2 = B_1\cos\left(\sqrt{2-\sqrt{2}}\,\omega_0 t + \phi_1\right) \quad \cdots\cdots ⑰$$ となる。

> 単振動の微分方程式
> $\theta_1 + \dfrac{1}{\sqrt{2}}\theta_2 = \zeta$，$\omega = \sqrt{2-\sqrt{2}}\,\omega_0$
> とおくと，
> $\ddot{\zeta} = -\omega^2\zeta$ より，
> $\zeta = B_1\cos(\omega t + \phi)$ となる。

(ii) $\alpha = -\dfrac{1}{\sqrt{2}}$ のとき，⑯より，

$$\ddot{\theta}_1 - \frac{1}{\sqrt{2}}\ddot{\theta}_2 = -\omega_0{}^2\left\{\left(2+\sqrt{2}\right)\theta_1 - \left(\sqrt{2}+1\right)\theta_2\right\}$$
$$= -\left(2+\sqrt{2}\right)\omega_0{}^2\left(\theta_1 - \frac{1}{\sqrt{2}}\theta_2\right)$$

これは，単振動の微分方程式より，

$$\theta_1 - \frac{1}{\sqrt{2}}\theta_2 = B_2\cos\left(\sqrt{2+\sqrt{2}}\,\omega_0 t + \phi_2\right) \quad \cdots\cdots ⑱$$ となる。

> 単振動の微分方程式
> $\theta_1 - \dfrac{1}{\sqrt{2}}\theta_2 = \eta$，$\omega = \sqrt{2+\sqrt{2}}\,\omega_0$
> とおくと，
> $\ddot{\eta} = -\omega^2\eta$ より，
> $\eta = B_2\cos(\omega t + \phi)$ となる。

以上 (i)(ii) の結果を用いて，

$\dfrac{⑰+⑱}{2}$ より，$\theta_1 = \dfrac{B_1}{2}\cos\left(\sqrt{2-\sqrt{2}}\,\omega_0 t + \phi_1\right) + \dfrac{B_2}{2}\cos\left(\sqrt{2+\sqrt{2}}\,\omega_0 t + \phi_2\right)$

$\dfrac{⑰-⑱}{\sqrt{2}}$ より，$\theta_2 = \dfrac{B_1}{\sqrt{2}}\cos\left(\sqrt{2-\sqrt{2}}\,\omega_0 t + \phi_1\right) - \dfrac{B_2}{\sqrt{2}}\cos\left(\sqrt{2+\sqrt{2}}\,\omega_0 t + \phi_2\right)$

以上より，

$$\begin{cases} \theta_1 = C_1\cos\left(\sqrt{2-\sqrt{2}}\,\omega_0 t + \phi_1\right) + C_2\cos\left(\sqrt{2+\sqrt{2}}\,\omega_0 t + \phi_2\right) \\ \theta_2 = \sqrt{2}\,C_1\cos\left(\sqrt{2-\sqrt{2}}\,\omega_0 t + \phi_1\right) - \sqrt{2}\,C_2\cos\left(\sqrt{2+\sqrt{2}}\,\omega_0 t + \phi_2\right) \end{cases} \quad \cdots\cdots\cdots\cdots(答)$$

$\left(ただし，C_1 = \dfrac{B_1}{2}，C_2 = \dfrac{B_2}{2}，\omega_0 = \sqrt{\dfrac{g}{l}}\right)$

演習問題 28　● 連成振り子 (Ⅱ) ●

右図に示すように，質量 m の質点 P_1，P_2 と，質量を無視できる長さ l の 2 本の糸をつないで連成振り子を作る。糸の上端を天井に固定して，水平方向に x 軸，鉛直上方に y 軸をとり，P_1，P_2 を微小振動させる。鉛直方向と糸 1 のなす角を θ_1，同じく糸 2 のなす角を θ_2 とし，$\theta_1 \fallingdotseq 0$，$\theta_2 \fallingdotseq 0$ とする。このとき，θ_1 と θ_2 の微分方程式は次のようになる。

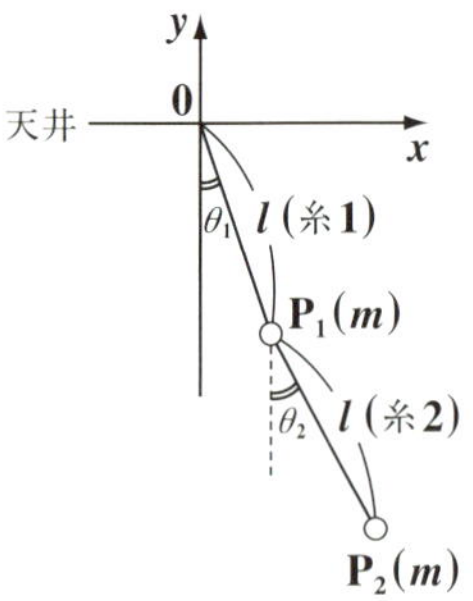

$$\begin{cases} \ddot{\theta}_1 = -\omega_0^2(2\theta_1 - \theta_2) \cdots\cdots\cdots\cdots ① \\ \ddot{\theta}_2 = -\omega_0^2(-2\theta_1 + 2\theta_2) \cdots\cdots ② \end{cases} \quad \left(\omega_0 = \sqrt{\frac{g}{l}}\right)$$

この連成振り子の基準モードを

$$\begin{cases} \theta_1 = B_1\cos(\omega t + \phi) \\ \theta_2 = B_2\cos(\omega t + \phi) \end{cases} \cdots\cdots ③ \quad \left(\omega,\ B_1,\ B_2 : \text{未知数},\ \begin{bmatrix} B_1 \\ B_2 \end{bmatrix} \neq \begin{bmatrix} 0 \\ 0 \end{bmatrix}\right)$$ とおいて，

ω の値と $B_1 : B_2$ の比を求めて，この連成振り子の θ_1，θ_2 を求めよ。

ヒント！ これは，演習問題 27 とまったく同じ問題だけれど，今回はこの自由度 2 の連成振り子の問題を基準モードを利用して解く。③を t で 2 階微分して，①，②に代入して，2 つの角振動数の値 ω を求め，これら ω について，それぞれ $B_1 : B_2$ の比を求めればいいんだね。頑張ろう！

解答＆解説

この自由度 2 の連成振り子の基準モードを

$$\begin{cases} \theta_1 = B_1\cos(\omega t + \phi) \\ \theta_2 = B_2\cos(\omega t + \phi) \end{cases} \cdots\cdots ③$$ とおく。これらを t で 2 階微分すると，

$$\begin{cases} \ddot{\theta}_1 = \dfrac{d}{dt}\left(\dfrac{d\theta_1}{dt}\right) = \dfrac{d}{dt}\{-B_1\omega\sin(\omega t + \phi)\} = -B_1\omega^2\cos(\omega t + \phi) \\ \ddot{\theta}_2 = \dfrac{d}{dt}\left(\dfrac{d\theta_2}{dt}\right) = \dfrac{d}{dt}\{-B_2\omega\sin(\omega t + \phi)\} = -B_2\omega^2\cos(\omega t + \phi) \end{cases} \cdots\cdots ③'$$ となる。

③´を①，②に代入すると，

$$\begin{cases} -B_1\omega^2\cos(\omega t+\phi) = -\omega_0^2(2B_1-B_2)\cos(\omega t+\phi) \\ -B_2\omega^2\cos(\omega t+\phi) = -\omega_0^2(-2B_1+2B_2)\cos(\omega t+\phi) \end{cases}$$

この 2 式の両辺を $\cos(\omega t+\phi)$ で割って，B_1 と B_2 でまとめると，

$$\begin{cases} (\omega^2-2\omega_0^2)B_1+\omega_0^2B_2=0 \\ 2\omega_0^2B_1+(\omega^2-2\omega_0^2)B_2=0 \end{cases}$$ となる。

この左辺を行列とベクトルの積の形で表すと，

$$\begin{bmatrix} \omega^2-2\omega_0^2 & \omega_0^2 \\ 2\omega_0^2 & \omega^2-2\omega_0^2 \end{bmatrix}\begin{bmatrix} B_1 \\ B_2 \end{bmatrix}=\begin{bmatrix} 0 \\ 0 \end{bmatrix}$$ ……④ となる。

これを行列 A とおく。

ここで，$A=\begin{bmatrix} \omega^2-2\omega_0^2 & \omega_0^2 \\ 2\omega_0^2 & \omega^2-2\omega_0^2 \end{bmatrix}$ とおくと，④は，$A\begin{bmatrix} B_1 \\ B_2 \end{bmatrix}=\begin{bmatrix} 0 \\ 0 \end{bmatrix}$ ……④′となる。

ここでもし，A の逆行列 A^{-1} が存在すると仮定すると，この A^{-1} を④′の両辺に左からかけて，$\begin{bmatrix} B_1 \\ B_2 \end{bmatrix}=A^{-1}\begin{bmatrix} 0 \\ 0 \end{bmatrix}=\begin{bmatrix} 0 \\ 0 \end{bmatrix}$ となって，$\begin{bmatrix} B_1 \\ B_2 \end{bmatrix}\neq\begin{bmatrix} 0 \\ 0 \end{bmatrix}$ の条件に反する。

$B_1=0$ かつ $B_2=0$ のとき，$\theta_1=0$，$\theta_2=0$ となって，振動が生じない。

よって，A^{-1} は存在しないので，

$$\det A=|A|=\begin{vmatrix} \omega^2-2\omega_0^2 & \omega_0^2 \\ 2\omega_0^2 & \omega^2-2\omega_0^2 \end{vmatrix}$$

$$=(\omega^2-2\omega_0^2)^2-(\sqrt{2}\,\omega_0^2)^2=0$$

$A=\begin{bmatrix} a & b \\ c & d \end{bmatrix}$ の逆行列 A^{-1} が存在しないとき，$\det A=ad-bc=0$ となる。

よって，$(\omega^2-2\omega_0^2+\sqrt{2}\,\omega_0^2)(\omega^2-2\omega_0^2-\sqrt{2}\,\omega_0^2)=0$

$\therefore\ \omega^2=(2-\sqrt{2})\omega_0^2,\ (2+\sqrt{2})\omega_0^2$ 　　ここで，$\omega>0$，$\omega_0>0$ より，

(i) $\omega=\sqrt{2-\sqrt{2}}\,\omega_0$ または (ii) $\omega=\sqrt{2+\sqrt{2}}\,\omega_0$ である。

これで，ω の値が分かったので，後は，これらを④に代入して，$B_1 : B_2$ の比を求めればいいんだね。

(i) $\omega=\sqrt{2-\sqrt{2}}\,\omega_0$ のとき，④より，

$$\begin{bmatrix} \omega^2-2\omega_0^2 & \omega_0^2 \\ 2\omega_0^2 & \omega^2-2\omega_0^2 \end{bmatrix}\begin{bmatrix} B_1 \\ B_2 \end{bmatrix}=\begin{bmatrix} 0 \\ 0 \end{bmatrix}\cdots\cdots④$$

$$\begin{bmatrix} -\sqrt{2}\,\omega_0^2 & \omega_0^2 \\ 2\omega_0^2 & -\sqrt{2}\,\omega_0^2 \end{bmatrix}\begin{bmatrix} B_1 \\ B_2 \end{bmatrix}=\begin{bmatrix} 0 \\ 0 \end{bmatrix}$$

$$\omega_0^2\begin{bmatrix} -\sqrt{2} & 1 \\ 2 & -\sqrt{2} \end{bmatrix}\begin{bmatrix} B_1 \\ B_2 \end{bmatrix}=\begin{bmatrix} 0 \\ 0 \end{bmatrix}$$ (両辺をω_0^2で割った)

$-\sqrt{2}\,B_1+B_2=0$，$B_2=\sqrt{2}\,B_1$ より，$B_1:B_2=1:\sqrt{2}$

よって，$B_1=C_1$ とおくと，$B_2=\sqrt{2}\,C_1$ となる。

∴このときの基準モードは，

$$\begin{cases} \theta_1=C_1\cos\left(\sqrt{2-\sqrt{2}}\,\omega_0 t+\phi_1\right) \\ \theta_2=\sqrt{2}\,C_1\cos\left(\sqrt{2-\sqrt{2}}\,\omega_0 t+\phi_1\right) \end{cases}\cdots\cdots⑤$$ となる。

(ii) $\omega=\sqrt{2+\sqrt{2}}\,\omega_0$ のとき，④より，

$$\begin{bmatrix} \sqrt{2}\,\omega_0^2 & \omega_0^2 \\ 2\omega_0^2 & \sqrt{2}\,\omega_0^2 \end{bmatrix}\begin{bmatrix} B_1 \\ B_2 \end{bmatrix}=\begin{bmatrix} 0 \\ 0 \end{bmatrix}$$

$$\omega_0\begin{bmatrix} \sqrt{2} & 1 \\ 2 & \sqrt{2} \end{bmatrix}\begin{bmatrix} B_1 \\ B_2 \end{bmatrix}=\begin{bmatrix} 0 \\ 0 \end{bmatrix}$$ (両辺をω_0^2で割った)

$\sqrt{2}\,B_1+B_2=0$ より，$B_2=-\sqrt{2}\,B_1$ より，$B_1:B_2=1:-\sqrt{2}$

よって，$B_1=C_2$ とおくと，$B_2=-\sqrt{2}\,C_2$

∴このときの基準モードは，

$$\begin{cases} \theta_1=C_2\cos\left(\sqrt{2+\sqrt{2}}\,\omega_0 t+\phi_2\right) \\ \theta_2=-\sqrt{2}\,C_2\cos\left(\sqrt{2+\sqrt{2}}\,\omega_0 t+\phi_2\right) \end{cases}\cdots\cdots⑥$$ となる。

以上(i)(ii)の⑤，⑥の重ね合わせにより，この自由度2の連成振り子の振動は，次の方程式で表される。

$$\begin{cases} \theta_1=C_1\cos\left(\sqrt{2-\sqrt{2}}\,\omega_0 t+\phi_1\right)+C_2\cos\left(\sqrt{2+\sqrt{2}}\,\omega_0 t+\phi_2\right) \\ \theta_2=\sqrt{2}\,C_1\cos\left(\sqrt{2-\sqrt{2}}\,\omega_0 t+\phi_1\right)-\sqrt{2}\,C_2\cos\left(\sqrt{2+\sqrt{2}}\,\omega_0 t+\phi_2\right) \end{cases}\cdots\cdots\cdots\cdots(答)$$

$\left(ただし，\omega_0=\sqrt{\dfrac{g}{l}}\right)$

演習問題 29　● 自由度 3 の連成水平ばね振り子 ●

右図に示すように，質量 m の 3 つの質点 P_1，P_2，P_3 に，いずれも質量が無視できる自然長が L で，ばね定数が順に $2k$，k，k，$2k$ の 4 本のばねを連結して，滑らかな水平面上におき，両端点を $4L$ だけ隔てた壁面に固定する。ここで，P_1，P_2，P_3 をつり合いの位置からずらして振動させる。質点 P_1，P_2，P_3 のつり合いの位置からの変位を順に x_1，x_2，x_3 とおいて，P_1，P_2，P_3 の運動方程式を立て，この連成振動の基準モードを利用して，x_1，x_2，x_3 を求めよ。

自由度 3 の連成水平ばね振り子

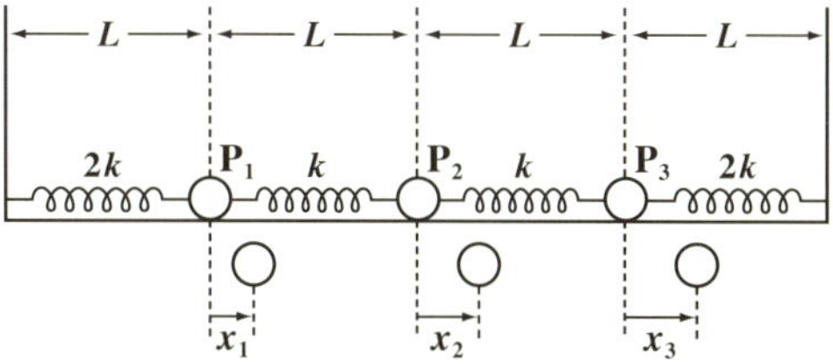

ヒント！ 運動方程式を立てるときのコツは，$0 < x_1 < x_2 < x_3$ とし，$x_2 - x_1 > 0$，$x_3 - x_2 > 0$ と考えて，力の向き (⊕, ⊖) を決めるといい。後は，x_1，x_2，x_3 の基準モードを利用して，各角振動数と，各係数の比を求めるといいんだね。頑張ろう！

解答＆解説

3 つの質点 P_1，P_2，P_3 のつり合いの位置からの変位を順に x_1，x_2，x_3 とおいて，P_1，P_2，P_3 の運動方程式を立てると，

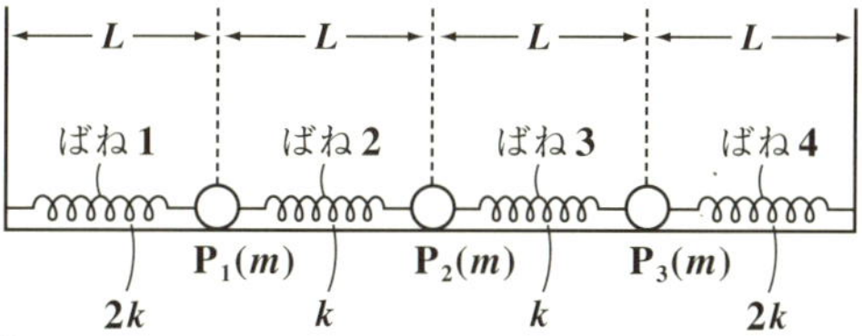

$m\ddot{x}_1 = \underbrace{-2kx_1}_{\ominus\text{の向き}} + \underbrace{k(x_2 - x_1)}_{\oplus\text{の向き}}$ ………①

$m\ddot{x}_2 = \underbrace{-k(x_2 - x_1)}_{\ominus\text{の向き}} + \underbrace{k(x_3 - x_2)}_{\oplus\text{の向き}}$ …②

$m\ddot{x}_3 = \underbrace{-k(x_3 - x_2)}_{\ominus\text{の向き}} \underbrace{- 2kx_3}_{\ominus\text{の向き}}$ ………③ となる。よって，$\dfrac{k}{m} = \omega_0^2$ とおくと，①，②，③は，

$$\begin{cases} \ddot{x}_1 = -\omega_0^2(3x_1 - x_2) & \cdots\cdots\cdots\cdots ①' \\ \ddot{x}_2 = -\omega_0^2(2x_2 - x_1 - x_3) & \cdots\cdots ②' \\ \ddot{x}_3 = -\omega_0^2(3x_3 - x_2) & \cdots\cdots\cdots\cdots ③' \end{cases} \quad \left(\omega_0^2 = \frac{k}{m}\right)$$

となる。

この自由度3の連成振動の基準モードを，

$$\ddot{x}_1 = -\omega_0^2(3x_1 - x_2) \cdots\cdots ①'$$
$$\ddot{x}_2 = -\omega_0^2(2x_2 - x_1 - x_3) \cdots\cdots ②'$$
$$\ddot{x}_3 = -\omega_0^2(3x_3 - x_2) \cdots\cdots ③'$$

$$\begin{cases} x_1 = B_1\cos(\omega t + \phi) \\ x_2 = B_2\cos(\omega t + \phi) \\ x_3 = B_3\cos(\omega t + \phi) \end{cases} \cdots\cdots ④$$

(ω, B_1, B_2, B_3：未知数)

($B_1 = B_2 = B_3 = 0$ となることはない。)

とおく。これらを t で2階微分すると，

$$\begin{cases} \ddot{x}_1 = \dfrac{d}{dt}\left(\dfrac{dx_1}{dt}\right) = \dfrac{d}{dt}\{-B_1\omega\sin(\omega t + \phi)\} = -B_1\omega^2\cos(\omega t + \phi) \\ \ddot{x}_2 = \dfrac{d}{dt}\left(\dfrac{dx_2}{dt}\right) = \dfrac{d}{dt}\{-B_2\omega\sin(\omega t + \phi)\} = -B_2\omega^2\cos(\omega t + \phi) \\ \ddot{x}_3 = \dfrac{d}{dt}\left(\dfrac{dx_3}{dt}\right) = \dfrac{d}{dt}\{-B_3\omega\sin(\omega t + \phi)\} = -B_3\omega^2\cos(\omega t + \phi) \end{cases} \cdots\cdots ④'$$

となる。④と④′を①′，②′，③′に代入すると，

$$\begin{cases} -B_1\omega^2\cos(\omega t + \phi) = -\omega_0^2(3B_1 - B_2)\cos(\omega t + \phi) \\ -B_2\omega^2\cos(\omega t + \phi) = -\omega_0^2(2B_2 - B_1 - B_3)\cos(\omega t + \phi) \\ -B_3\omega^2\cos(\omega t + \phi) = -\omega_0^2(3B_3 - B_2)\cos(\omega t + \phi) \end{cases}$$

となる。

この3式の両辺を $\cos(\omega t + \phi)$ で割って，B_1, B_2, B_3 でまとめると，

$$\begin{cases} (\omega^2 - 3\omega_0^2)B_1 + \omega_0^2 B_2 = 0 \\ \omega_0^2 B_1 + (\omega^2 - 2\omega_0^2)B_2 + \omega_0^2 B_3 = 0 \\ \omega_0^2 B_2 + (\omega^2 - 3\omega_0^2)B_3 = 0 \end{cases}$$

となる。

この左辺を行列とベクトルの積の形で表すと，

$$\underbrace{\begin{bmatrix} \omega^2 - 3\omega_0^2 & \omega_0^2 & 0 \\ \omega_0^2 & \omega^2 - 2\omega_0^2 & \omega_0^2 \\ 0 & \omega_0^2 & \omega^2 - 3\omega_0^2 \end{bmatrix}}_{\text{これを行列}A\text{とおく。}} \begin{bmatrix} B_1 \\ B_2 \\ B_3 \end{bmatrix} = \begin{bmatrix} 0 \\ 0 \\ 0 \end{bmatrix} \cdots\cdots ⑤$$

となる。ここで，

$$A = \begin{bmatrix} \omega^2 - 3\omega_0^2 & \omega_0^2 & 0 \\ \omega_0^2 & \omega^2 - 2\omega_0^2 & \omega_0^2 \\ 0 & \omega_0^2 & \omega^2 - 3\omega_0^2 \end{bmatrix} \cdots ⑥$$

とおくと，⑤は，

$$A\begin{bmatrix} B_1 \\ B_2 \\ B_3 \end{bmatrix} = \begin{bmatrix} 0 \\ 0 \\ 0 \end{bmatrix} \cdots ⑤'$$

となる。ここでもし，A の逆行列 A^{-1} が存在すると仮定すると，この A^{-1} を⑤′の両辺に左からかけて，

$\begin{bmatrix} B_1 \\ B_2 \\ B_3 \end{bmatrix} = A^{-1}\begin{bmatrix} 0 \\ 0 \\ 0 \end{bmatrix} = \begin{bmatrix} 0 \\ 0 \\ 0 \end{bmatrix}$ となって，$\begin{bmatrix} B_1 \\ B_2 \\ B_3 \end{bmatrix} \neq \begin{bmatrix} 0 \\ 0 \\ 0 \end{bmatrix}$ の条件に反する。

（$B_1=0$ かつ $B_2=0$ かつ $B_3=0$ のとき，$x_1=0$，$x_2=0$，$x_3=0$ となって，振動が起こらない。）

よって，A^{-1} は存在しない。←（背理法）

$$\therefore \det A = |A| = \begin{vmatrix} \omega^2-3\omega_0^2 & \omega_0^2 & 0 \\ \omega_0^2 & \omega^2-2\omega_0^2 & \omega_0^2 \\ 0 & \omega_0^2 & \omega^2-3\omega_0^2 \end{vmatrix}$$

（3次正方行列の行列式の計算では，サラスの公式を利用する。）

$$= \underbrace{(\omega^2-3\omega_0^2)^2(\omega^2-2\omega_0^2)}_{①} \underbrace{-\,\omega_0^4(\omega^2-3\omega_0^2)}_{②} \underbrace{-\,\omega_0^4(\omega^2-3\omega_0^2)}_{③}$$

$$= (\omega^2-3\omega_0^2)\{(\omega^2-3\omega_0^2)(\omega^2-2\omega_0^2)-2\omega_0^4\}$$

（$\omega^4-5\omega_0^2\omega^2+4\omega_0^2=(\omega^2-\omega_0^2)(\omega^2-4\omega_0^2)$）

$$= \boxed{(\omega^2-\omega_0^2)(\omega^2-3\omega_0^2)(\omega^2-4\omega_0^2)=0}$$ となる。

$\therefore \omega^2=\omega_0^2$ または $3\omega_0^2$ または $4\omega_0^2$ となる。ここで，$\omega>0$，$\omega_0>0$ より，

(ⅰ) $\omega=\omega_0$ または (ⅱ) $\omega=\sqrt{3}\,\omega_0$ または (ⅲ) $\omega=2\omega_0$ となる。

(ⅰ) $\omega=\omega_0$ のとき，⑥は，

$$A = \begin{bmatrix} -2\omega_0^2 & \omega_0^2 & 0 \\ \omega_0^2 & -\omega_0^2 & \omega_0^2 \\ 0 & \omega_0^2 & -2\omega_0^2 \end{bmatrix} = \omega_0^2\begin{bmatrix} -2 & 1 & 0 \\ 1 & -1 & 1 \\ 0 & 1 & -2 \end{bmatrix}$$ となるので，

⑤′は，$\cancel{\omega_0^2}\begin{bmatrix} -2 & 1 & 0 \\ 1 & -1 & 1 \\ 0 & 1 & -2 \end{bmatrix}\begin{bmatrix} B_1 \\ B_2 \\ B_3 \end{bmatrix} = \begin{bmatrix} 0 \\ 0 \\ 0 \end{bmatrix}$

（両辺を ω_0^2 で割った。）

行基本変形

$$\begin{bmatrix} -2 & 1 & 0 \\ 1 & -1 & 1 \\ 0 & 1 & -2 \end{bmatrix} \to \begin{bmatrix} 1 & -1 & 1 \\ -2 & 1 & 0 \\ 0 & 1 & -2 \end{bmatrix} \to \begin{bmatrix} 1 & -1 & 1 \\ 0 & -1 & 2 \\ 0 & 1 & -2 \end{bmatrix} \to \begin{bmatrix} 1 & -1 & 1 \\ 0 & 1 & -2 \\ 0 & 0 & 0 \end{bmatrix}$$

よって，$B_1-B_2+B_3=0$，$B_2-2B_3=0$

$\therefore B_1=B_3=C_1$，$B_2=2C_1$ とおくと，このときの基準モードは，

$$\begin{cases} x_1 = C_1\cos(\omega_0 t+\phi_1) \\ x_2 = 2C_1\cos(\omega_0 t+\phi_1) \\ x_3 = C_1\cos(\omega_0 t+\phi_1) \end{cases} \cdots\cdots ⑦$$ となる。$\left(\omega_0=\sqrt{\dfrac{k}{m}}\right)$

(ii) $\omega = \sqrt{3}\omega_0$ のとき，⑥は，

$$A = \begin{bmatrix} 0 & \omega_0^2 & 0 \\ \omega_0^2 & \omega_0^2 & \omega_0^2 \\ 0 & \omega_0^2 & 0 \end{bmatrix} = \omega_0^2 \begin{bmatrix} 0 & 1 & 0 \\ 1 & 1 & 1 \\ 0 & 1 & 0 \end{bmatrix}$$

となるので，⑤´は，

$$\omega_0^2 \begin{bmatrix} 0 & 1 & 0 \\ 1 & 1 & 1 \\ 0 & 1 & 0 \end{bmatrix} \begin{bmatrix} B_1 \\ B_2 \\ B_3 \end{bmatrix} = \begin{bmatrix} 0 \\ 0 \\ 0 \end{bmatrix}$$

両辺をω_0^2で割った。

よって，$B_1 + B_2 + B_3 = 0$，$B_2 = 0$

$\therefore B_1 = C_2$，$B_2 = 0$，$B_3 = -C_2$ と

おくと，このときの基準モードは，

$$\begin{cases} x_1 = C_2\cos(\sqrt{3}\omega_0 t + \phi_2) \\ x_2 = 0 \\ x_3 = -C_2\cos(\sqrt{3}\omega_0 t + \phi_2) \end{cases} \quad \cdots\cdots ⑧$$

となる。$\left(\omega_0 = \sqrt{\dfrac{k}{m}}\right)$

$$A = \begin{bmatrix} \omega^2 - 3\omega_0^2 & \omega_0^2 & 0 \\ \omega_0^2 & \omega^2 - 2\omega_0^2 & \omega_0^2 \\ 0 & \omega_0^2 & \omega^2 - 3\omega_0^2 \end{bmatrix} \cdots\cdots ⑥$$

$$A\begin{bmatrix} B_1 \\ B_2 \\ B_3 \end{bmatrix} = \begin{bmatrix} 0 \\ 0 \\ 0 \end{bmatrix} \cdots\cdots ⑤´$$

(i) $\omega = \omega_0$ のとき，

$$\begin{cases} x_1 = C_1\cos(\omega_0 t + \phi_1) \\ x_2 = 2C_1\cos(\omega_0 t + \phi_1) \\ x_3 = C_1\cos(\omega_0 t + \phi_1) \end{cases} \cdots\cdots ⑦$$

行基本変形

$$\begin{bmatrix} 0 & 1 & 0 \\ 1 & 1 & 1 \\ 0 & 1 & 0 \end{bmatrix} \to \begin{bmatrix} 1 & 1 & 1 \\ 0 & 1 & 0 \\ 0 & 1 & 0 \end{bmatrix} \to \begin{bmatrix} 1 & 1 & 1 \\ 0 & 1 & 0 \\ 0 & 0 & 0 \end{bmatrix}$$

(iii) $\omega = 2\omega_0$ のとき，⑥は，

$$A = \begin{bmatrix} \omega_0^2 & \omega_0^2 & 0 \\ \omega_0^2 & 2\omega_0^2 & \omega_0^2 \\ 0 & \omega_0^2 & \omega_0^2 \end{bmatrix} = \omega_0^2 \begin{bmatrix} 1 & 1 & 0 \\ 1 & 2 & 1 \\ 0 & 1 & 1 \end{bmatrix}$$

となるので，⑤´は，

$$\omega_0^2 \begin{bmatrix} 1 & 1 & 0 \\ 1 & 2 & 1 \\ 0 & 1 & 1 \end{bmatrix} \begin{bmatrix} B_1 \\ B_2 \\ B_3 \end{bmatrix} = \begin{bmatrix} 0 \\ 0 \\ 0 \end{bmatrix}$$

両辺をω_0^2で割った。

行基本変形

$$\begin{bmatrix} 1 & 1 & 0 \\ 1 & 2 & 1 \\ 0 & 1 & 1 \end{bmatrix} \to \begin{bmatrix} 1 & 1 & 0 \\ 0 & 1 & 1 \\ 0 & 1 & 1 \end{bmatrix} \to \begin{bmatrix} 1 & 1 & 0 \\ 0 & 1 & 1 \\ 0 & 0 & 0 \end{bmatrix}$$

よって，$B_1 + B_2 = 0$，$B_2 + B_3 = 0$

$\therefore B_1 = C_3$，$B_2 = -C_3$，$B_3 = C_3$ とおくと，このときの基準モードは，

$$\begin{cases} x_1 = C_3\cos(2\omega_0 t + \phi_3) \\ x_2 = -C_3\cos(2\omega_0 t + \phi_3) \quad \cdots\cdots ⑨ \\ x_3 = C_3\cos(2\omega_0 t + \phi_3) \end{cases}$$

となる。$\left(\omega_0 = \sqrt{\dfrac{k}{m}}\right)$

以上(i)(ii)(iii)より，x_1, x_2, x_3それぞれについて，⑦，⑧，⑨の各基準モードを重ね合わせると，P_1, P_2, P_3の変位x_1, x_2, x_3の方程式(一般解)が次のように求められる。

$$\begin{cases} x_1 = C_1\cos(\omega_0 t + \phi_1) + C_2\cos\left(\sqrt{3}\omega_0 t + \phi_2\right) + C_3\cos(2\omega_0 t + \phi_3) \\ x_2 = 2C_1\cos(\omega_0 t + \phi_1) - C_3\cos(2\omega_0 t + \phi_3) \\ x_3 = C_1\cos(\omega_0 t + \phi_1) - C_2\cos\left(\sqrt{3}\omega_0 t + \phi_2\right) + C_3\cos(2\omega_0 t + \phi_3) \end{cases} \quad \cdots\cdots\cdots(答)$$

$\left(ただし，\omega_0 = \sqrt{\dfrac{k}{m}}\right)$

演習問題 30　● 3原子分子モデル ●

右図に示すように，質量が順に m，$3m$，m の3つの質点 P_1，P_2，P_3 が質量の無視できるばね定数が k で自然長が L の2つのばねで連結されている。ここで，P_1，P_2，P_3 は抵抗を受けることなく水平方向にのみ振動できるものとする。質点 P_1，P_2，P_3 のつり合いの位置からの変位を順に x_1，x_2，x_3 とおいて，P_1，P_2，P_3 の運動方程式を立て，この連成振動の基準モードを利用して，x_1，x_2，x_3 を求めよ。

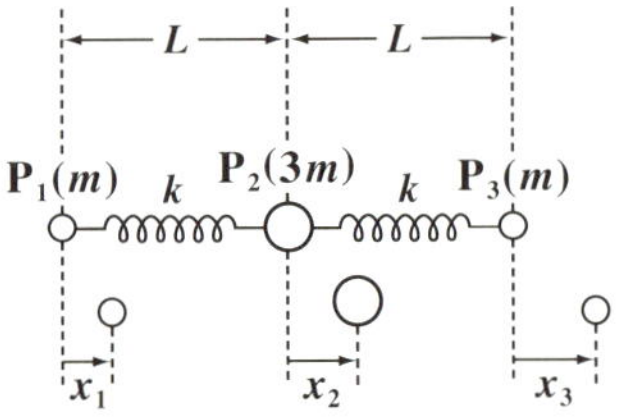

ヒント！ これは，3原子分子の水平方向の振動モデルと考えることができる。運動方程式を立てるときのコツは，$0 < x_1 < x_2 < x_3$ として，$x_2 - x_1 > 0$，$x_3 - x_2 > 0$ より，各質点に働く力の向き（⊕，⊖）を決めることなんだね。今回は，両端点が振動子 P_1，P_3 であり，固定されていないことに要注意だね。

解答＆解説

3つの質点 P_1，P_2，P_3 のつり合いの位置からの変位を順に x_1，x_2，x_3 とおいて，P_1，P_2，P_3 の運動方程式を立てると，

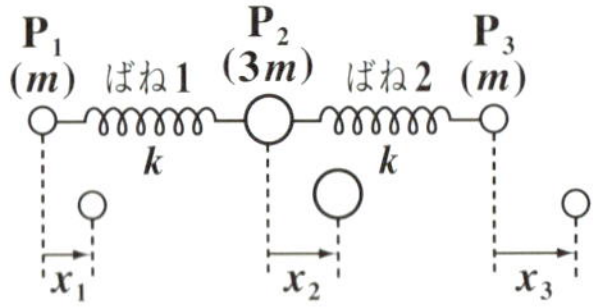

$m\ddot{x}_1 = k(x_2 - x_1)$ ……………………①

$x_2 - x_1 > 0$ で伸びているので，ばね1は縮もうとして，P_1 に⊕の向きに力が働く。以下同様。

$3m\ddot{x}_2 = -k(x_2 - x_1) + k(x_3 - x_2)$ ……②

（⊖の向き）（⊕の向き）

$m\ddot{x}_3 = -k(x_3 - x_2)$ ……………………③ となる。ここで，$\frac{k}{m} = \omega_0^2$ とおくと，

（⊖の向き）

$$\begin{cases} \ddot{x}_1 = -\omega_0^2(x_1 - x_2) & \cdots\cdots ①' \\ \ddot{x}_2 = -\frac{1}{3}\omega_0^2(2x_2 - x_1 - x_3) & \cdots\cdots ②' \\ \ddot{x}_3 = -\omega_0^2(x_3 - x_2) & \cdots\cdots ③' \end{cases} \quad \left(\omega_0^2 = \frac{k}{m}\right)$$ となる。

この自由度3の連成振動の基準モードを，

$$\begin{cases} x_1 = B_1\cos(\omega t+\phi) \\ x_2 = B_2\cos(\omega t+\phi) \\ x_3 = B_3\cos(\omega t+\phi) \end{cases} \cdots\cdots④ \quad \left(\omega,\ B_1,\ B_2,\ B_3 : \text{未知数},\ \begin{bmatrix} B_1 \\ B_2 \\ B_3 \end{bmatrix} \neq \begin{bmatrix} 0 \\ 0 \\ 0 \end{bmatrix}\right)$$

とおく。これらを t で2階微分すると，

$$\begin{cases} \ddot{x}_1 = \dfrac{d}{dt}\left(\dfrac{dx_1}{dt}\right) = \dfrac{d}{dt}\{-B_1\omega\sin(\omega t+\phi)\} = -B_1\omega^2\cos(\omega t+\phi) \\ \ddot{x}_2 = \dfrac{d}{dt}\left(\dfrac{dx_2}{dt}\right) = \dfrac{d}{dt}\{-B_2\omega\sin(\omega t+\phi)\} = -B_2\omega^2\cos(\omega t+\phi) \\ \ddot{x}_3 = \dfrac{d}{dt}\left(\dfrac{dx_3}{dt}\right) = \dfrac{d}{dt}\{-B_3\omega\sin(\omega t+\phi)\} = -B_3\omega^2\cos(\omega t+\phi) \end{cases} \cdots\cdots④'$$

となる。④と④′を①′, ②′, ③′に代入すると，

$$\begin{cases} -B_1\omega^2\cancel{\cos(\omega t+\phi)} = -\omega_0^2(B_1-B_2)\cancel{\cos(\omega t+\phi)} \\ -B_2\omega^2\cancel{\cos(\omega t+\phi)} = -\dfrac{1}{3}\omega_0^2(2B_2-B_1-B_3)\cancel{\cos(\omega t+\phi)} \\ -B_3\omega^2\cancel{\cos(\omega t+\phi)} = -\omega_0^2(B_3-B_2)\cancel{\cos(\omega t+\phi)} \end{cases}$$

となる。

この3式の両辺を $\cos(\omega t+\phi)$ で割り，第2式は両辺を3倍して，B_1, B_2, B_3 でまとめると，

$$\begin{cases} (\omega^2-\omega_0^2)B_1 + \omega_0^2 B_2 = 0 \\ \omega_0^2 B_1 + (3\omega^2-2\omega_0^2)B_2 + \omega_0^2 B_3 = 0 \\ \omega_0^2 B_2 + (\omega^2-\omega_0^2)B_3 = 0 \end{cases}$$

となる。

この左辺を行列とベクトルの積の形で表すと，

$$\underbrace{\begin{bmatrix} \omega^2-\omega_0^2 & \omega_0^2 & 0 \\ \omega_0^2 & 3\omega^2-2\omega_0^2 & \omega_0^2 \\ 0 & \omega_0^2 & \omega^2-\omega_0^2 \end{bmatrix}}_{\text{これを行列}A\text{とおく。}} \begin{bmatrix} B_1 \\ B_2 \\ B_3 \end{bmatrix} = \begin{bmatrix} 0 \\ 0 \\ 0 \end{bmatrix} \cdots\cdots⑤$$

となる。ここで，

$$A = \begin{bmatrix} \omega^2-\omega_0^2 & \omega_0^2 & 0 \\ \omega_0^2 & 3\omega^2-2\omega_0^2 & \omega_0^2 \\ 0 & \omega_0^2 & \omega^2-\omega_0^2 \end{bmatrix} \cdots⑥$$

とおくと，⑤は，$A\begin{bmatrix} B_1 \\ B_2 \\ B_3 \end{bmatrix} = \begin{bmatrix} 0 \\ 0 \\ 0 \end{bmatrix} \cdots⑤'$

となる。ここでもし，A の逆行列 A^{-1} が存在すると仮定すると，この A^{-1} を⑤′の両辺に左からかけると，

$\begin{bmatrix} B_1 \\ B_2 \\ B_3 \end{bmatrix} = A^{-1}\begin{bmatrix} 0 \\ 0 \\ 0 \end{bmatrix} = \begin{bmatrix} 0 \\ 0 \\ 0 \end{bmatrix}$ となって，$\begin{bmatrix} B_1 \\ B_2 \\ B_3 \end{bmatrix} \neq \begin{bmatrix} 0 \\ 0 \\ 0 \end{bmatrix}$ の条件に反する。よって，A^{-1} は存在しない。

> $A\begin{bmatrix} B_1 \\ B_2 \\ B_3 \end{bmatrix} = \begin{bmatrix} 0 \\ 0 \\ 0 \end{bmatrix}$ ……………………⑤´
>
> $A = \begin{bmatrix} \omega^2-\omega_0^2 & \omega_0^2 & 0 \\ \omega_0^2 & 3\omega^2-2\omega_0^2 & \omega_0^2 \\ 0 & \omega_0^2 & \omega^2-\omega_0^2 \end{bmatrix}$ …⑥

$$\therefore \det A = |A| = \begin{vmatrix} \omega^2-\omega_0^2 & \omega_0^2 & 0 \\ \omega_0^2 & 3\omega^2-2\omega_0^2 & \omega_0^2 \\ 0 & \omega_0^2 & \omega^2-\omega_0^2 \end{vmatrix}$$

← サラスの公式

$$= \underbrace{(\omega^2-\omega_0^2)^2(3\omega^2-2\omega_0^2)}_{①} \underbrace{-\,\omega_0^4(\omega^2-\omega_0^2)}_{②} \underbrace{-\,\omega_0^4(\omega^2-\omega_0^2)}_{③}$$

$$= (\omega^2-\omega_0^2)\left\{(\omega^2-\omega_0^2)(3\omega^2-2\omega_0^2)-2\omega_0^4\right\}$$

（$3\omega^4-5\omega_0^2\omega^2 = \omega^2(3\omega^2-5\omega_0^2)$）

$$= \omega^2(\omega^2-\omega_0^2)(3\omega^2-5\omega_0^2) = 0$$ となる。

$\therefore \omega^2 = 0$ または ω_0^2 または $\dfrac{5}{3}\omega_0^2$ となる。ここで，$\omega \geqq 0$，$\omega_0 > 0$ より，

(i) $\omega = 0$ または (ii) $\omega = \omega_0$ または (iii) $\omega = \sqrt{\dfrac{5}{3}}\,\omega_0 = \dfrac{\sqrt{15}}{3}\omega_0$ となる。

(i) $\omega = 0$ のとき，⑥は，

$$A = \begin{bmatrix} -\omega_0^2 & \omega_0^2 & 0 \\ \omega_0^2 & -2\omega_0^2 & \omega_0^2 \\ 0 & \omega_0^2 & -\omega_0^2 \end{bmatrix} = \omega_0^2\begin{bmatrix} -1 & 1 & 0 \\ 1 & -2 & 1 \\ 0 & 1 & -1 \end{bmatrix}$$ となるので，⑤´は，

$$\cancel{\omega_0^2}\begin{bmatrix} -1 & 1 & 0 \\ 1 & -2 & 1 \\ 0 & 1 & -1 \end{bmatrix}\begin{bmatrix} B_1 \\ B_2 \\ B_3 \end{bmatrix} = \begin{bmatrix} 0 \\ 0 \\ 0 \end{bmatrix}$$

（両辺をω_0^2で割った。）

> 行基本変形
>
> $\begin{bmatrix} -1 & 1 & 0 \\ 1 & -2 & 1 \\ 0 & 1 & -1 \end{bmatrix} \to \begin{bmatrix} 1 & -1 & 0 \\ 1 & -2 & 1 \\ 0 & 1 & -1 \end{bmatrix} \to \begin{bmatrix} 1 & -1 & 0 \\ 0 & -1 & 1 \\ 0 & 1 & -1 \end{bmatrix} \to \begin{bmatrix} 1 & -1 & 0 \\ 0 & 1 & -1 \\ 0 & 0 & 0 \end{bmatrix}$

よって，$B_1 - B_2 = 0$，$B_2 - B_3 = 0$

$\therefore B_1 = B_2 = B_3 = C_1$ とおくと，このときの基準モードは，

$\begin{cases} x_1 = C_1\cos\phi_1 \\ x_2 = C_1\cos\phi_1 \\ x_3 = C_1\cos\phi_1 \end{cases}$ となるので，$\phi_1 = \dfrac{\pi}{2}$ とおいて，$\begin{cases} x_1 = 0 \\ x_2 = 0 \\ x_3 = 0 \end{cases}$ ……⑦ とする。

> $x_1 = x_2 = x_3 =$(ある定数)というのは座標上の 3 点 P_1, P_2, P_3 の単なる平行移動で振動とは関係ない。よって，$x_1 = x_2 = x_3 = 0$ として，無視したんだね。

(ii) $\omega = \omega_0$ のとき，⑥は，

$$A = \begin{bmatrix} 0 & \omega_0^2 & 0 \\ \omega_0^2 & \omega_0^2 & \omega_0^2 \\ 0 & \omega_0^2 & 0 \end{bmatrix} = \omega_0^2 \begin{bmatrix} 0 & 1 & 0 \\ 1 & 1 & 1 \\ 0 & 1 & 0 \end{bmatrix}$$ となるので，⑤´は，

$$\omega_0^2 \begin{bmatrix} 0 & 1 & 0 \\ 1 & 1 & 1 \\ 0 & 1 & 0 \end{bmatrix} \begin{bmatrix} B_1 \\ B_2 \\ B_3 \end{bmatrix} = \begin{bmatrix} 0 \\ 0 \\ 0 \end{bmatrix}$$

両辺を ω_0^2 で割った。

> 行基本変形
> $$\begin{bmatrix} 0 & 1 & 0 \\ 1 & 1 & 1 \\ 0 & 1 & 0 \end{bmatrix} \to \begin{bmatrix} 1 & 1 & 1 \\ 0 & 1 & 0 \\ 0 & 1 & 0 \end{bmatrix} \to \begin{bmatrix} 1 & 1 & 1 \\ 0 & 1 & 0 \\ 0 & 0 & 0 \end{bmatrix}$$

よって，$B_1 + B_2 + B_3 = 0$，$B_2 = 0$

$\therefore B_1 = C_2$，$B_2 = 0$，$B_3 = -C_2$ とおくと，このときの基準モードは，

$$\begin{cases} x_1 = C_2 \cos(\omega_0 t + \phi_2) \\ x_2 = 0 \\ x_3 = -C_2 \cos(\omega_0 t + \phi_2) \end{cases}$$ ……⑧ となる。$\left(\omega_0 = \sqrt{\dfrac{k}{m}}\right)$

(iii) $\omega = \sqrt{\dfrac{5}{3}}\omega_0 = \dfrac{\sqrt{15}}{3}\omega_0$ のとき，⑥は，

$$A = \begin{bmatrix} \frac{2}{3}\omega_0^2 & \omega_0^2 & 0 \\ \omega_0^2 & 3\omega_0^2 & \omega_0^2 \\ 0 & \omega_0^2 & \frac{2}{3}\omega_0^2 \end{bmatrix} = \omega_0^2 \begin{bmatrix} \frac{2}{3} & 1 & 0 \\ 1 & 3 & 1 \\ 0 & 1 & \frac{2}{3} \end{bmatrix}$$ となるので，⑤´は，

$$\omega_0^2 \begin{bmatrix} \frac{2}{3} & 1 & 0 \\ 1 & 3 & 1 \\ 0 & 1 & \frac{2}{3} \end{bmatrix} \begin{bmatrix} B_1 \\ B_2 \\ B_3 \end{bmatrix} = \begin{bmatrix} 0 \\ 0 \\ 0 \end{bmatrix}$$

両辺を ω_0^2 で割った。

> 行基本変形
> $$\begin{bmatrix} \frac{2}{3} & 1 & 0 \\ 1 & 3 & 1 \\ 0 & 1 & \frac{2}{3} \end{bmatrix} \to \begin{bmatrix} 1 & 3 & 1 \\ 2 & 3 & 0 \\ 0 & 3 & 2 \end{bmatrix} \to \begin{bmatrix} 1 & 3 & 1 \\ 0 & -3 & -2 \\ 0 & 3 & 2 \end{bmatrix} \to \begin{bmatrix} 1 & 3 & 1 \\ 0 & 3 & 2 \\ 0 & 0 & 0 \end{bmatrix}$$

よって，$B_1 + 3B_2 + B_3 = 0$，$3B_2 + 2B_3 = 0$

$\therefore B_1 = 3C_3$，$B_2 = -2C_3$，$B_3 = 3C_3$ とおくと，このときの基準モードは，

$$\begin{cases} x_1 = 3C_3\cos\left(\dfrac{\sqrt{15}}{3}\omega_0 t + \phi_3\right) \\ x_2 = -2C_3\cos\left(\dfrac{\sqrt{15}}{3}\omega_0 t + \phi_3\right) \\ x_3 = 3C_3\cos\left(\dfrac{\sqrt{15}}{3}\omega_0 t + \phi_3\right) \end{cases} \quad \cdots\cdots⑨$$

(i) $\begin{cases} x_1 = 0 \\ x_2 = 0 \\ x_3 = 0 \end{cases}$ ……………………………⑦

(ii) $\begin{cases} x_1 = C_2\cos(\omega_0 t + \phi_2) \\ x_2 = 0 \\ x_3 = -C_2\cos(\omega_0 t + \phi_2) \end{cases}$ ……⑧

となる。$\left(\omega_0 = \sqrt{\dfrac{k}{m}}\right)$

以上(i)(ii)(iii)より，x_1，x_2，x_3 それぞれについて，⑦，⑧，⑨の各基準モードをたし合わせると，$\mathbf{P}_1$，$\mathbf{P}_2$，$\mathbf{P}_3$ の変位 x_1，x_2，x_3 の方程式(一般解)が次のように求められる。

$$\begin{cases} x_1 = C_2\cos(\omega_0 t + \phi_2) + 3C_3\cos\left(\dfrac{\sqrt{15}}{3}\omega_0 t + \phi_3\right) \\ x_2 = -2C_3\cos\left(\dfrac{\sqrt{15}}{3}\omega_0 t + \phi_3\right) \\ x_3 = -C_2\cos(\omega_0 t + \phi_2) + 3C_3\cos\left(\dfrac{\sqrt{15}}{3}\omega_0 t + \phi_3\right) \end{cases} \quad \cdots\cdots(答)$$

$\left(ただし，\omega_0 = \sqrt{\dfrac{k}{m}}\right)$

演習問題 31　● 自由度 N の連成水平ばね振り子 ●

右図に示すように，質量 m の N 個の質点 P_1，P_2，P_3，…，P_N と，いずれも自然長が $\frac{L}{N+1}$ で，ばね定数 k の質量を無視できる $N+1$ 個のばねを連結して，滑らかな水平面上におき，両端点を L だけ隔てた壁面に固定する。ここで，P_1，P_2，…，P_n，…，P_N をつり合いの位置からずらして振動させる。質点 P_n $(n=1, 2, \cdots, N)$ のつり合いの位置からの変位を x_n $(n=1, 2, \cdots, N)$ とおく。また，$x_0=x_{N+1}=0$ と定義すると，P_n の運動方程式は，$m\ddot{x}_n=-k(2x_n-x_{n+1}-x_{n-1})$ ……① で表される。

自由度 N の連成水平ばね振り子

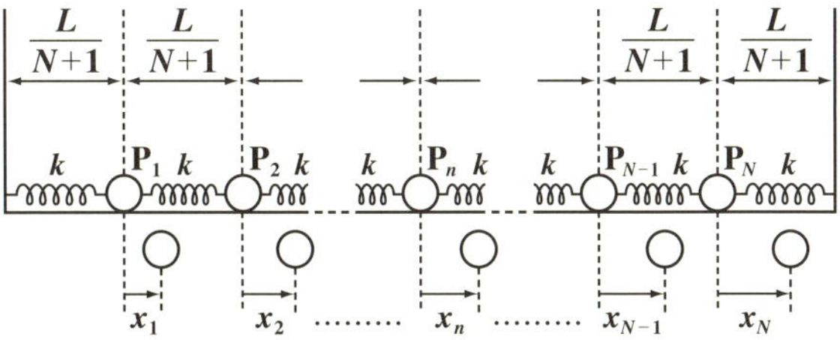

この自由度 N の連成振動では，N 通りの基準モードが存在し，その内の j 番目 $(j=1, 2, \cdots, N)$ の基準モードについて，質点 P_n の変位 x_n は，

$$x_n=B\sin\kappa_j n\cdot\cos(\omega_j t+\phi_j) \quad \cdots\cdots(*) \quad (n=1, 2, \cdots, N)$$

$\left(\text{ただし，} \kappa_j=\frac{j}{N+1}\pi,\ \omega_j=2\omega_0\sin\frac{\kappa_j}{2},\ \omega_0=\sqrt{\frac{k}{m}}\right)$ で表されることを示せ。

ヒント！ P_n の変位 x_n の j 番目の基準モードは，$x_n=B_n\cos(\omega_j t+\phi)$ で表され，B_n はさらに，$B_n=B\sin\kappa_j n$ で表されることを示そう。さらに，$\ddot{x}_n$ と x_n，x_{n-1}，x_{n+1} を①に代入して，ω_j を求めればいいんだね。頑張ろう！

解答＆解説

N 通りの基準モードの内，j 番目 $(j=1, 2, 3, \cdots, N)$ の角振動数 ω_j に対応する基準モードについて，質点 P_n の変位 x_n は次式で表される。

$$x_n=B_n\cos(\omega_j t+\phi) \quad \cdots\cdots② \quad (n=1, 2, 3, \cdots, N)$$

ここで，②の係数 B_n は，正弦波で表される弦の上下振動上の点から求められると考えられる。

この解説については，「**振動・波動キャンパス・ゼミ**」を参照して下さい。

よって，$B_n = B\sin\kappa n$ ……③　$(n = 0, 1, 2, \cdots, N+1)$　($\overset{カッパ}{\kappa}$, B：定数)
とおくと，$x_n = B_n\cos(\omega_j t + \phi)$ ……② は，

$x_n = B\sin\kappa n\cdot\cos(\omega_j t + \phi)$ ……③´　となる。

ここで，端点の条件：$x_0 = x_{N+1} = 0$ を③´は満たす必要がある。よって，

・$n = 0$ のとき，

$x_0 = B\cdot\underbrace{\sin 0}_{0}\cdot\cos(\omega_j t + \phi) = 0$　となって，これは条件をみたす。

・$n = N+1$ のとき，条件：

$x_{N+1} = B\underbrace{\sin(N+1)\kappa}_{0}\cdot\cos(\omega_j t + \phi) = 0$　をみたすためには，

$\sin\underbrace{(N+1)\kappa}_{j\pi\ (j=1,\,2,\,\cdots,\,N)} = 0$，すなわち，$(N+1)\kappa = j\pi$　$(j = 1, 2, \cdots, N)$

よって，これをみたす定数 κ を，κ_j と表すことにすると，

$\kappa_j = \dfrac{j}{N+1}\pi$ ……④　$(j = 1, 2, 3, \cdots, N)$　となる。

以上より，

$x_n = B\sin\kappa_j n\cdot\cos(\omega_j t + \phi)$ ……③´　$\left(\kappa_j = \dfrac{j}{N+1}\pi\ \cdots\cdots④\right)$

$(j = 1, 2, 3, \cdots, N,\ \ n = 1, 2, 3, \cdots, N)$　となる。

ここで，③´を t で 2 階微分すると，

$\ddot{x}_n = B\sin\kappa_j n\cdot(-\omega_j^2)\cos(\omega_j t + \phi)$ ……⑥ となる。また，③´より，

$x_{n+1} = B\sin\kappa_j(n+1)\cdot\cos(\omega_j t + \phi)$ ……③´´

$x_{n-1} = B\sin\kappa_j(n-1)\cdot\cos(\omega_j t + \phi)$ ……③´´´　となる。

これら，⑥，③´，③´´，③´´´を，質点 P_n の運動方程式

$m\ddot{x}_n = -k(2x_n - x_{n+1} - x_{n-1})$ ……① に代入して，

角振動数 ω_j を求める。

$$-m\omega_j{}^2 B\sin\kappa_j n\cdot\cos(\omega_j t+\phi)$$
$$=-k\{2\sin\kappa_j n-\sin\kappa_j(n+1)-\sin\kappa_j(n-1)\}\cdot B\cdot\cos(\omega_j t+\phi)$$

まず，この両辺を $-B\cos(\omega_j t+\phi)$ で割り，

さらに $\dfrac{k}{m}=\omega_0{}^2$ $\left(\omega_0=\sqrt{\dfrac{k}{m}}\right)$ とおいて変形すると，

$$\omega_j{}^2\sin\kappa_j n=\omega_0{}^2\{2\sin\kappa_j n\underline{-\sin(\kappa_j n+\kappa_j)-\sin(\kappa_j n-\kappa_j)}\}$$

$-\{\sin(\kappa_j n+\kappa_j)+\sin(\kappa_j n-\kappa_j)\}=-2\sin\kappa_j n\cdot\cos\kappa_j$

公式：$\sin(\alpha+\beta)+\sin(\alpha-\beta)=2\sin\alpha\cos\beta$ を使った。

$$\omega_j{}^2\sin\kappa_j n=\omega_0{}^2(2\sin\kappa_j n-2\sin\kappa_j n\cdot\cos\kappa_j)$$

$$\omega_j{}^2\cdot\sin\kappa_j n=\omega_0{}^2\cdot\sin\kappa_j n\cdot 2(1-\cos\kappa_j)$$

両辺を $\sin\kappa_j n$ $(\neq 0)$ で割って，

$$\omega_j{}^2=2\omega_0{}^2(\underline{1-\cos\kappa_j})=4\omega_0{}^2\sin^2\frac{\kappa_j}{2}=\left(2\omega_0\sin\frac{\kappa_j}{2}\right)^2$$

$2\sin^2\dfrac{\kappa_j}{2}$ ← 半角の公式：$\sin^2\dfrac{\theta}{2}=\dfrac{1-\cos\theta}{2}$ を使った！

$\therefore\ \omega_j=2\omega_0\sin\dfrac{\kappa_j}{2}$ ……⑦　$(j=1,\ 2,\ 3,\ \cdots,\ N)$　となる。

以上③′，④，⑦より，この自由度 N の連成振動における質点 P_n の変位 x_n $(n=1,\ 2,\ 3,\ \cdots,\ N)$ の j 番目の基準モードは，次式で表される。

$x_n=B\sin\kappa_j n\cdot\cos(\omega_j t+\phi_j)$ ……(＊)　…………………………………………(終)

$\left(\text{ただし，}\kappa_j=\dfrac{j}{N+1}\pi,\ \omega_j=2\omega_0\sin\dfrac{\kappa_j}{2},\ \omega_0=\sqrt{\dfrac{k}{m}}\right)$

演習問題 32 ● 自由度 5 の連成水平ばね振り子 ●

右図に示すように，質量 m の 5 個の質点 P_1, P_2, …, P_5 と，いずれも自然長が $\frac{L}{6}$ で，ばね定数 k の質量を無視できる 6 個のばねを連結して，滑らかな水平面上

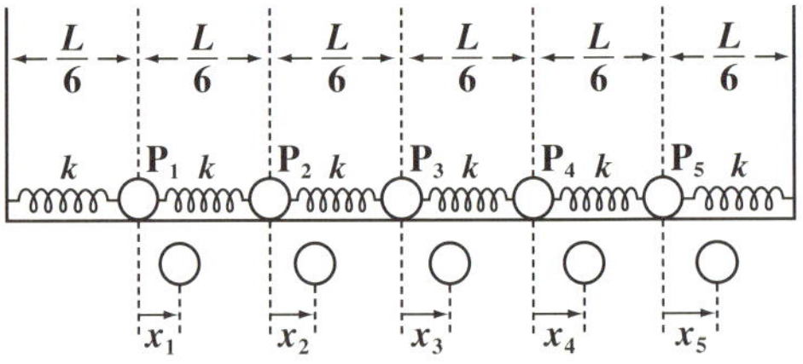

におき，両端点を L だけ隔てた壁面に固定する。ここで，P_1, P_2, …, P_5 をつり合いの位置からずらして水平方向に振動させる。質点 P_1, P_2, …, P_5 のつり合いの位置からの変位を順に x_1, x_2, …, x_5 とおく。

一般に，自由度 N の連成振動では，N 通りの基準モードが存在し，その中の j 番目 ($j = 1, 2, \cdots, N$) の基準モードは，公式：

$$x_n = B\sin\kappa_j n\cdot\cos(\omega_j t + \phi_j) \cdots\cdots(*) \quad (n = 1, 2, \cdots, N)$$

$\left(\text{ただし，}\kappa_j = \frac{j}{N+1}\pi,\ \omega_j = 2\omega_0\sin\frac{\kappa_j}{2},\ \omega_0 = \sqrt{\frac{k}{m}}\right)$ で表される。

公式 (*) を利用して，この自由度 $N = 5$ の連成振動の $j = 4$ 番目の基準モードを求めよ。

ヒント！ $N = 5$, $j = 4$ より，$\kappa_4 = \frac{4}{5+1}\pi = \frac{2}{3}\pi$, $\omega_j = 2\omega_0\sin\frac{\pi}{3}$ となる。これから，$B_n = B\sin\kappa_j n$ ($n = 1, 2, \cdots, 5$) とおいて，B_1, B_2, B_3, B_4, B_5 の比を求め，これから各変位 x_1, x_2, …, x_5 の係数 C_1, C_2, …, C_5 を決定すればいいんだね。

解答＆解説

自由度 $N = 5$ の連成水平ばね振り子について，

$j = 4$ 番目の基準モード (基準振動) を求める。まず，κ_4 と ω_4 を求めると，

(i) 波数 $\kappa_j = \frac{j}{N+1}\pi = \frac{4}{5+1}\pi = \frac{2}{3}\pi\ (= \kappa_4)$ となり，

(ii) 角振動数 $\omega_j = 2\omega_0\sin\frac{\kappa_j}{2} = 2\omega_0\underbrace{\sin\frac{\pi}{3}}_{\frac{\sqrt{3}}{2}} = \sqrt{3}\omega_0\ (= \omega_4)$ となる。

$$\therefore \kappa_4 = \frac{2}{3}\pi, \quad \omega_4 = \sqrt{3}\,\omega_0 \quad \left(\omega_0 = \sqrt{\frac{k}{m}}\right)$$

(iii) 次に，$B_n = B\sin\kappa_4 n \ (n = 1, 2, \cdots, 5)$ とおいて，これらを求めると，

$$\begin{cases} B_1 = B\sin\left(\frac{2}{3}\pi\times 1\right) = B\sin\frac{2}{3}\pi = B\times\frac{\sqrt{3}}{2} = \frac{\sqrt{3}}{2}B \quad (= C_4) \\ B_2 = B\sin\left(\frac{2}{3}\pi\times 2\right) = B\sin\frac{4}{3}\pi = B\times\left(-\frac{\sqrt{3}}{2}\right) = -\frac{\sqrt{3}}{2}B \quad (= -C_4) \\ B_3 = B\sin\left(\frac{2}{3}\pi\times 3\right) = B\sin 2\pi = B\times 0 = 0 \\ B_4 = B\sin\left(\frac{2}{3}\pi\times 4\right) = B\sin\frac{2}{3}\pi = B\times\frac{\sqrt{3}}{2} = \frac{\sqrt{3}}{2}B \quad (= C_4) \\ B_5 = B\sin\left(\frac{2}{3}\pi\times 5\right) = B\sin\frac{4}{3}\pi = B\times\left(-\frac{\sqrt{3}}{2}\right) = -\frac{\sqrt{3}}{2}B \quad (= -C_4) \end{cases}$$

よって，$B_1 = B_4 = C_4$ とおくと，$B_2 = B_5 = -C_4$，$B_3 = 0$ となる。

以上(i)(ii)(iii)より，この自由度 **5** の連成振動の **4** 番目の基準モードは，次のようになる。

$$\begin{cases} x_1 = C_4\cos(\omega_4 t + \phi_4) = C_4\cos\left(\sqrt{3}\,\omega_0 t + \phi_4\right) \\ x_2 = -C_4\cos(\omega_4 t + \phi_4) = -C_4\cos\left(\sqrt{3}\,\omega_0 t + \phi_4\right) \\ x_3 = 0 \\ x_4 = C_4\cos(\omega_4 t + \phi_4) = C_4\cos\left(\sqrt{3}\,\omega_0 t + \phi_4\right) \\ x_5 = -C_4\cos(\omega_4 t + \phi_4) = -C_4\cos\left(\sqrt{3}\,\omega_0 t + \phi_4\right) \end{cases} \quad \cdots\cdots\cdots(\text{答})$$

(ただし，$\omega_0 = \sqrt{\frac{k}{m}}$，$C_4$：定数係数)

講義 Lecture 4 連続体の振動 methods & formulae

§1. 1次元波動方程式

弦の振動などの1次元波動方程式は，次式で表される。

$$\frac{\partial^2 u}{\partial t^2} = v^2 \frac{\partial^2 u}{\partial x^2} \quad \cdots\cdots ① \quad (u：変位，t：時刻，x：位置，v：定数)$$

§2. フーリエ級数解析

$-L < x \leqq L$ で定義された周期 $2L$ の周期関数 $f(x)$ は，次のようにフーリエ級数で展開できる。

周期 $2L$ の周期関数 $f(x)$ のフーリエ級数

$-L < x \leqq L$ で定義された周期 $2L$ の区分的に滑らかな周期関数 $f(x)$ は，不連続点を除けば次のようにフーリエ級数で表すことができる。

$$f(x) = \frac{a_0}{2} + \sum_{j=1}^{\infty}\left(a_j \cdot \cos\frac{j\pi}{L}x + b_j \cdot \sin\frac{j\pi}{L}x\right)$$

$$\begin{cases} a_j = \dfrac{1}{L}\displaystyle\int_{-L}^{L} f(x) \cdot \cos\frac{j\pi}{L}x\,dx & (j = 0, 1, 2, \cdots) \\ b_j = \dfrac{1}{L}\displaystyle\int_{-L}^{L} f(x) \cdot \sin\frac{j\pi}{L}x\,dx & (j = 1, 2, 3, \cdots) \end{cases}$$

特に，周期 $2L$ の周期関数 $f(x)$ が(i)偶関数または(ii)奇関数のときは，次のようになる。

(i) 周期 $2L$ の周期関数(偶関数) $f(x)$ のフーリエ余弦(コサイン)級数展開

$$f(x) = \frac{a_0}{2} + \sum_{j=1}^{\infty} a_j \cos\frac{j\pi}{L}x$$

$$a_j = \frac{2}{L}\int_0^L f(x)\cos\frac{j\pi}{L}x\,dx$$

(ex)

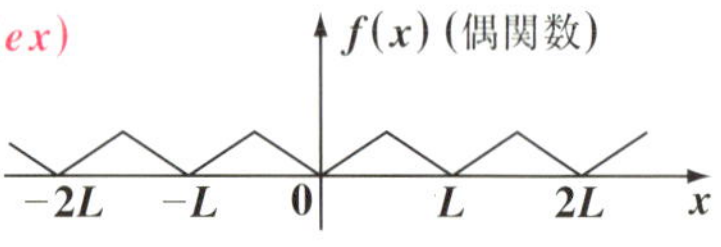

(ii) 周期 $2L$ の周期関数(奇関数) $f(x)$ のフーリエ正弦(サイン)級数展開

$$f(x) = \sum_{j=1}^{\infty} b_j \sin\frac{j\pi}{L}x$$

$$b_j = \frac{2}{L}\int_0^L f(x)\sin\frac{j\pi}{L}x\,dx$$

(ex)

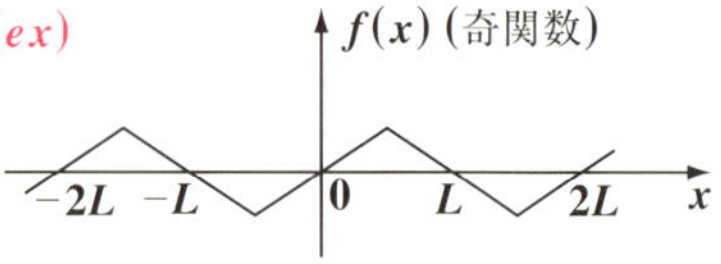

$-L < x \leqq L$ で定義される周期 $2L$ の関数 $f(x)$ は，次のように，複素指数関数を用いて "**複素フーリエ級数**" で展開することもできる。

周期 $2L$ の周期関数 $f(x)$ の複素フーリエ級数

$-L < x \leqq L$ で定義された周期 $2L$ の区分的に滑らかな周期関数 $f(x)$ は，次式で表すことができる。

$$f(x) = \sum_{j=0,\pm1}^{\pm\infty} c_j e^{i\frac{j\pi}{L}x}$$

$$c_j = \frac{1}{2L}\int_{-L}^{L} f(x) e^{-i\frac{j\pi}{L}x} dx \qquad (j = 0,\ \pm1,\ \pm2,\ \cdots)$$

（ただし，c_0 のみは別に，$c_0 = \dfrac{1}{2L}\displaystyle\int_{-L}^{L} f(x)dx$ から求める。）

§3. 1次元波動方程式の解法

①の1次元波動方程式は，変数分離法を用いて，

$u(x,\ t) = \chi(x)\cdot\tau(t)$ ……② とおいて，②を①に代入する。すると，

$\chi\cdot\tau_{tt} = v^2\cdot\chi_{xx}\cdot\tau$ となるので，この両辺を $\chi\cdot\tau$ で割って，

$\dfrac{\tau_{tt}}{\tau} = v^2\dfrac{\chi_{xx}}{\chi}$ ……③ となる。

③の左辺は t のみの，また右辺は x のみの式となるので，③が恒等的に成り立つためには，これはある定数 α でなければならない。しかし，$\alpha \geqq 0$ のときは不通となるので，$\alpha = -\omega^2$ (< 0) とおくと，③は，

$\dfrac{\tau_{tt}}{\tau} = v^2\dfrac{\chi_{xx}}{\chi} = -\omega^2$ ……③′ となる。

③′より，次の2つの常微分方程式が導かれる。

(i) $\chi_{xx} = -\left(\dfrac{\omega}{v}\right)^2\chi$ ……④ (ii) $\tau_{tt} = -\omega^2\tau$

これらの微分方程式を与えられた初期条件と境界条件の下で解いていく。特に，初期条件を用いるとき，フーリエ級数展開（またはフーリエ正弦級数展開，またはフーリエ余弦級数展開，または複素フーリエ級数展開）を利用することになる。

演習問題 33　● フーリエ正弦級数展開 ●

$0 < x \leqq 3$ で，次のように定義された関数 $f(x)$ を，フーリエ正弦級数で展開せよ。

$$f(x) = \begin{cases} x & (0 < x \leqq 1) \\ -x+2 & (1 < x \leqq 2) \\ 0 & (2 < x \leqq 3) \end{cases}$$

ヒント！ $0 < x \leqq 3$ で定義される周期関数 $f(x)$ を奇関数と考えると，フーリエ・サイン（正弦）級数の公式：$f(x) = \sum_{j=1}^{\infty} b_j \sin \frac{j\pi}{L} x$，$b_j = \frac{2}{L}\int_0^L f(x) \sin \frac{j\pi}{L} x\, dx$ で展開することができる。この結果について，コンピュータによる近似式のグラフも描いてみせよう。

解答＆解説

$$f(x) = \begin{cases} x & (0 < x \leqq 1) \\ -x+2 & (1 < x \leqq 2) \\ 0 & (2 < x \leqq 3) \end{cases} \quad \cdots\cdots ①$$ を

周期 $6\ (=2L)$ の奇関数の周期関数と考えると，$f(x)$ は次のように，フーリエ・サイン級数で展開できる。

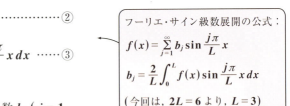

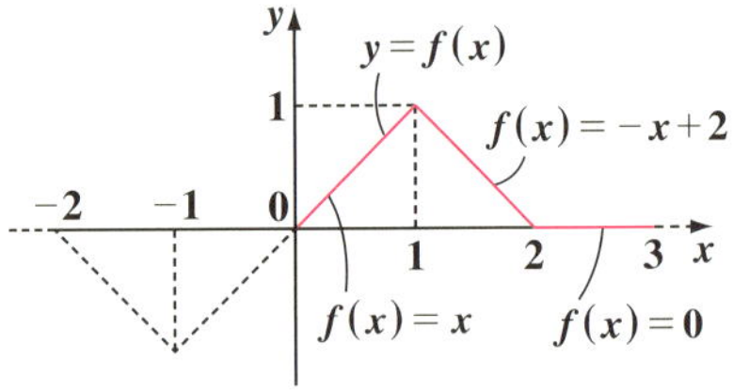

$$f(x) = \sum_{j=1}^{\infty} b_j \sin \frac{j\pi}{3} x \quad \cdots\cdots\cdots\cdots\cdots ②$$

$$b_j = \frac{2}{3}\int_0^3 f(x) \sin \frac{j\pi}{3} x\, dx \quad \cdots\cdots ③$$

$(j = 1,\ 2,\ 3,\ \cdots)$

> フーリエ・サイン級数展開の公式：
> $f(x) = \sum_{j=1}^{\infty} b_j \sin \frac{j\pi}{L} x$
> $b_j = \frac{2}{L}\int_0^L f(x) \sin \frac{j\pi}{L} x\, dx$
> （今回は，$2L = 6$ より，$L = 3$）

①を③に代入して，係数 $b_j\ (j = 1,\ 2,\ 3,\ \cdots)$ を求めると，

$$b_j = \frac{2}{3}\left\{\int_0^1 x \cdot \sin \frac{j\pi}{3} x\, dx + \int_1^2 (2-x) \cdot \sin \frac{j\pi}{3} x\, dx + \int_2^3 0 \cdot \sin \frac{j\pi}{3} x\, dx\right\}$$

$$= \frac{2}{3}\left\{\underbrace{\int_0^1 x \cdot \sin \frac{j\pi}{3} x\, dx}_{㋐} + \underbrace{\int_1^2 (2-x) \cdot \sin \frac{j\pi}{3} x\, dx}_{㋑}\right\} \cdots\cdots ④$$ となる。これから，

㋐，㋑の定積分を求める。

㋐ $\int_0^1 x\cdot\sin\frac{j\pi}{3}x\,dx = \int_0^1 x\cdot\left(-\frac{3}{j\pi}\cos\frac{j\pi}{3}x\right)'dx$

$= -\frac{3}{j\pi}\underbrace{\left[x\cos\frac{j\pi}{3}x\right]_0^1}_{\cos\frac{j\pi}{3}-0} + \frac{3}{j\pi}\underbrace{\int_0^1 1\cdot\cos\frac{j\pi}{3}x\,dx}_{\frac{3}{j\pi}\left[\sin\frac{j\pi}{3}x\right]_0^1=\frac{3}{j\pi}\sin\frac{j\pi}{3}-0}$

部分積分の公式：
$\int f\cdot g'dx = f\cdot g - \int f'\cdot g\,dx$

$= -\frac{3}{j\pi}\cos\frac{j\pi}{3} + \frac{9}{j^2\pi^2}\sin\frac{j\pi}{3}$

㋑ $\int_1^2 (2-x)\sin\frac{j\pi}{3}x\,dx = \int_1^2 (2-x)\left(-\frac{3}{j\pi}\cos\frac{j\pi}{3}x\right)'dx$

$= -\frac{3}{j\pi}\underbrace{\left[(2-x)\cos\frac{j\pi}{3}x\right]_1^2}_{0-1\cdot\cos\frac{j\pi}{3}} + \frac{3}{j\pi}\underbrace{\int_1^2(-1)\cdot\cos\frac{j\pi}{3}x\,dx}_{-\frac{3}{j\pi}\left[\sin\frac{j\pi}{3}x\right]_1^2=-\frac{3}{j\pi}\left(\sin\frac{2j\pi}{3}-\sin\frac{j\pi}{3}\right)}$

$= \frac{3}{j\pi}\cos\frac{j\pi}{3} - \frac{9}{j^2\pi^2}\sin\frac{2j\pi}{3} + \frac{9}{j^2\pi^2}\sin\frac{j\pi}{3}$

以上㋐，㋑を④に代入して，

$$b_j = \frac{2}{3}\Big(\underbrace{-\frac{3}{j\pi}\cos\frac{j\pi}{3} + \frac{9}{j^2\pi^2}\sin\frac{j\pi}{3}}_{㋐} + \underbrace{\frac{3}{j\pi}\cos\frac{j\pi}{3} - \frac{9}{j^2\pi^2}\sin\frac{2j\pi}{3} + \frac{9}{j^2\pi^2}\sin\frac{j\pi}{3}}_{㋑}\Big)$$

$$= \frac{2}{3}\times\frac{9}{j^2\pi^2}\left(2\sin\frac{j\pi}{3} - \sin\frac{2j\pi}{3}\right)$$

$$= \frac{6}{\pi^2}\cdot\frac{1}{j^2}\left(2\sin\frac{j\pi}{3} - \sin\frac{2j\pi}{3}\right) \quad \cdots\cdots ⑤ \quad (j = 1,\ 2,\ 3,\ \cdots)\ となる。$$

⑤を②に代入すると，奇関数で，周期 $2L = 6$ の周期関数 $f(x)$ は，次のようにフーリエ・サイン級数で展開できる。

$$f(x) = \frac{6}{\pi^2}\sum_{j=1}^{\infty}\frac{1}{j^2}\left(2\sin\frac{j\pi}{3} - \sin\frac{2j\pi}{3}\right)\cdot\sin\frac{j\pi}{3}x \quad \cdots\cdots ⑥ \quad \cdots\cdots\cdots\cdots(答)$$

参考

$f(x)=\dfrac{6}{\pi^2}\sum_{j=1}^{\infty}\dfrac{1}{j^2}\left(2\sin\dfrac{j\pi}{3}-\sin\dfrac{2j\pi}{3}\right)\cdot\sin\dfrac{j\pi}{3}x$ ……⑥ は，無限級数なので，これを実際に計算することはできない。しかし，これを，

$f(x)=\dfrac{6}{\pi^2}\sum_{j=1}^{100}\dfrac{1}{j^2}\left(2\sin\dfrac{j\pi}{3}-\sin\dfrac{2j\pi}{3}\right)\cdot\sin\dfrac{j\pi}{3}x$ ……⑥′ で近似的に表すことにして，これをコンピュータにより作図した結果を下に示す。

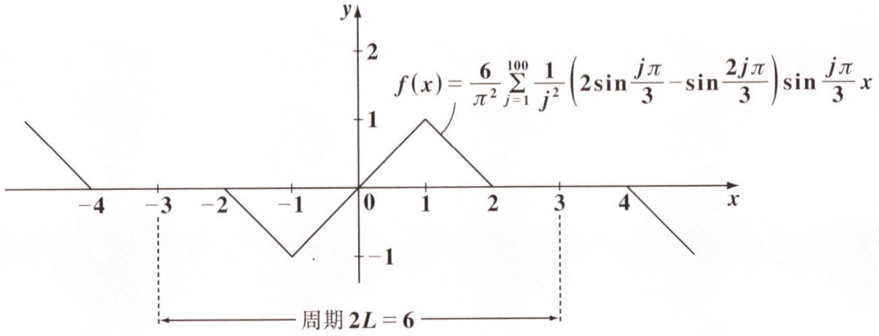

これから，今回の計算の対象である $0<x\leqq 3$ における関数 $f(x)$ をよく近似して表していることが分かる。

また，⑥（または⑥′）は，奇関数で，周期 $2L=6$ の周期関数になっていることもグラフから読み取れるんだね。

演習問題 34 ● フーリエ余弦級数展開 ●

$0 < x \leqq 3$ で，次のように定義された関数 $f(x)$ を，フーリエ余弦級数で展開せよ。

$$f(x)=\begin{cases} x & (0<x\leqq 1) \\ -x+2 & (1<x\leqq 2) \\ 0 & (2<x\leqq 3) \end{cases}$$

ヒント！ 演習問題 **33** と形式的には同じ問題だけれど，今回はこの関数 $f(x)$ を偶関数と考えて，フーリエ・コサイン（余弦）級数の公式：$f(x)=\dfrac{a_0}{2}+\sum_{j=1}^{\infty}a_j\cos\dfrac{j\pi}{L}x$，$a_j=\dfrac{2}{L}\int_0^L f(x)\cos\dfrac{j\pi}{L}x\,dx$ で展開することができる。また，この展開式の近似式のグラフをコンピュータを使って描いてみせよう。

解答＆解説

$$f(x)=\begin{cases} x & (0<x\leqq 1) \\ -x+2 & (1<x\leqq 2) \\ 0 & (2<x\leqq 3) \end{cases} \quad \cdots\cdots ①$$ を

周期 **6**（$=2L$）の偶関数の周期関数と考えると，$f(x)$ は次のように，フーリエ・コサイン級数で展開できる。

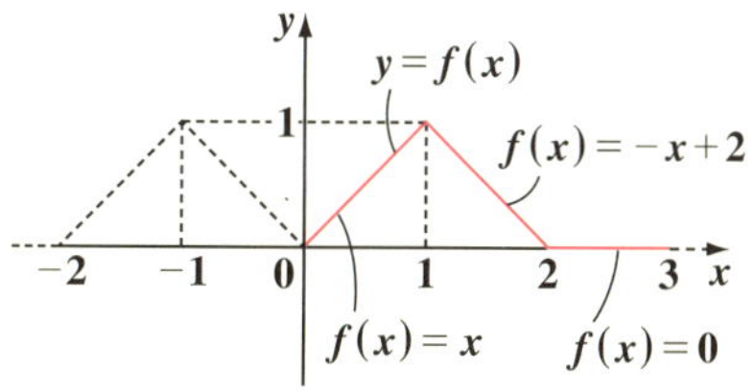

$$f(x)=\frac{a_0}{2}+\sum_{j=1}^{\infty}a_j\cos\frac{j\pi}{3}x \quad \cdots\cdots\cdots ②$$

$$a_j=\frac{2}{3}\int_0^3 f(x)\cdot\cos\frac{j\pi}{3}x\,dx \quad \cdots\cdots ③$$

$(j=0,\ 1,\ 2,\ \cdots)$

フーリエ・コサイン級数展開の公式：
$f(x)=\dfrac{a_0}{2}+\sum_{j=1}^{\infty}a_j\cos\dfrac{j\pi}{L}x$
$a_j=\dfrac{2}{L}\int_0^L f(x)\cos\dfrac{j\pi}{L}x\,dx$
（今回は，$2L=6$ より，$L=3$）

a_j $(j=0,\ 1,\ 2,\ \cdots)$ について，

$$\cdot\, a_0=\frac{2}{3}\int_0^3 f(x)dx=\frac{2}{3}\left\{\int_0^1 x\,dx+\int_1^2(2-x)dx+\int_2^3 0\cdot dx\right\}$$

$$=\frac{2}{3}\left\{\left[\frac{1}{2}x^2\right]_0^1+\left[2x-\frac{1}{2}x^2\right]_1^2\right\}=\frac{2}{3}\left\{\frac{1}{2}+4-2-\left(2-\frac{1}{2}\right)\right\}=\frac{2}{3} \quad \cdots\cdots ④$$

a_0 のみ，別に求める。

・$j = 1, 2, 3, \cdots$ のとき，③より，

$$a_j = \frac{2}{3}\left\{\int_0^1 x \cdot \cos\frac{j\pi}{3}x\,dx + \int_1^2 (2-x)\cos\frac{j\pi}{3}x\,dx + \int_2^3 0 \cdot \cos\frac{j\pi}{3}x\,dx\right\}$$

$$f(x) = \begin{cases} x & (0 < x \leqq 1) \\ 2-x & (1 < x \leqq 2) \\ 0 & (2 < x \leqq 3) \end{cases} \quad \cdots\cdots ①$$

$$f(x) = \frac{a_0}{2} + \sum_{j=1}^{\infty} a_j \cos\frac{j\pi}{3}x \quad \cdots\cdots ②$$

$$a_j = \frac{2}{3}\int_0^3 f(x)\cos\frac{j\pi}{3}x\,dx \quad \cdots\cdots ③$$

$$= \frac{2}{3}\left\{\int_0^1 x \cdot \left(\frac{3}{j\pi}\sin\frac{j\pi}{3}x\right)' dx + \int_1^2 (2-x)\left(\frac{3}{j\pi}\sin\frac{j\pi}{3}x\right)' dx\right\}$$

$$\frac{3}{j\pi}\left[x\sin\frac{j\pi}{3}x\right]_0^1 - \frac{3}{j\pi}\int_0^1 1 \cdot \sin\frac{j\pi}{3}x\,dx = \frac{3}{j\pi}\sin\frac{j\pi}{3} + \frac{9}{j^2\pi^2}\left[\cos\frac{j\pi}{3}x\right]_0^1 = \frac{3}{j\pi}\sin\frac{j\pi}{3} + \frac{9}{j^2\pi^2}\left(\cos\frac{j\pi}{3} - 1\right)$$

$$\frac{3}{j\pi}\left[(2-x)\sin\frac{j\pi}{3}x\right]_1^2 - \frac{3}{j\pi}\int_1^2 (-1)\sin\frac{j\pi}{3}x\,dx = \frac{3}{j\pi}(-1)\sin\frac{j\pi}{3} - \frac{9}{j^2\pi^2}\left[\cos\frac{j\pi}{3}x\right]_1^2 = -\frac{3}{j\pi}\sin\frac{j\pi}{3} - \frac{9}{j^2\pi^2}\left(\cos\frac{2j\pi}{3} - \cos\frac{j\pi}{3}\right)$$

部分積分の公式：$\int f \cdot g' dx = f \cdot g - \int f' \cdot g\,dx$ を用いた。

$$= \frac{2}{3}\left\{\frac{3}{j\pi}\sin\frac{j\pi}{3} + \frac{9}{j^2\pi^2}\left(\cos\frac{j\pi}{3} - 1\right) - \frac{3}{j\pi}\sin\frac{j\pi}{3} - \frac{9}{j^2\pi^2}\left(\cos\frac{2j\pi}{3} - \cos\frac{j\pi}{3}\right)\right\}$$

$$= \frac{2}{3} \times \frac{9}{j^2\pi^2}\left(2\cos\frac{j\pi}{3} - \cos\frac{2j\pi}{3} - 1\right)$$

$$\therefore a_j = \frac{6}{\pi^2} \cdot \frac{1}{j^2}\left(2\cos\frac{j\pi}{3} - \cos\frac{2j\pi}{3} - 1\right) \quad \cdots\cdots ⑤ \quad (j = 1, 2, 3, \cdots) \text{ となる。}$$

$a_0 = \frac{2}{3}$ ……④と⑤を②に代入すると，偶関数で，周期 $2L = 6$ の周期関数 $f(x)$ は，次のようにフーリエ・コサイン級数で展開できる。

$$f(x) = \underbrace{\frac{1}{3}}_{\frac{1}{2}a_0} + \frac{6}{\pi^2}\sum_{j=1}^{\infty}\frac{1}{j^2}\left(2\cos\frac{j\pi}{3} - \cos\frac{2j\pi}{3} - 1\right)\cos\frac{j\pi}{3}x \quad \cdots\cdots ⑥ \quad \cdots\cdots(答)$$

参考

$$f(x)=\frac{1}{3}+\frac{6}{\pi^2}\sum_{j=1}^{\infty}\frac{1}{j^2}\left(2\cos\frac{j\pi}{3}-\cos\frac{2j\pi}{3}-1\right)\cos\frac{j\pi}{3}x \quad \cdots\cdots ⑥$$

は，無限級数なので，これを正確に計算することはできない。しかし，これを，

$$f(x)=\frac{1}{3}+\frac{6}{\pi^2}\sum_{j=1}^{100}\frac{1}{j^2}\left(2\cos\frac{j\pi}{3}-\cos\frac{2j\pi}{3}-1\right)\cos\frac{j\pi}{3}x \quad \cdots\cdots ⑥'$$

で近似的に表すことにして，これをコンピュータにより作図した結果を下に示す。

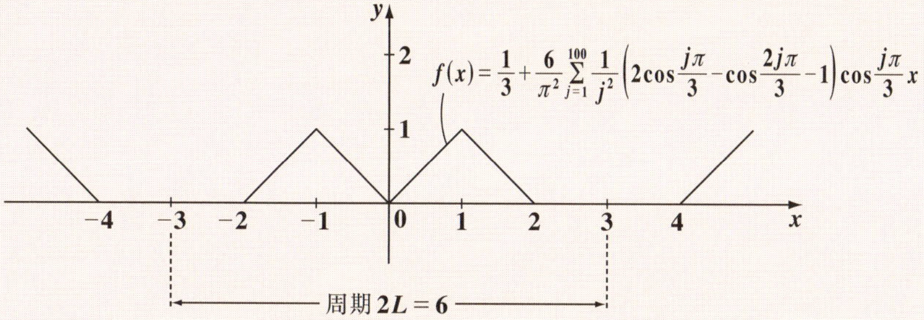

これから，計算の対象としている $0<x\leqq 3$ における関数 $f(x)$ を，演習問題 **33** のフーリエ・サイン級数のときと同様に，よく近似して表していることが分かる。

しかし，今回の⑥(または⑥')は，偶関数で，y 軸に対称なグラフとなり，周期 $2L=6$ の周期関数になっていることが分かるはずだ。

フーリエ・サイン級数展開とフーリエ・コサイン級数展開の違いをこれで理解して頂けたと思う。

演習問題 35　● フーリエ級数展開 ●

$-1 < x \leqq 1$ で次のように定義された関数 $f(x)$ を，フーリエ級数で展開せよ。

$$f(x) = \begin{cases} 0 & (-1 < x \leqq 0) \\ x & (0 < x \leqq 1) \end{cases}$$

ヒント！ 今回の関数 $f(x)\ (-1 < x \leqq 1)$ は，偶関数でも奇関数でもないので，一般のフーリエ級数の公式を利用して展開しよう。

解答＆解説

$$f(x) = \begin{cases} 0 & (-1 < x \leqq 0) \\ x & (0 < x \leqq 1) \end{cases} \quad \cdots\cdots ①$$ を

周期 $2\,(=2L)$ の周期関数と考えると，$f(x)$ は次のようにフーリエ級数で展開できる。

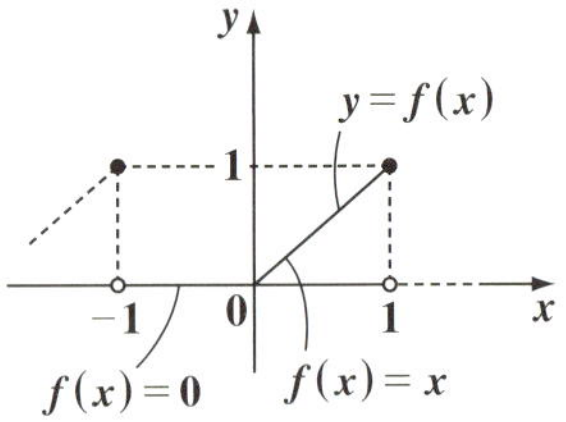

$$f(x) = \frac{a_0}{2} + \sum_{j=1}^{\infty} (a_j \cos j\pi x + b_j \sin j\pi x) \quad \cdots\cdots ②$$

$$a_j = \int_{-1}^{1} f(x) \cos j\pi x\, dx \quad \cdots\cdots ③$$

$$b_j = \int_{-1}^{1} f(x) \sin j\pi x\, dx \quad \cdots\cdots ④$$

フーリエ級数展開の公式：

$$f(x) = \frac{a_0}{2} + \sum_{j=1}^{\infty} \left(a_j \cos \frac{j\pi}{L} x + b_j \sin \frac{j\pi}{L} x \right)$$

$$a_j = \frac{1}{L} \int_{-L}^{L} f(x) \cos \frac{j\pi}{L} x\, dx$$

$$b_j = \frac{1}{L} \int_{-L}^{L} f(x) \sin \frac{j\pi}{L} x\, dx$$

$$\left(a_0 = \frac{1}{L} \int_{-L}^{L} f(x)\, dx \right)$$

（周期 $2L = 2$ より，$L = 1$ となる。）

$a_j\ (j = 0, 1, 2, \cdots)$ と

$b_j\ (j = 1, 2, 3, \cdots)$ を求める。

・$$a_0 = \int_{-1}^{1} f(x)\, dx = \int_{-1}^{0} 0 \cdot dx + \int_0^1 x\, dx$$

$$= \left[\frac{1}{2} x^2 \right]_0^1 = \frac{1}{2} \quad \cdots\cdots ⑤$$

a_0 のみは，別に計算する。

・$j = 1, 2, 3, \cdots$ のとき，

$$a_j = \int_{-1}^{1} f(x) \cdot \cos j\pi x\, dx = \int_{-1}^{0} 0 \cdot \cos j\pi x\, dx + \int_0^1 x \cdot \cos j\pi x\, dx$$

部分積分法を用いた。

$$= \int_0^1 x \cdot \left(\frac{1}{j\pi} \sin j\pi x \right)' dx = \frac{1}{j\pi} [x \sin j\pi x]_0^1 - \frac{1}{j\pi} \int_0^1 \sin j\pi x\, dx$$

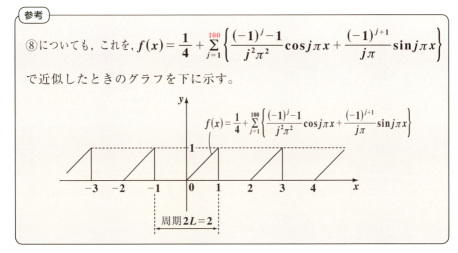

よって，

$$a_j = \frac{1}{j^2\pi^2}\left[\cos j\pi x\right]_0^1 = \frac{1}{j^2\pi^2}\left(\underbrace{\cos j\pi}_{(-1)^j} - \underbrace{\cos 0}_{1}\right)$$

$$\therefore\ a_j = \frac{(-1)^j - 1}{j^2\pi^2} \quad \cdots\cdots⑥ \text{ となる。}$$

$$b_j = \int_{-1}^{1} f(x)\sin j\pi x\,dx = \cancel{\int_{-1}^{0} 0\cdot\sin j\pi x\,dx} + \int_0^1 x\cdot\sin j\pi x\,dx$$

$$= \int_0^1 x\cdot\left(-\frac{1}{j\pi}\cos j\pi x\right)' dx$$

$$= -\frac{1}{j\pi}\underbrace{\left[x\cos j\pi x\right]_0^1}_{\cos j\pi - 0 = (-1)^j} + \underbrace{\frac{1}{j\pi}\int_0^1 1\cdot\cos j\pi x\,dx}_{\frac{1}{j\pi}\left[\sin j\pi x\right]_0^1 = 0}$$

部分積分法：

$$\int f\cdot g'dx = f\cdot g - \int f'\cdot g\,dx$$

$$\therefore\ b_j = \frac{(-1)^{j+1}}{j\pi} \quad \cdots\cdots⑦ \text{ となる。}$$

以上より，⑤，⑥，⑦を②に代入すると，周期 $2L = 2$ の周期関数 $f(x)$ は，次のようにフーリエ級数で展開できる。

$$f(x) = \underbrace{\frac{1}{4}}_{\frac{a_0}{2}} + \sum_{j=1}^{\infty}\left\{\underbrace{\frac{(-1)^j - 1}{j^2\pi^2}}_{a_j}\cos j\pi x + \underbrace{\frac{(-1)^{j+1}}{j\pi}}_{b_j}\sin j\pi x\right\} \quad \cdots\cdots⑧ \quad \cdots\cdots\cdots\cdots(答)$$

参考

⑧についても，これを，$f(x) = \frac{1}{4} + \sum_{j=1}^{100}\left\{\frac{(-1)^j - 1}{j^2\pi^2}\cos j\pi x + \frac{(-1)^{j+1}}{j\pi}\sin j\pi x\right\}$

で近似したときのグラフを下に示す。

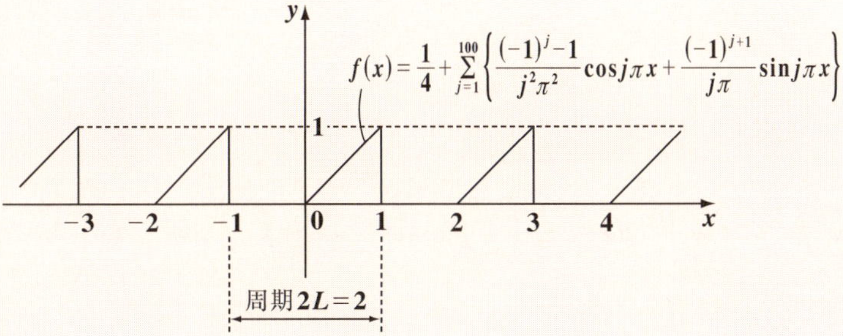

演習問題 36　● 複素フーリエ級数展開 ●

$-1 < x \leqq 1$ で次のように定義された関数 $f(x)$ を，複素フーリエ級数で展開せよ。

$$f(x)=\begin{cases}0 & (-1<x\leqq 0)\\ x & (0<x\leqq 1)\end{cases}$$

ヒント！ 演習問題 35 と同じ周期関数 $f(x)$ を今回は複素フーリエ級数で展開するので，公式：$f(x)=\sum_{j=0,\pm1}^{\pm\infty} c_j e^{i\frac{j\pi}{L}x}$，$c_j=\frac{1}{2L}\int_{-L}^{L} f(x)e^{-i\frac{j\pi}{L}x}dx$ を利用して解けばいいんだね。最終的には演習問題 35 の結果と一致することを確認しよう。

解答＆解説

$$f(x)=\begin{cases}0 & (-1<x\leqq 0)\\ x & (0<x\leqq 1)\end{cases} \quad \cdots\cdots ①$$ を

周期 $2\ (=2L)$ の周期関数と考えると，$f(x)$ は次のように複素フーリエ級数で展開できる。

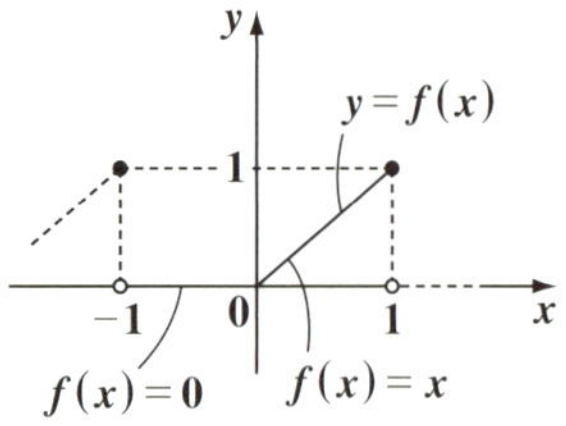

$$f(x)=\sum_{j=0,\pm1}^{\pm\infty} c_j e^{ij\pi x}=c_0+\sum_{j=\pm1}^{\pm\infty} c_j e^{ij\pi x} \quad \cdots\cdots ②$$

$$c_j=\frac{1}{2}\int_{-1}^{1} f(x)e^{-ij\pi x}dx \quad \cdots\cdots ③$$

$(j=0,\ \pm1,\ \pm2,\ \cdots)$

複素フーリエ級数展開の公式：
$f(x)=\sum_{j=0,\pm1}^{\pm\infty} c_j e^{i\frac{j\pi}{L}x}$
$c_j=\frac{1}{2L}\int_{-L}^{L} f(x)e^{-i\frac{j\pi}{L}x}dx$
$\left(c_0=\frac{1}{2L}\int_{-L}^{L} f(x)dx\right)$
(周期 $2L=2$ より，$L=1$)

$c_j\ (j=0,\ \pm1,\ \pm2,\ \cdots)$ を求める。

・$c_0=\frac{1}{2}\int_{-1}^{1} f(x)dx=\frac{1}{2}\left(\int_{-1}^{0} 0\cdot dx+\int_0^1 x\,dx\right)$

$$=\frac{1}{2}\times\left[\frac{1}{2}x^2\right]_0^1=\frac{1}{2}\times\frac{1}{2}=\frac{1}{4} \quad \cdots\cdots ④$$

・$j=\pm1,\ \pm2,\ \pm3,\ \cdots$ のとき，

$$c_j=\frac{1}{2}\int_{-1}^{1} f(x)e^{-ij\pi x}dx=\frac{1}{2}\left(\int_{-1}^{0} 0\cdot e^{-ij\pi x}dx+\int_0^1 x\cdot e^{-ij\pi x}dx\right)$$

よって，

$$c_j = \frac{1}{2}\int_0^1 x \cdot \left(-\frac{1}{ij\pi}e^{-ij\pi x}\right)' dx$$

$\frac{i^2}{ij\pi} = \frac{i}{j\pi}$

$$= \frac{1}{2}\left\{\frac{i}{j\pi}\left[x e^{-ij\pi x}\right]_0^1 - \frac{i}{j\pi}\int_0^1 1\cdot e^{-ij\pi x}dx\right\}$$

$1\cdot e^{-ij\pi} - 0$ 　 $-\frac{1}{ij\pi}\left[e^{-ij\pi x}\right]_0^1 = \frac{i}{j\pi}(e^{-ij\pi}-1)$

$$= \frac{1}{2}\left\{\frac{i}{j\pi}e^{-ij\pi} - \frac{i^2}{j^2\pi^2}(e^{-ij\pi}-1)\right\}$$

$i^2 = -1$

$$= \frac{1}{2}\left\{\frac{1}{j^2\pi^2}(e^{-ij\pi}-1) + \frac{i}{j\pi}e^{-ij\pi}\right\}$$

$\cos j\pi - i\sin j\pi = (-1)^j$ （$\cos j\pi = (-1)^j$, $\sin j\pi = 0$）　 $(-1)^j$ (同様に)

$$\therefore c_j = \frac{1}{2}\left(\frac{(-1)^j - 1}{j^2\pi^2} + \frac{(-1)^j}{j\pi}i\right) \quad \cdots\cdots⑤ \quad (j = \pm 1, \pm 2, \pm 3, \cdots) \text{となる。}$$

（実部）（虚部）

$\alpha = a + bi$ のとき，$\overline{\alpha} = a - bi$ $(a, b:$ 実数$)$

$\left(\text{ここで，} c_{-j} = \overline{c_j} \text{ は，} \overline{c_j} = \frac{1}{2}\left(\frac{(-1)^j-1}{j^2\pi^2} - \frac{(-1)^j}{j\pi}i\right) \cdots\cdots ⑤' \text{ となる。}\right)$

（c_jの共役複素数）

以上より，④，⑤，⑤′を用いて，②を変形すると，

$$f(x) = \frac{1}{4} + \sum_{j=\pm 1}^{\pm\infty} c_j e^{ij\pi x} = \frac{1}{4} + \sum_{j=1}^{\infty}\left(c_j e^{ij\pi x} + c_{-j}e^{i\cdot(-j)\pi x}\right)$$

（$\frac{1}{4} = c_0$ （④より），$c_{-j} = \overline{c_j}$ （⑤′より））

$$= \frac{1}{4} + \sum_{j=1}^{\infty}\left\{\frac{1}{2}\left(\frac{(-1)^j-1}{j^2\pi^2} + \frac{(-1)^j}{j\pi}i\right)e^{ij\pi x} + \frac{1}{2}\left(\frac{(-1)^j-1}{j^2\pi^2} - \frac{(-1)^j}{j\pi}i\right)e^{-ij\pi x}\right\}$$

$$= \frac{1}{4} + \sum_{j=1}^{\infty}\left\{\frac{1}{2}\cdot\frac{(-1)^j-1}{j^2\pi^2}\left(e^{ij\pi x} + e^{-ij\pi x}\right) + \frac{1}{2}\cdot\frac{(-1)^j}{j\pi}\left(e^{ij\pi x} - e^{-ij\pi x}\right)\cdot i\right\}$$

よって,

$$f(x)=\frac{1}{4}+\sum_{j=1}^{\infty}\left\{\frac{(-1)^j-1}{j^2\pi^2}\cdot\underbrace{\frac{e^{ij\pi x}+e^{-ij\pi x}}{2}}_{\cos j\pi x}+\frac{(-1)^j}{j\pi}\cdot\underbrace{\frac{(e^{ij\pi x}-e^{-ij\pi x})\cdot i}{2}}_{\underbrace{i^2}_{-1}\cdot\frac{e^{ij\pi x}-e^{-ij\pi x}}{2i}=-\sin j\pi x}\right\}$$

公式：

$$\cos\theta=\frac{e^{i\theta}+e^{-i\theta}}{2}$$

$$\sin\theta=\frac{e^{i\theta}-e^{-i\theta}}{2i}$$

$$\therefore f(x)=\frac{1}{4}+\sum_{j=1}^{\infty}\left\{\frac{(-1)^j-1}{j^2\pi^2}\cos j\pi x-\frac{(-1)^j}{j\pi}\sin j\pi x\right\}$$

$$=\frac{1}{4}+\sum_{j=1}^{\infty}\left\{\frac{(-1)^j-1}{j^2\pi^2}\cos j\pi x+\frac{(-1)^{j+1}}{j\pi}\sin j\pi x\right\}$$ となる。………(答)

(この結果は，演習問題 **35** のものと一致する。)

演習問題 37　● 固定端をもつ弦の振動 (Ⅰ) ●

変位 $u(x, t)$ について，次の 1 次元波動方程式を解け。

$$\frac{\partial^2 u}{\partial t^2} = \frac{4}{9}\frac{\partial^2 u}{\partial x^2} \quad \cdots\cdots① \quad (0 < x < 2,\ t > 0)$$

境界条件：$u(0, t) = u(2, t) = 0$

初期条件：$u(x, 0) = \frac{1}{12}(2x - x^2)$，$u_t(x, 0) = 0$

ヒント！ ①は，1 次元の波動方程式：$u_{tt} = v^2 u_{xx}$ の $v = \frac{2}{3}$ のときの方程式だね。境界条件より，これは両端を固定端とする弦の振動問題になっている。初期条件：$u(x, 0) = -\frac{1}{12}(x-1)^2 + \frac{1}{12}$ より，初めに弦を放物線状にした状態から，$u_t(x, 0)$ より，静かに弦を振動させ始めていることが分かるんだね。まず，変数分離法により，$u(x, t) = \chi(x)\cdot\tau(t)$ とおくことから始めよう。

解答＆解説

初期条件：$u(x, 0) = f(x)$ とおくと，

$$f(x) = -\frac{1}{12}(x-1)^2 + \frac{1}{12} \quad \cdots\cdots② \quad (0 \leqq x \leqq 2)$$

より，両端を固定して，区間 $[0, 2]$ で，右図のように放物線状に張った状態から，弦の振動を静かに開始する。

初期条件

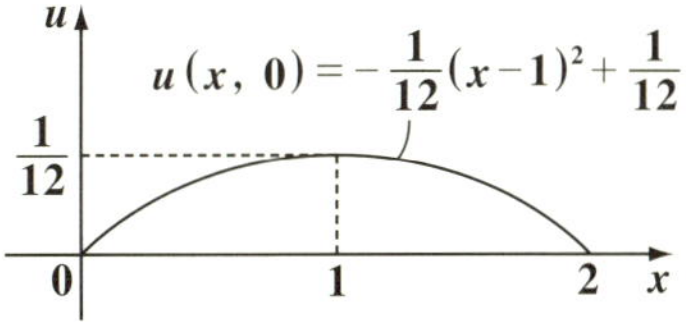

変位 $u(x, t)$ は，変数分離法により，

$u(x, t) = \chi(x)\cdot\tau(t) \quad \cdots\cdots③$ と表されるものとすると，

$u_{tt} = \chi\cdot\tau_{tt} \quad \cdots\cdots④$，$u_{xx} = \chi_{xx}\cdot\tau \quad \cdots\cdots⑤$ となる。

④，⑤を，$u_{tt} = \frac{4}{9}u_{xx} \quad \cdots\cdots①$ に代入して，　←（$v = \frac{2}{3}$ のときの波動方程式）

$\chi\cdot\tau_{tt} = \frac{4}{9}\chi_{xx}\cdot\tau$ となる。この両辺を $\chi\cdot\tau$ で割ると，

$\frac{\tau_{tt}}{\tau} = \frac{4}{9}\cdot\frac{\chi_{xx}}{\chi} \quad \cdots\cdots⑥$ となり，左辺は t のみの，そして右辺は x のみの式

となる。よって，⑥が恒等的に成り立つためには，これは，ある定数αでなければならない。ここで，$\alpha \geqq 0$とすると，境界条件から，$\chi = 0$（零関数）となるので不適。よって，$\alpha < 0$より，$\alpha = -\omega^2$ $(\omega > 0)$とおくと，

$\frac{\tau_{tt}}{\tau} = \frac{4}{9} \cdot \frac{\chi_{xx}}{\chi}$ ……⑥
$u(0,\ t) = u(2,\ t) = 0$
$u(x,\ 0) = \frac{1}{12}(2x - x^2)$
$u_t(x,\ 0) = 0$

$\frac{\tau_{tt}}{\tau} = \frac{4}{9} \cdot \frac{\chi_{xx}}{\chi} = -\omega^2$ ……⑥´ となる。⑥´より，次の**2**つの常微分方程式：

(Ⅰ) $\chi_{xx} = -\left(\frac{3}{2}\omega\right)^2 \chi$ ……⑦ と (Ⅱ) $\tau_{tt} = -\omega^2 \tau$ ……⑧ が導ける。

(Ⅰ) $\chi_{xx} = -\left(\frac{3}{2}\omega\right)^2 \chi$ ……⑦ より，

$\chi(x) = A_1 \cos \frac{3}{2}\omega x + A_2 \sin \frac{3}{2}\omega x$ ……⑨

単振動の方程式の解
$\frac{\partial^2 u}{\partial x^2} = -\omega^2 u$ のとき，一般解
$u = A_1 \cos \omega x + A_2 \sin \omega x$
となる。

となる。ここで，境界条件より，

・$\chi(0) = A_1 \cdot \underbrace{\cos 0}_{1} + \underbrace{A_2 \cdot \sin 0}_{0} = A_1 = 0$

・$\chi(2) = A_1 \cdot \cos 3\omega + A_2 \sin 3\omega$

$= A_2 \sin \underbrace{3\omega}_{j\pi\ (j = 1,\ 2,\ 3,\ \cdots)} = 0$

・$u(0,\ t) = \chi(0) \cdot \tau(t) = 0$ より，$\chi(0) = 0$ となる。
・$u(2,\ t) = \chi(2) \cdot \tau(t) = 0$ より，$\chi(2) = 0$ となる。

$\therefore 3\omega = j\pi$ より，$\omega = \omega_j$ とおくと，$\omega_j = \frac{j\pi}{3}$ $(j = 1,\ 2,\ 3,\ \cdots)$ となる。

$\therefore A_1 = 0$，$\omega_j = \frac{j\pi}{3}$ より，⑨は，$\chi(x) = A_2 \sin \frac{j\pi}{2} x$ ……⑨´ となる。

(Ⅱ) 次に，$\tau(t)$の微分方程式⑧は，$\tau_{tt} = -\omega_j{}^2 \tau$ ……⑧ より，

これも，単振動の微分方程式

$\tau(t) = B_1 \cos \omega_j t + B_2 \sin \omega_j t$ ……⑩ となる。

ここで，初期条件：$u_t(x,\ 0) = \chi(x) \cdot \tau_t(0) = 0$ より，$\tau_t(0) = 0$

よって，⑩をtで微分して，

$\tau_t(t) = -B_1 \omega_j \sin \omega_j t + B_2 \omega_j \cos \omega_j t$ より，

$\tau_t(0) = -B_1 \omega_j \underbrace{\sin 0}_{0} + B_2 \omega_j \underbrace{\cos 0}_{1} = B_2 \underbrace{\omega_j}_{\neq 0} = 0$ $\therefore B_2 = 0$

$\therefore B_2 = 0$ より，$\tau(t) = B_1 \cos\omega_j t = B_1 \cos\dfrac{j\pi}{3}t$ ……⑩′ となる。

以上（Ⅰ）（Ⅱ）の⑨′, ⑩′ より，$u(x,\ t)$ の基本解を $u_j(x,\ t)$ とおくと，

$$u_j(x,\ t) = \sin\frac{j\pi}{2}x\cdot\cos\frac{j\pi}{3}t \quad \cdots\cdots ⑪ \quad (j = 1,\ 2,\ 3,\ \cdots)$$ となる。←（係数は省略）

よって，波動の重ね合わせの原理より，一般解 $u(x,\ t)$ は，

$$u(x,\ t) = \sum_{j=1}^{\infty} b_j \sin\frac{j\pi}{2}x\cdot\cos\frac{j\pi}{3}t \quad \cdots\cdots ⑫$$ となる。

ここで，初期条件は，

$$u(x,\ 0) = f(x) = \frac{1}{12}(2x - x^2) \quad \cdots\cdots ②$$ である。

⑫の t に，$t = 0$ を代入すると，

$$u(x,\ 0) = \sum_{j=1}^{\infty} b_j \sin\frac{j\pi}{2}x\cdot\underbrace{\cos 0}_{1} = \sum_{j=1}^{\infty} b_j \sin\frac{j\pi}{2}x \quad \cdots\cdots ⑫'$$ となるので，

②と⑫′ より，

$$f(x) = \sum_{j=1}^{\infty} b_j \sin\frac{j\pi}{2}x \quad \cdots\cdots ⑬$$ となる。

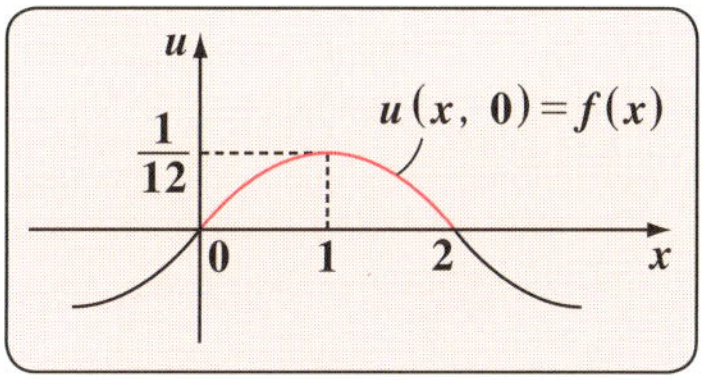

これは，$f(x)$ のフーリエ・正弦（サイン）級数の式なので，この係数 b_j を求めると，

フーリエ正弦級数

$$f(x) = \sum_{j=1}^{\infty} b_j \sin\frac{j\pi}{L}x$$

$$b_j = \frac{2}{L}\int_0^L f(x)\sin\frac{j\pi}{L}x\,dx$$

（今回，$L = 2$ である。）

$$b_j = \frac{2}{2}\int_0^2 \underbrace{f(x)}_{\frac{1}{12}(2x-x^2)}\cdot\sin\frac{j\pi}{2}x\,dx$$

$$= \frac{1}{12}\int_0^2 (2x - x^2)\cdot\left(-\frac{2}{j\pi}\cos\frac{j\pi}{2}x\right)'dx$$

$$= \frac{1}{12}\cdot\left\{-\frac{2}{j\pi}\underbrace{\left[(2x-x^2)\cos\frac{j\pi}{2}x\right]_0^2}_{(0-0)} + \frac{2}{j\pi}\int_0^2 (2-2x)\cos\frac{j\pi}{2}x\,dx\right\}$$

部分積分：$\int f\cdot g'dx = f\cdot g - \int f'\cdot g\,dx$

よって，　　　　　　　　　　　　　　　　　$u(x,t)=\sum_{j=1}^{\infty} b_j \sin\frac{j\pi}{2}x\cdot\cos\frac{j\pi}{3}t$ ……⑫

$$b_j=\frac{1}{12}\cdot\frac{4}{j\pi}\int_0^2(1-x)\cdot\left(\frac{2}{j\pi}\sin\frac{j\pi}{2}x\right)'dx$$

2回目の部分積分

$$=\frac{1}{3j\pi}\left\{\frac{2}{j\pi}\left[(1-x)\cdot\sin\frac{j\pi}{2}x\right]_0^2-\frac{2}{j\pi}\int_0^2(-1)\cdot\sin\frac{j\pi}{2}x\,dx\right\}$$

$-\sin j\pi-\sin 0=0$

$$\frac{2}{j\pi}\left[-\frac{2}{j\pi}\cos\frac{j\pi}{2}x\right]_0^2=-\frac{4}{j^2\pi^2}(\cos j\pi-\cos 0)$$

$\cos j\pi=(-1)^j$，$\cos 0=1$

$$=\frac{1}{3j\pi}\left(-\frac{4}{j^2\pi^2}\right)\cdot\{(-1)^j-1\}=-\frac{4}{3j^3\pi^3}\{(-1)^j-1\}$$

$$\therefore\ b_j=\frac{4}{3\pi^3}\cdot\frac{1-(-1)^j}{j^3}\ \cdots\cdots⑭$$ となる。

⑭を⑫に代入することにより，特殊解 $u(x,t)$ は，次のように求められる。

$$u(x,t)=\frac{4}{3\pi^3}\sum_{j=1}^{\infty}\frac{1-(-1)^j}{j^3}\sin\frac{j\pi}{2}x\cdot\cos\frac{j\pi}{3}t\ \cdots\cdots⑮$$ ……………………(答)

参考

⑮を，近似的に，$u(x,t)=\frac{4}{3\pi^3}\sum_{j=1}^{100}\frac{1-(-1)^j}{j^3}\sin\frac{j\pi}{2}x\cdot\cos\frac{j\pi}{3}t$ ……⑮′ として，

時刻 $t=0$，$\frac{3}{8}$，$\frac{6}{8}\left(=\frac{3}{4}\right)$，$\frac{9}{8}$，$\frac{12}{8}\left(=\frac{3}{2}\right)$，$\frac{15}{8}$，$\frac{18}{8}\left(=\frac{9}{4}\right)$，$\frac{21}{8}$，$\frac{24}{8}(=3)$における，固定端をもつ弦の振動の様子を右図に示す。

この振動の周期 T は，$T=6$ より，6 秒後に元の変位の位置に戻る。

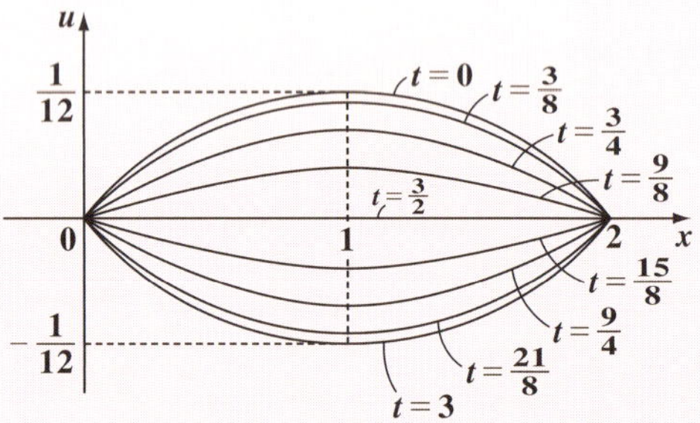

演習問題 38　● 固定端をもつ弦の振動 (Ⅱ) ●

変位 $u(x,\ t)$ について，次の 1 次元波動方程式を解け。

$$\frac{\partial^2 u}{\partial t^2} = 4\frac{\partial^2 u}{\partial x^2} \quad \cdots\cdots ① \quad (0 < x < 4,\ \ t > 0)$$

境界条件：$u(0,\ t) = u(4,\ t) = 0$

初期条件：$u(x,\ 0) = \begin{cases} -\frac{1}{10}x & (0 < x \leqq 1) \\ \frac{1}{10}(x-2) & (1 < x \leqq 3) \\ -\frac{1}{10}(x-4) & (3 < x \leqq 4) \end{cases}$ $\cdots\cdots ②$，$u_t(x,\ 0) = 0$

ヒント！ 今回も，境界条件 $u(0,\ t) = u(4,\ t) = 0$ から，固定端をもつ弦の振動の問題だね。前問と同様に変数分離法を用いて，$u(x,\ t) = \chi(x)\cdot\tau(t)$ とおいて解いていこう。

解答＆解説

区間 $[0,\ 4]$ に張った弦の両端を固定端として，②の初期条件を $u(x,\ 0) = f(x)$ とおくと，初め，右図に示すような状態から，静かに振動を開始する。

初期条件

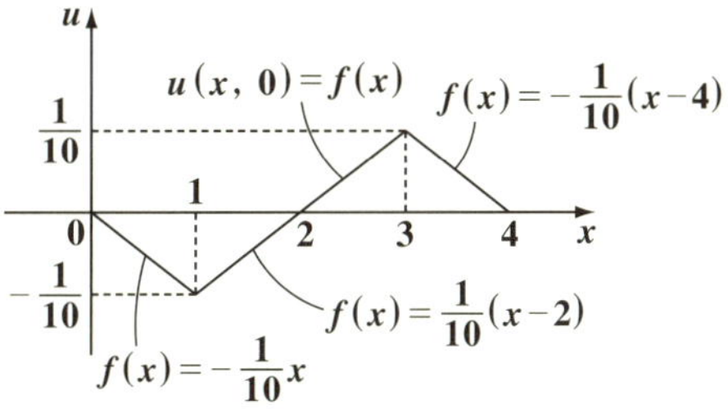

弦の変位 $u(x,\ t)$ は，変数分離法により，

$u(x,\ t) = \chi(x)\cdot\tau(t) \cdots\cdots ③$ と表されるものとすると，

$\frac{\partial^2 u}{\partial t^2} = u_{tt} = \chi\cdot\tau_{tt} \quad \cdots\cdots ④$，$\quad \frac{\partial^2 u}{\partial x^2} = u_{xx} = \chi_{xx}\cdot\tau \quad \cdots\cdots ⑤$ となる。

これら④，⑤を①に代入して，

$\chi\cdot\tau_{tt} = 4\cdot\chi_{xx}\cdot\tau$　　この両辺を $\chi\cdot\tau$ で割ると，

$\frac{\tau_{tt}}{\tau} = 4\cdot\frac{\chi_{xx}}{\chi} \quad \cdots\cdots ⑥$ となる。

⑥の左辺は t だけの式，右辺は x だけの式となるので，この等式が恒等的に成り立つためには，これはある定数 α でなければならない。よって，

$\dfrac{\tau_{tt}}{\tau} = 4 \cdot \dfrac{\chi_{xx}}{\chi} = \alpha$（定数）……⑥′ となる。⑥′ より，2 つの常微分方程式：

(Ⅰ) $\chi_{xx} = \dfrac{\alpha}{4}\chi$ ……⑦ と (Ⅱ) $\tau_{tt} = \alpha\tau$ ……⑧ が導ける。

(Ⅰ) $\chi_{xx} = \dfrac{\alpha}{4}\chi$ ……⑦ について，

$\alpha \geqq 0$ のときは不適である。

・$\alpha > 0$ のとき，⑦の特性方程式：$\lambda^2 = \dfrac{\alpha}{4}$

より，$\lambda = \pm\dfrac{\sqrt{\alpha}}{2}$　$\therefore \chi(x) = A_1 e^{\frac{\sqrt{\alpha}}{2}x} + A_2 e^{-\frac{\sqrt{\alpha}}{2}x}$

境界条件より，$\chi(0) = \chi(4) = 0$ から，

$A_1 = A_2 = 0$ となって，不適。

・$\alpha = 0$ のとき，$\chi'' = 0$ より，$\chi(x) = px + q$

同様に，境界条件より，

$p = q = 0$ となって不適。

よって，$\alpha = -\omega^2\ (< 0)$

$(\omega > 0)$ とおくと，

$\chi_{xx} = -\left(\dfrac{\omega}{2}\right)^2 \chi$ ← 単振動の微分方程式

よって，

$\chi(x) = A_1\cos\dfrac{\omega}{2}x + A_2\sin\dfrac{\omega}{2}x$ ……⑨ となる。

ここで，境界条件より，

・$\chi(0) = A_1 \cdot \underbrace{\cos 0}_{1} + A_2 \cdot \underbrace{\sin 0}_{0} = A_1 = 0$

・$\chi(4) = A_2 \sin \underbrace{2\omega}_{j\pi\ (j = 1,\ 2,\ 3,\ \cdots)} = 0$

・$u(0,\ t) = \chi(0) \cdot \tau(t) = 0$ より，$\chi(0) = 0$

・$u(4,\ t) = \chi(4) \cdot \tau(t) = 0$ より，$\chi(4) = 0$

$\therefore 2\omega = j\pi$ より，$\omega = \omega_j$ とおくと，$\omega_j = \dfrac{j\pi}{2}$ $(j = 1,\ 2,\ 3,\ \cdots)$ となる。

以上より，

$\chi(x) = A_2 \sin\dfrac{\omega_j}{2}x = A_2 \sin\dfrac{j\pi}{4}x$ ……⑨′ となる。

(Ⅱ) 次に，$\tau(t)$ の単振動の微分方程式⑧は，$\alpha = -\omega_j{}^2 = -\left(\dfrac{j\pi}{2}\right)^2$ より，

$\tau_{tt} = -\omega_j{}^2 \tau$

$\therefore \tau(t) = B_1 \cos\omega_j t + B_2 \sin\omega_j t$ ……⑩ となる。

ここで，初期条件：$u_t(x,\ 0) = \chi(x) \cdot \tau_t(0) = 0$ より，$\tau_t(0) = 0$

よって，⑩を t で微分して，

$\tau_t(t) = -B_1\omega_j \sin\omega_j t + B_2\omega_j \cos\omega_j t$ より，

$\tau_t(0) = \cancel{-B_1\omega_j \underbrace{\sin 0}_{0}} + B_2\omega_j \underbrace{\cos 0}_{1} = \underbrace{B_2\omega_j}_{\neq 0} = 0 \quad \therefore B_2 = 0$

よって，⑩は，$\tau(t) = B_1\cos\omega_j t = B_1\cos\dfrac{j\pi}{2}t$ ……⑩′ となる。

以上 (Ⅰ), (Ⅱ) の⑨′, ⑩′ より，$u(x,\ t)$ の基本解を $u_j(x,\ t)$ とおくと，

$u_j(x,\ t) = \sin\dfrac{j\pi}{4}x\cdot\cos\dfrac{j\pi}{2}t$ ……⑪ $(j = 1,\ 2,\ 3,\ \cdots)$ となる。← 係数は省略

よって，振動の重ね合わせの原理より，一般解 $u(x,\ t)$ は，

$u(x,\ t) = \displaystyle\sum_{j=1}^{\infty} b_j \sin\dfrac{j\pi}{4}x\cdot\cos\dfrac{j\pi}{2}t$ ……⑫ となる。

ここで，初期条件：

$$u(x,\ 0) = f(x) = \begin{cases} -\dfrac{1}{10}x & (0 < x \leqq 1) \\ \dfrac{1}{10}(x-2) & (1 < x \leqq 3) \\ -\dfrac{1}{10}(x-4) & (3 < x \leqq 4) \end{cases} \quad \cdots\cdots ②$$ より，

⑫の t に，$t = 0$ を代入すると，

$u(x,\ 0) = \displaystyle\sum_{j=1}^{\infty} b_j \sin\dfrac{j\pi}{4}x\underbrace{\cos 0}_{1} = \sum_{j=1}^{\infty} b_j \sin\dfrac{j\pi}{4}x$ ……⑫′ となる。

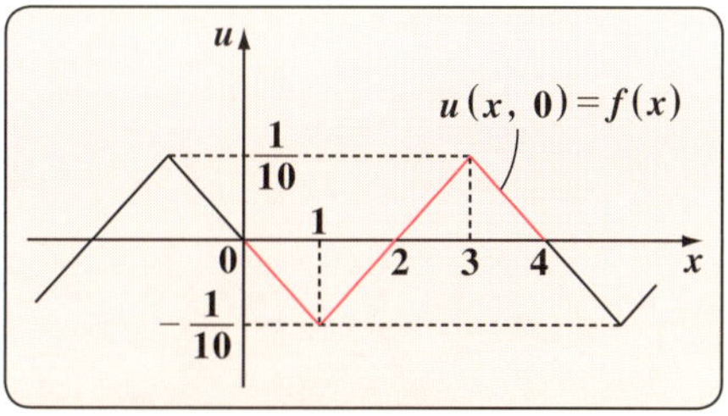

よって，②と⑫′より，

$f(x) = \displaystyle\sum_{j=1}^{\infty} b_j \sin\dfrac{j\pi}{4}x$ ……⑬

となる。これは，フーリエ・サイン級数展開の式であり，今回，$L = 4$ より，係数 b_j は次のように求められる。

フーリエ・サイン級数

$f(x) = \displaystyle\sum_{j=1}^{\infty} b_j \sin\dfrac{j\pi}{L}x$

$b_j = \dfrac{2}{L}\displaystyle\int_0^L f(x)\sin\dfrac{j\pi}{L}x\,dx$

$$b_j = \frac{2}{4}\int_0^4 \underline{f(x)}\cdot\sin\frac{j\pi}{4}x\,dx$$

(i) $-\frac{1}{10}x$ $(0 < x \leqq 1)$, (ii) $\frac{1}{10}(x-2)$ $(1 < x \leqq 3)$, (iii) $-\frac{1}{10}(x-4)$ $(3 < x \leqq 4)$

$$\therefore\ b_j = \frac{1}{20}\left\{\underbrace{-\int_0^1 x\cdot\sin\frac{j\pi}{4}x\,dx}_{㋐} + \underbrace{\int_1^3 (x-2)\sin\frac{j\pi}{4}x\,dx}_{㋑}\right.$$

$$\left.\underbrace{-\int_3^4 (x-4)\sin\frac{j\pi}{4}x\,dx}_{㋒}\right\} \cdots\cdots ⑭ \text{ となる。}$$

ここで，㋐，㋑，㋒の積分値を求めると，

部分積分法の利用

$$㋐\ \int_0^1 x\left(-\frac{4}{j\pi}\cos\frac{j\pi}{4}x\right)'dx = -\frac{4}{j\pi}\underbrace{\left[x\cdot\cos\frac{j\pi}{4}x\right]_0^1}_{\cos\frac{j\pi}{4}} + \frac{4}{j\pi}\underbrace{\int_0^1 1\cdot\cos\frac{j\pi}{4}x\,dx}_{\frac{4}{j\pi}\left[\sin\frac{j\pi}{4}x\right]_0^1}$$

$$= -\frac{4}{j\pi}\cos\frac{j\pi}{4} + \frac{16}{j^2\pi^2}\left[\sin\frac{j\pi}{4}x\right]_0^1 = -\frac{4}{j\pi}\cos\frac{j\pi}{4} + \frac{16}{j^2\pi^2}\sin\frac{j\pi}{4}$$

$$㋑\ \int_1^3 (x-2)\cdot\left(-\frac{4}{j\pi}\cos\frac{j\pi}{4}x\right)'dx$$

$$= -\frac{4}{j\pi}\left[(x-2)\cos\frac{j\pi}{4}x\right]_1^3 + \frac{4}{j\pi}\int_1^3 1\cdot\cos\frac{j\pi}{4}x\,dx$$

$$= -\frac{4}{j\pi}\left(\cos\frac{3j\pi}{4} + \cos\frac{j\pi}{4}\right) + \frac{16}{j^2\pi^2}\left[\sin\frac{j\pi}{4}x\right]_1^3$$

$$= -\frac{4}{j\pi}\left(\cos\frac{3j\pi}{4} + \cos\frac{j\pi}{4}\right) + \frac{16}{j^2\pi^2}\left(\sin\frac{3j\pi}{4} - \sin\frac{j\pi}{4}\right)$$

$$㋒\ \int_3^4 (x-4)\cdot\left(-\frac{4}{j\pi}\cos\frac{j\pi}{4}x\right)'dx$$

$$= -\frac{4}{j\pi}\left[(x-4)\cdot\cos\frac{j\pi}{4}x\right]_3^4 + \frac{4}{j\pi}\int_3^4 1\cdot\cos\frac{j\pi}{4}x\,dx$$

$$= -\frac{4}{j\pi}\cos\frac{3j\pi}{4} + \frac{16}{j^2\pi^2}\left[\sin\frac{j\pi}{4}x\right]_3^4 = -\frac{4}{j\pi}\cos\frac{3j\pi}{4} - \frac{16}{j^2\pi^2}\sin\frac{3j\pi}{4}$$

以上㋐，㋑，㋒の積分結果を，⑭に代入すると，

$$b_j=\frac{1}{20}\left\{\underbrace{\frac{4}{j\pi}\cos\frac{j\pi}{4}-\frac{16}{j^2\pi^2}\sin\frac{j\pi}{4}}_{-1\times㋐}\underbrace{-\frac{4}{j\pi}\left(\cos\frac{3j\pi}{4}+\cos\frac{j\pi}{4}\right)+\frac{16}{j^2\pi^2}\left(\sin\frac{3j\pi}{4}-\sin\frac{j\pi}{4}\right)}_{㋑}\right.$$

$$\left.\underbrace{+\frac{4}{j\pi}\cos\frac{3j\pi}{4}+\frac{16}{j^2\pi^2}\sin\frac{3j\pi}{4}}_{-1\times㋒}\right\}$$

$$=\frac{1}{20}\left(\frac{32}{j^2\pi^2}\sin\frac{3j\pi}{4}-\frac{32}{j^2\pi^2}\sin\frac{j\pi}{4}\right)=\frac{1}{20}\times\frac{32}{j^2\pi^2}\left(\sin\frac{3j\pi}{4}-\sin\frac{j\pi}{4}\right)$$

$\therefore\ b_j=\dfrac{8}{5\pi^2}\times\dfrac{1}{j^2}\left(\sin\dfrac{3j\pi}{4}-\sin\dfrac{j\pi}{4}\right)$ ……⑭´ $(j=1,\ 2,\ 3,\ \cdots)$ となる。

⑭´を，$u(x,\ t)=\displaystyle\sum_{j=1}^{\infty}b_j\sin\frac{j\pi}{4}x\cdot\cos\frac{j\pi}{2}t$ ……⑫ に代入することにより，

$u(x,\ t)$ の特殊解が次のように求まる。

$$u(x,\ t)=\frac{8}{5\pi^2}\sum_{j=1}^{\infty}\frac{1}{j^2}\left(\sin\frac{3j\pi}{4}-\sin\frac{j\pi}{4}\right)\sin\frac{j\pi}{4}x\cdot\cos\frac{j\pi}{2}t \quad ……⑮ \quad ……(答)$$

参考

⑮を，近似的に，$u(x,\ t)=\dfrac{8}{5\pi^2}\displaystyle\sum_{j=1}^{100}\frac{1}{j^2}\left(\sin\frac{3j\pi}{4}-\sin\frac{j\pi}{4}\right)\sin\frac{j\pi}{4}x\cdot\cos\frac{j\pi}{2}t$

で表して，$t=0$，0.2，0.4，0.6，0.8，1 における，この弦の振動の様子を右図に示す。（振動の様子を分かりやすくするために，弦を少しずらして表示しているところもある。）

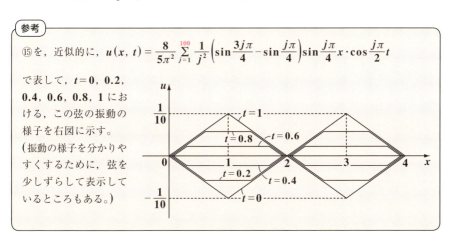

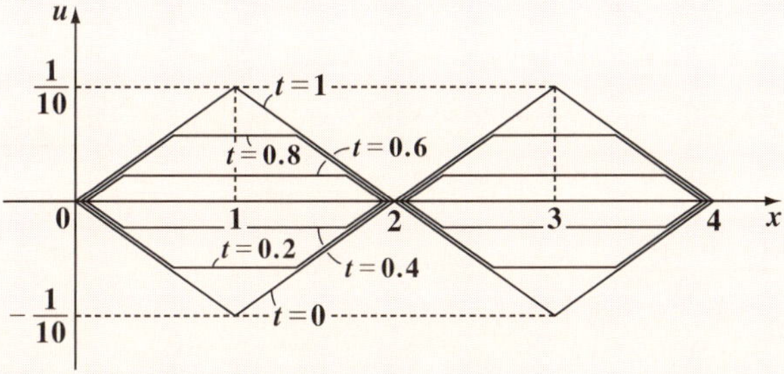

演習問題 39　● 自由端をもつ弦の振動 ●

変位 $u(x, t)$ について，次の 1 次元波動方程式を解け。

$$\frac{\partial^2 u}{\partial t^2} = 9\frac{\partial^2 u}{\partial x^2} \quad \cdots\cdots ① \quad (0 < x < 4,\ t > 0)$$

境界条件：$u_x(0, t) = u_x(4, t) = 0$

初期条件：$u(x, 0) = \begin{cases} \dfrac{1}{20} & (0 < x \leqq 1) \\ \dfrac{1}{20}(2-x) & (1 < x \leqq 3) \\ -\dfrac{1}{20} & (3 < x \leqq 4) \end{cases}$ ……②，$u_t(x, 0) = 0$

ヒント！ 今回の問題では，境界条件が，$u_x(0, t) = u_x(4, t)$ となっているので，弦の $x = 0$ と 4 における弦の振動の傾きが 0 になっている。つまり，$x = 0$ と 4 の両端は固定されておらず，その振動の傾きが 0 という条件をみたしながら，自由に上下に動く自由端になっていることに気を付けよう。この自由端の弦の振動問題では，②の初期条件を用いて級数展開するとき，フーリエ・サイン級数展開ではなく，フーリエ・コサイン級数展開を利用しなければならないことも要注意だ。

解答＆解説

区間 $[0, 4]$ の弦は，$x = 0, 4$ の両端を自由端として，②の初期条件を $u(x, 0) = f(x)$ とおくと，初め，右図に示すような状態から，静かに振動を開始する。

($u_t(x, 0) = 0$ より)

初期条件

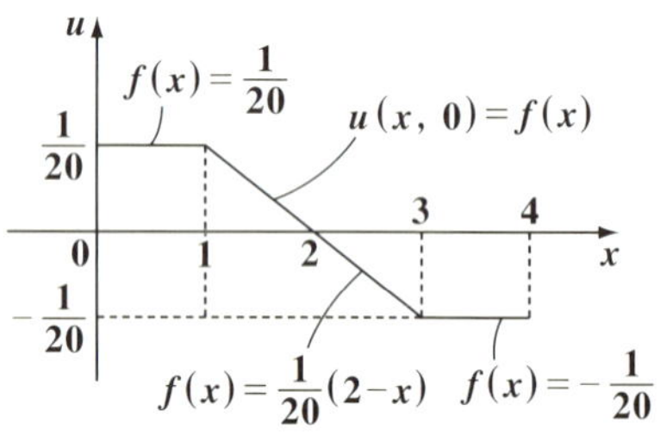

弦の変位 $u(x, t)$ は，変数分離法により，

$u(x, t) = \chi(x)\cdot\tau(t)$ ……③ と表されるものとすると，

$\dfrac{\partial^2 u}{\partial t^2} = u_{tt} = \chi\cdot\tau_{tt}$ ……④，$\dfrac{\partial^2 u}{\partial x^2} = u_{xx} = \chi_{xx}\cdot\tau$ ……⑤ となる。

これら④，⑤を①に代入して，

$\chi\cdot\tau_{tt}=9\chi_{xx}\cdot\tau$ となる。この両辺を $\chi\cdot\tau$ で割って，

$\dfrac{\tau_{tt}}{\tau}=9\dfrac{\chi_{xx}}{\chi}$ ……⑥ となる。

（t だけの式）（x だけの式）

⑥の左辺は t だけの式，右辺は x だけの式となるので，この等式が恒等的に成り立つためには，これらはある定数 α でなければならない。よって，

$\dfrac{\tau_{tt}}{\tau}=9\dfrac{\chi_{xx}}{\chi}=\alpha$（定数）……⑥′ となる。⑥′より，2つの常微分方程式：

(Ⅰ) $\chi_{xx}=\dfrac{\alpha}{9}\chi$ ……⑦ と (Ⅱ) $\tau_{tt}=\alpha\tau$ ……⑧ が導ける。

(Ⅰ) $\chi_{xx}=\dfrac{\alpha}{9}\chi$ ……⑦ について，

$\alpha\geqq 0$ のときは不適である。

よって，$\alpha=-\omega^2\ (<0)$

$(\omega>0)$ とおくと，

$\chi_{xx}=-\left(\dfrac{\omega}{3}\right)^2\chi$ ← 単振動の微分方程式

よって，

$\chi(x)=A_1\cos\dfrac{\omega}{3}x+A_2\sin\dfrac{\omega}{3}x$ ……⑨

となる。⑨を x で微分して，

$\chi_x(x)=-A_1\dfrac{\omega}{3}\sin\dfrac{\omega}{3}x+A_2\dfrac{\omega}{3}\cos\dfrac{\omega}{3}x$ ……⑨′

> ・$\alpha>0$ のとき，⑦の特性方程式：$\lambda^2=\dfrac{\alpha}{9}$
> より，$\lambda=\pm\dfrac{\sqrt{\alpha}}{3}$　$\therefore\chi(x)=A_1e^{\frac{\sqrt{\alpha}}{3}x}+A_2e^{-\frac{\sqrt{\alpha}}{3}x}$
> よって，$\chi_x(x)=\dfrac{\sqrt{\alpha}}{3}A_1e^{\frac{\sqrt{\alpha}}{3}x}-\dfrac{\sqrt{\alpha}}{3}A_2e^{-\frac{\sqrt{\alpha}}{3}x}$
> 境界条件より，
> $\begin{cases}\chi_x(0)=\dfrac{\sqrt{\alpha}}{3}A_1-\dfrac{\sqrt{\alpha}}{3}A_2=0\\ \chi_x(4)=\dfrac{\sqrt{\alpha}}{3}A_1e^{\frac{4\sqrt{\alpha}}{3}}-\dfrac{\sqrt{\alpha}}{3}A_2e^{-\frac{4\sqrt{\alpha}}{3}}=0\end{cases}$
> これらをみたす A_1, A_2 は，$A_1=A_2=0$ となって，不適。
> ・$\alpha=0$ のとき，$\chi_{xx}=0$ より，$\chi(x)=px+q$
> $\chi_x(x)=p$
> 境界条件より，
> $\chi_x(0)=p=0$ から，$\chi(x)=q$（定数関数）となって，不適。

境界条件：$u_x(0,\ t)=\chi_x(0)\cdot\tau(t)$

$=0$ より，$\chi_x(0)=0$ となる。また，

$u_x(4,\ t)=\chi_x(4)\cdot\tau(t)=0$ より，$\chi_x(4)=0$ となる。

$\cdot \chi_x(0) = -A_1\frac{\omega}{3}\underbrace{\sin 0}_{0} + A_2\frac{\omega}{3}\underbrace{\cos 0}_{1}$

$= A_2\underbrace{\frac{\omega}{3}}_{\oplus} = 0 \quad \therefore A_2 = 0$

$\tau_{tt} = \alpha\tau$ ……⑧
$\chi(x) = A_1\cos\frac{\omega}{3}x + A_2\sin\frac{\omega}{3}x$ ……⑨
$\chi_x(x) = -A_1\frac{\omega}{3}\sin\frac{\omega}{3}x + A_2\frac{\omega}{3}\cos\frac{\omega}{3}x$ ……⑨´

$\cdot \chi_x(4) = -A_1\frac{\omega}{3}\sin\underbrace{\frac{4\omega}{3}}_{j\pi\ (j=1,\ 2,\ 3,\ \cdots)} = 0$

よって，$\frac{4}{3}\omega = j\pi$ より，$\omega = \omega_j$ とおいて，$\omega_j = \frac{3j\pi}{4}$ $(j=1, 2, 3, \cdots)$ となる。

以上より，$A_2 = 0$，$\omega = \omega_j = \frac{3j\pi}{4}$ を⑨に代入すると，

$\chi(x) = A_1\cos\frac{j\pi}{4}x$ ……⑨´´ $(j = 1,\ 2,\ 3,\ \cdots)$ となる。

(Ⅱ) 次に，$\omega = \omega_j = \frac{3j\pi}{4}$ より，$\alpha = -\omega^2 = -\omega_j{}^2$ 　よって，$\tau_{tt} = \alpha\tau$ ……⑧

は，$\tau_{tt} = -\omega_j{}^2\tau$ ……⑧´ となる。← 単振動の微分方程式

よって，この一般解は，

$\tau(t) = B_1\cos\omega_j t + B_2\sin\omega_j t = B_1\cos\frac{3j\pi}{4}t + B_2\sin\frac{3j\pi}{4}t$ ……⑩

となる。⑩を t で微分して，

$\tau_t(t) = -B_1\omega_j\sin\omega_j t + B_2\omega_j\cos\omega_j t$ ……⑩´

初期条件：$u_t(x,\ 0) = \chi(x)\cdot\tau_t(0) = 0$ より，$\tau_t(0) = 0$

よって，⑩´より，

$\tau_t(0) = -B_1\omega_j\underbrace{\sin 0}_{0} + B_2\omega_j\underbrace{\cos 0}_{1} = B_2\underbrace{\omega_j}_{\oplus} = 0 \quad \therefore B_2 = 0$

これを⑩に代入して，

$\tau(t) = B_1\cos\frac{3j\pi}{4}t$ ……⑩´´ となる。

以上(Ⅰ), (Ⅱ)の⑨″, ⑩″より，$u(x,\ t)$の基本解を$u_j(x,\ t)$とおくと，

$u_j(x,\ t)=\cos\dfrac{j\pi}{4}x\cdot\cos\dfrac{3j\pi}{4}t$ ……⑪ $(j=1,\ 2,\ 3,\ \cdots)$となる。

よって，波動の重ね合わせの原理より，一般解$u(x,\ t)$は，

$u(x,\ t)=\displaystyle\sum_{j=1}^{\infty}a_j\cos\frac{j\pi}{4}x\cdot\cos\frac{3j\pi}{4}t$ ……⑫ となる。

ここで，初期条件：$u(x,\ 0)=f(x)$は，

$$u(x,\ 0)=f(x)=\begin{cases}\dfrac{1}{20} & (0<x\leqq 1)\\ \dfrac{1}{20}(2-x) & (1<x\leqq 3)\\ -\dfrac{1}{20} & (3<x\leqq 4)\end{cases}$$ ……② より，

⑫のtに，$t=0$を代入すると，

$u(x,\ 0)=\displaystyle\sum_{j=1}^{\infty}a_j\cos\frac{j\pi}{4}x\cdot\underbrace{\cos 0}_{1}=\sum_{j=1}^{\infty}a_j\cos\frac{j\pi}{4}x$ ……⑫′ となるので，

フーリエ・コサイン級数
$f(x)=\dfrac{a_0}{2}+\displaystyle\sum_{j=1}^{\infty}a_j\cos\frac{j\pi}{L}x$
$a_j=\dfrac{2}{L}\displaystyle\int_0^L f(x)\cos\frac{j\pi}{L}x\,dx$
$\left(a_0=\dfrac{2}{L}\displaystyle\int_0^L f(x)\,dx\right)$

②，⑫′より，

$f(x)=\displaystyle\sum_{j=1}^{\infty}a_j\cos\frac{j\pi}{4}x$ ……⑬ となる。

これは，フーリエ・コサイン級数の$\dfrac{a_0}{2}$の項がないが，$a_0=\dfrac{2}{4}\displaystyle\int_0^4 f(x)\,dx=0$となるので，問題はないんだね。

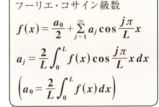

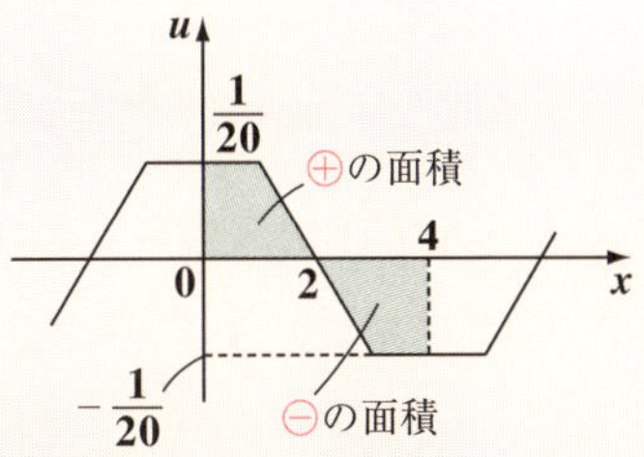

よって，$j=1,\ 2,\ 3,\ \cdots$のとき，

係数a_jを公式から求めると，

$a_j=\dfrac{2}{4}\displaystyle\int_0^4 f(x)\cos\frac{j\pi}{4}x\,dx$

(ⅰ) $\dfrac{1}{20}$ $(0<x\leqq 1)$，(ⅱ) $\dfrac{1}{20}(2-x)$ $(1<x\leqq 3)$，(ⅲ) $f(x)=-\dfrac{1}{20}$ $(3<x\leqq 4)$

よって，

$$a_j = \frac{1}{2}\left\{\frac{1}{20}\int_0^1 \cos\frac{j\pi}{4}x\,dx + \frac{1}{20}\int_1^3 (2-x)\cos\frac{j\pi}{4}x\,dx - \frac{1}{20}\int_3^4 \cos\frac{j\pi}{4}x\,dx\right\}$$

$$= \frac{1}{40}\left\{\int_0^1 \cos\frac{j\pi}{4}x\,dx + \int_1^3 (2-x)\cos\frac{j\pi}{4}x\,dx - \int_3^4 \cos\frac{j\pi}{4}x\,dx\right\}$$

$$\frac{4}{j\pi}\left[\sin\frac{j\pi}{4}x\right]_0^1 = \frac{4}{j\pi}\sin\frac{j\pi}{4}$$

$$\frac{4}{j\pi}\left[\sin\frac{j\pi}{4}x\right]_3^4 = -\frac{4}{j\pi}\sin\frac{3j\pi}{4}$$

$$\int_1^3 (2-x)\cdot\left(\frac{4}{j\pi}\sin\frac{j\pi}{4}x\right)'dx = \frac{4}{j\pi}\left[(2-x)\sin\frac{j\pi}{4}x\right]_1^3 - \frac{4}{j\pi}\int_1^3 (-1)\sin\frac{j\pi}{4}x\,dx$$

部分積分法を使った。

$$= \frac{4}{j\pi}\left(-\sin\frac{3j\pi}{4} - \sin\frac{j\pi}{4}\right) + \frac{4}{j\pi}(-1)\cdot\frac{4}{j\pi}\left[\cos\frac{j\pi}{4}x\right]_1^3$$

$$= -\frac{4}{j\pi}\sin\frac{3j\pi}{4} - \frac{4}{j\pi}\sin\frac{j\pi}{4} - \frac{16}{j^2\pi^2}\left(\cos\frac{3j\pi}{4} - \cos\frac{j\pi}{4}\right)$$

$$= \frac{1}{40}\left\{\cancel{\frac{4}{j\pi}\sin\frac{j\pi}{4}} - \cancel{\frac{4}{j\pi}\sin\frac{3j\pi}{4}} - \cancel{\frac{4}{j\pi}\sin\frac{j\pi}{4}} - \frac{16}{j^2\pi^2}\left(\cos\frac{3j\pi}{4} - \cos\frac{j\pi}{4}\right)\right.$$

$$\left. + \cancel{\frac{4}{j\pi}\sin\frac{3j\pi}{4}}\right\}$$

$$= \frac{1}{\underset{5}{\cancel{40}}}\times\overset{2}{\cancel{16}}\frac{1}{j^2\pi^2}\left(\cos\frac{j\pi}{4} - \cos\frac{3j\pi}{4}\right)$$

$$\therefore a_j = \frac{2}{5\pi^2}\cdot\frac{1}{j^2}\left(\cos\frac{j\pi}{4} - \cos\frac{3j\pi}{4}\right) \quad \cdots\cdots\text{⑭} \quad (j=1,\ 2,\ 3,\ \cdots)\ \text{となる。}$$

⑭を，$u(x,\ t) = \sum_{j=1}^{\infty} a_j \cos\frac{j\pi}{4}x\cdot\cos\frac{3j\pi}{4}t \quad \cdots\cdots\text{⑫}$ に代入することにより，

特殊解 $u(x,\ t)$ が次のように求められる。

$$u(x,\ t) = \frac{2}{5\pi^2}\sum_{j=1}^{\infty}\frac{1}{j^2}\left(\cos\frac{j\pi}{4} - \cos\frac{3j\pi}{4}\right)\cos\frac{j\pi}{4}x\cdot\cos\frac{3j\pi}{4}t \quad \cdots\cdots\text{⑮}\ \cdots\text{(答)}$$

参考

⑮を近似的に，$u(x,\ t)=\dfrac{2}{5\pi^2}\sum_{j=1}^{100}\dfrac{1}{j^2}\left(\cos\dfrac{j\pi}{4}-\cos\dfrac{3j\pi}{4}\right)\cos\dfrac{j\pi}{4}x\cdot\cos\dfrac{3j\pi}{4}t$ ……⑮′

で表して，時刻 $t=0$，$\dfrac{4}{15}$，$\dfrac{8}{15}$，$\dfrac{12}{15}\left(=\dfrac{4}{5}\right)$，$\dfrac{16}{15}$，$\dfrac{20}{15}\left(=\dfrac{4}{3}\right)$ における，

自由端をもつ弦の振動の様子を右図に示す。

この振動の周期 T は，$T=\dfrac{8}{3}$ より，$\dfrac{8}{3}$ 秒後に，この弦は元の位置に戻る。

(振動の様子を分かりやすくするために弦を少しずらして表示しているところもある。)

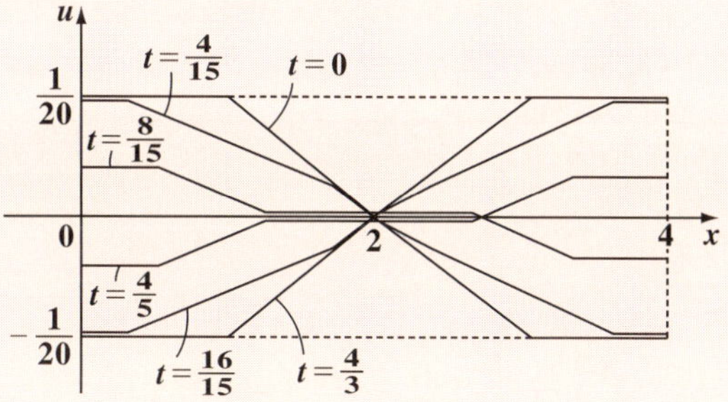

講義 Lecture 5 1次元の波動（進行波・後退波） methods & formulae

§1. 進行波と後退波

1次元波動方程式の**ダランベールの解**は次のように"**進行波**"(*progressive wave*)と"**後退波**"(*regressive wave*)を重ね合わせたものである。

進行波と後退波

変位 $u(x, t)$ についての1次元波動方程式：

$$\frac{\partial^2 u}{\partial t^2} = v^2 \frac{\partial^2 u}{\partial x^2} \quad (v：正の定数)$$ の解は，

$$u(x, t) = \underbrace{f(x - vt)}_{進行波} + \underbrace{g(x + vt)}_{後退波}$$ となる。

（または，$u(x, t) = f(\kappa x - \omega t) + g(\kappa x + \omega t)$ となる。）

この進行波と後退波の重ね合わせにより，定在波が形成される。

・次に，2つの進行波の重ね合わせを考えると，

$$u(x, t) = C\cos(\kappa_1 x - \omega_1 t) + C\cos(\kappa_2 x - \omega_2 t)$$
$$= \underbrace{2C\cos(\Delta\kappa x - \Delta\omega t)}_{振幅変調の項 A(x, t)}\underbrace{\cos(\overline{\kappa} x - \overline{\omega} t)}_{波長の短い進行波} \cdots\cdots ①$$ となる。

$$\left(ただし，\Delta\kappa = \frac{\kappa_2 - \kappa_1}{2},\ \Delta\omega = \frac{\omega_2 - \omega_1}{2},\ \overline{\kappa} = \frac{\kappa_1 + \kappa_2}{2},\ \overline{\omega} = \frac{\omega_1 + \omega_2}{2}\right)$$

ここで，$\Delta\omega \ll \overline{\omega}$，$\Delta\kappa \ll \overline{\kappa}$ とすると，①の $\cos(\overline{\kappa} x - \overline{\omega} t)$ は，短い波長 $\overline{\lambda} = \frac{2\pi}{\overline{\kappa}}$ をもった進行波を表す。そして，この進行波の振幅は，**振幅変調**の項 $A(x, t) = 2C\cos(\Delta\kappa x - \Delta\omega t)$ によって，空間的なうなり現象が生じる。ここで，うなりの波形の進行速度を**群速度** v_g といい，波長の短い進行波の進行速度を**位相速度** $\overline{v}$ という。これは次式で計算できる。

群速度 $v_g = \frac{\Delta\omega}{\Delta\kappa} \doteqdot \frac{d\omega}{d\kappa}$　　位相速度 $\overline{v} = \frac{\overline{\omega}}{\overline{\kappa}}$

§2. 分散、波の反射

"**分散性**"（*dispersion*）について，

(i) 分散がない場合：$v_0 = \frac{\omega}{\kappa}$　（v_0：定数）

1次元波動方程式：$u_{tt} = v_0{}^2 u_{xx}$ の基本解として，

$u(x, t) = C\cos(\kappa x - \omega t)$ から，$v_0 = \frac{\omega}{\kappa}$ が導ける。これをみたす様々な ω と κ に対して，その位相速度はいずれも v_0（一定）であるため，これらの波を重ね合わせても，波形を変えることなく，整然と移動する。

(ii) 分散がある場合：$v = \frac{\omega}{\kappa}$　（v：κ または ω の関数）

微分方程式：$u_{tt} = -\omega_0{}^2 u + v_0{}^2 u_{xx}$　（ω_0, v_0：定数）のとき，この基本解を $u(x, t) = A\cos(\kappa x - \omega t)$ とおくと，

$\omega = \sqrt{\omega_0{}^2 + v_0{}^2\kappa^2}$ が導ける。よって，$v = \frac{\omega}{\kappa} = \sqrt{\frac{\omega_0{}^2}{\kappa^2} + v_0{}^2}$ となるため，様々な κ（または ω）に関して，位相速度 v は異なる。よって，これらの波を重ね合わせると，時刻の経過と共に波形は分散していく。

・次に，波の反射について，固定端と自由端に分類して考える。

(i) 固定端における波の反射の方程式

$$u(x, t) = \underbrace{f(x - vt)}_{\text{進行波（入射波）}} \underbrace{- f(-x - vt)}_{\text{後退波（反射波）}} \qquad (x \leqq 0)$$

(ii) 自由端における波の反射の方程式

$$u(x, t) = \underbrace{f(x - vt)}_{\text{進行波（入射波）}} + \underbrace{f(-x - vt)}_{\text{後退波（反射波）}} \qquad (x \leqq 0)$$

(i) 固定端，(ii) 自由端のいずれにおいても，波は，

・時刻 $t = t_{-1}$ (< 0) のとき，$x \leqq 0$ の範囲から $x = 0$ に向けて入射波として進行し，

・時刻 $t \fallingdotseq 0$ のとき，入射波と反射波が互いに影響を及ぼし合い，

・時刻 $t = t_1$ (> 0) のとき，$x \leqq 0$ の範囲を負側に反射波となって後退していく。

演習問題 40　● ダランベールの解 ●

変位 $u(x,\ t)$ についての 1 次元波動方程式：

$\dfrac{\partial^2 u}{\partial t^2} = v^2 \dfrac{\partial^2 u}{\partial x^2}$ ……① （v：正の定数）から，ダランベールの解：

$u(x,\ t) = f(x - vt) + g(x + vt)$ ……② が導けることを示せ。

ヒント！ 変数 x と t から，新たな変数 ζ（ゼータ）と η（イェータ）を，$\zeta = x - vt$，$\eta = x + vt$ と定義して，①を用いて，$\dfrac{\partial^2 u}{\partial \zeta \partial \eta} = 0$ を導けば，②のダランベールの解を導くことができる。

解答＆解説

まず，変数 x と t を次のように変数 ζ（ゼータ）と η（イェータ）に変換する。

$$\begin{cases} \zeta = x - vt & \cdots\cdots③ \\ \eta = x + vt & \cdots\cdots④ \end{cases}$$

これから，x と t を，ζ と η で表すと，

$\dfrac{③+④}{2}$ より，$x = \dfrac{1}{2}(\zeta + \eta)$ ……⑤ となり，

$\dfrac{④-③}{2v}$ より，$t = \dfrac{1}{2v}(\eta - \zeta)$ ……⑥ となる。

よって，まず u を η で微分すると，

$$\frac{\partial u}{\partial \eta} = \frac{\partial u}{\partial x} \cdot \frac{\partial x}{\partial \eta} + \frac{\partial u}{\partial t} \cdot \frac{\partial t}{\partial \eta} = \frac{1}{2} \cdot \frac{\partial u}{\partial x} + \frac{1}{2v} \cdot \frac{\partial u}{\partial t} \quad (⑤,\ ⑥より)$$

$\dfrac{\partial x}{\partial \eta} = \dfrac{1}{2}$ （⑤より），$\dfrac{\partial t}{\partial \eta} = \dfrac{1}{2v}$ （⑥より）

さらに，これを ζ で微分して，

$$\frac{\partial^2 u}{\partial \zeta \partial \eta} = \frac{\partial}{\partial \zeta}\left(\frac{\partial u}{\partial \eta}\right) = \frac{\partial x}{\partial \zeta} \cdot \frac{\partial}{\partial x}\left(\frac{\partial u}{\partial \eta}\right) + \frac{\partial t}{\partial \zeta} \cdot \frac{\partial}{\partial t}\left(\frac{\partial u}{\partial \eta}\right)$$

$\dfrac{\partial x}{\partial \zeta} = \dfrac{1}{2}$ （⑤より），$\dfrac{\partial t}{\partial \zeta} = -\dfrac{1}{2v}$ （⑥より）

$$= \frac{1}{2} \cdot \frac{\partial}{\partial x}\left(\frac{1}{2} \cdot \frac{\partial u}{\partial x} + \frac{1}{2v} \cdot \frac{\partial u}{\partial t}\right) - \frac{1}{2v} \cdot \frac{\partial}{\partial t}\left(\frac{1}{2} \cdot \frac{\partial u}{\partial x} + \frac{1}{2v} \cdot \frac{\partial u}{\partial t}\right)$$

さらに，変形して，

$$\frac{\partial^2 u}{\partial\zeta\partial\eta}=\frac{1}{4}\cdot\frac{\partial^2 u}{\partial x^2}+\frac{1}{4v}\cdot\frac{\partial^2 u}{\partial x\partial t}-\frac{1}{4v}\cdot\frac{\partial^2 u}{\partial t\partial x}-\frac{1}{4v^2}\cdot\frac{\partial^2 u}{\partial t^2}$$

u_{tx} と u_{xt} は共に連続とする。このとき，シュワルツの定理より $u_{tx}=u_{xt}$ となる。

$$=\frac{1}{4v^2}\left(v^2\frac{\partial^2 u}{\partial x^2}-\frac{\partial^2 u}{\partial t^2}\right)=0 \quad (①より)$$

0（①の波動方程式より）

$\therefore \frac{\partial^2 u}{\partial\zeta\partial\eta}=\frac{\partial}{\partial\zeta}\left(\frac{\partial u}{\partial\eta}\right)=0$ ……⑦ となる。u は 2 変数関数 $u(\zeta,\ \eta)$ であることに注意して，まず，⑦を ζ で積分すると，

$$\frac{\partial u}{\partial\eta}=\tilde{g}(\eta)$$

ζ から見ると，η は定数扱いなので，これは積分定数 C_1 ではなくて，何か η の関数 $\tilde{g}(\eta)$ となる。

さらに，この両辺を，η で積分して，

$$u=f(\zeta)+\int\tilde{g}(\eta)d\eta$$

η から見ると，ζ は定数扱いなので，これは積分定数 C_2 ではなくて，何か ζ の関数 $f(\zeta)$ となる。

これは，何か η の関数なので $g(\eta)$ とおける。

以上より，$u=f(\zeta)+g(\eta)$ ……⑧ となる。$\left(ただし，g(\eta)=\int\tilde{g}(\eta)d\eta\right)$

よって，③，④を⑧に代入すると，①の 1 次元波動方程式のダランベールの解として，

$u(x,\ t)=f(x-vt)+g(x+vt)$ ……② が導ける。 ……………………………（終）

参考

$f(x-vt)$ は進行波を表し，$g(x+vt)$ は後退波を表す。よって，ダランベールの解は，これらの波の重ね合わせによって，1 次元波動方程式の一般解が形成されることを示しているんだね。

ここで，分散の関係式：$v=\frac{\omega}{\kappa}$ （v：定数）より，

$f(x-vt)=f\left(x-\frac{\omega}{\kappa}t\right)=f\left(\frac{1}{\kappa}(\kappa x-\omega t)\right)$ より，これを $f(\kappa x-\omega t)$ とおき，

$g(x+vt)=g\left(x+\frac{\omega}{\kappa}t\right)=g\left(\frac{1}{\kappa}(\kappa x+\omega t)\right)$ より，これを $g(\kappa x+\omega t)$ とおく

と，②のダランベールの解は，

$u(x,\ t)=f(\kappa x-\omega t)+g(\kappa x+\omega t)$ と表すこともできる。

演習問題 41　● 群速度と位相速度 ●

$u(x, t)$ が，次のように，2つの進行波の重ね合わせで表されるものとする。

$u(x, t) = C\cos(\kappa_1 x - \omega_1 t) + C\cos(\kappa_2 x - \omega_2 t)$ ……①

(ただし，C：定数，$\kappa_1 = 23$，$\kappa_2 = 25$，$\omega_1 = 34.5$，$\omega_2 = 37.5$ とする。)

(1) $\Delta\kappa = \dfrac{\kappa_2 - \kappa_1}{2}$，$\overline{\kappa} = \dfrac{\kappa_1 + \kappa_2}{2}$，$\Delta\omega = \dfrac{\omega_2 - \omega_1}{2}$，$\overline{\omega} = \dfrac{\omega_1 + \omega_2}{2}$ とおく。

①を変形して，$u(x, t) = A(x, t)\cos(\overline{\kappa}x - \overline{\omega}t)$ ……② とするとき，振幅変調 $A(x, t)$ を求めよ。また，位相速度 $\overline{v} = \dfrac{\overline{\omega}}{\overline{\kappa}}$ と，群速度 $v_g = \dfrac{\Delta\omega}{\Delta\kappa}$ を求めよ。

(2) 時刻 $t = 0$，1，2，3 における②のグラフの概形を描け。

ヒント！ (1) 三角関数の和→積の公式：$\cos A + \cos B = 2\cos\dfrac{A+B}{2}\cos\dfrac{A-B}{2}$ を使って，①から②に変形しよう。(2) のグラフの概形では，特に振幅変調の $A(x, t)$ の部分を正確に描くように心がけよう。

解答＆解説

(1) $\kappa_1 = 23$，$\kappa_2 = 25$，$\omega_1 = 34.5$，$\omega_2 = 37.5$ を①に代入して，和→積の公式：

$\cos A + \cos B = 2\cos\dfrac{A+B}{2}\cdot\cos\dfrac{A-B}{2}$ を利用して変形すると，

$$u(x, t) = C\cdot\cos(\underbrace{23x - 34.5t}_{A}) + C\cdot\cos(\underbrace{25x - 37.5t}_{B})$$

$$= 2C\cdot\cos\underbrace{\frac{23x - 34.5t + 25x - 37.5t}{2}}_{24x - 36t}\cos\underbrace{\frac{23x - 34.5t - (25x - 37.5t)}{2}}_{-1\cdot x + \frac{3}{2}t}$$

$$= 2C\cdot\cos(\underbrace{24}_{\overline{\kappa} = \frac{\kappa_1+\kappa_2}{2}}x - \underbrace{36}_{\overline{\omega} = \frac{\omega_1+\omega_2}{2}}t)\cdot\cos\left(\underbrace{1}_{\Delta\kappa = \frac{\kappa_2-\kappa_1}{2}}\cdot x - \underbrace{\frac{3}{2}}_{\Delta\omega = \frac{\omega_2-\omega_1}{2}}t\right) \leftarrow \cos(-\theta) = \cos\theta$$

$$\therefore u(x, t) = \underbrace{2C\cdot\cos\left(x - \frac{3}{2}t\right)}_{A(x, t)}\cdot\cos(24x - 36t) \text{ ……② となる。}$$

$\therefore$ 振幅変調 $A(x,\ t)=2C\cdot\cos\left(x-\dfrac{3}{2}t\right)$ ……③ である。………………(答)

次に，波動成分 $\cos(\underbrace{24}_{\overline{\kappa}}x-\underbrace{36}_{\overline{\omega}}t)$ の位相速度 $\overline{v}$ は，

$\overline{v}=\dfrac{\overline{\omega}}{\overline{\kappa}}=\dfrac{36}{24}=\dfrac{3}{2}$ (m/s) である。…………………………………(答)

振幅変調 $A(x,\ t)$ の群速度 v_g は，

$v_g=\dfrac{\Delta\omega}{\Delta\kappa}=\dfrac{\frac{3}{2}}{1}=\dfrac{3}{2}$ (m/s) である。…………………………………(答)

(2) 群速度 $v_g=\dfrac{3}{2}$ (m/s)より，時刻 $t=0,\ 1,\ 2,\ 3$ (秒)と変化させると，空間的なうなり構造の振幅変調の波動成分 $A(x,\ t)$ は，x 軸の正の向きに，$x=0,\ \dfrac{3}{2},\ 3,\ \dfrac{9}{2}$ (m)と進行する。(波長の短い波動成分 $\cos(24x-36t)$ も同じ速度 $\overline{v}$ で進行する。)よって，初め $t=0$ のとき，$x=0$ の位置を"•"で示して，この点の移動の様子を示すと，②のグラフの概形は以下のようになる。…(答)

(i) $t=0$ のとき

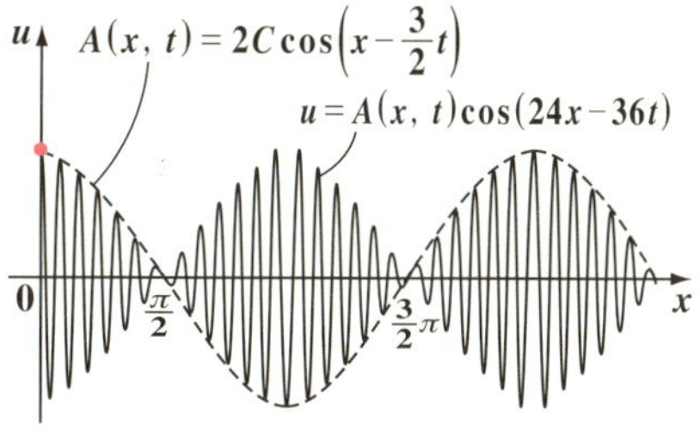

(ii) $t=1$ のとき

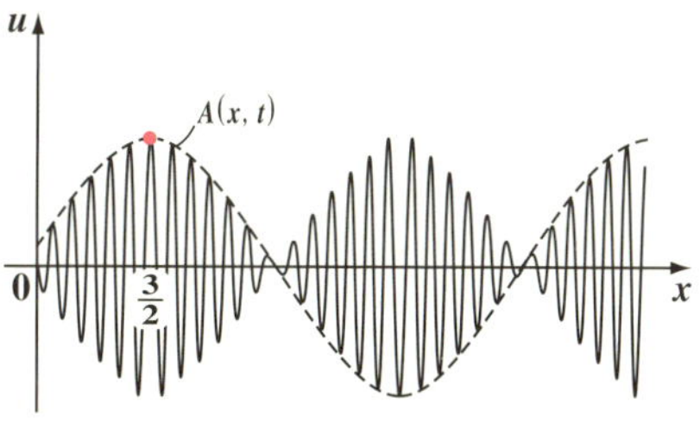

(iii) $t=2$ のとき

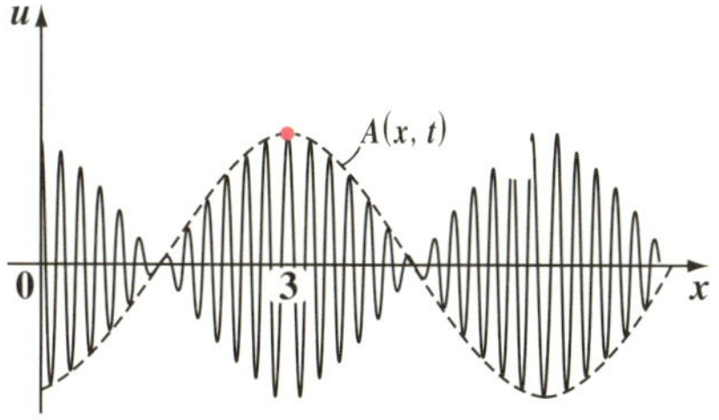

(iv) $t=3$ のとき

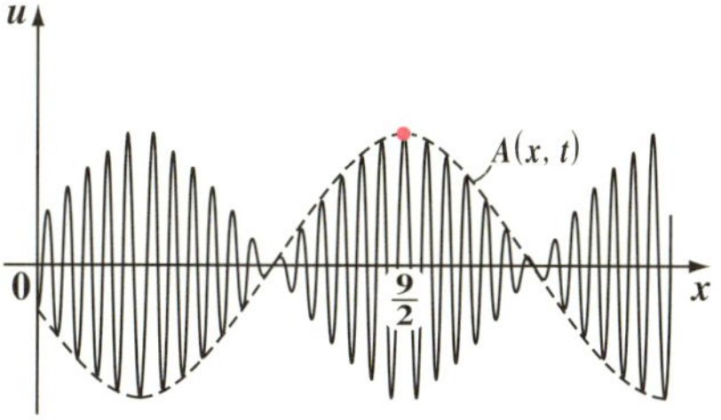

演習問題 42　● 分散関係 ●

波動の変位 $u(x,\ t)$ が，次の微分方程式をみたすものとする。

$$\frac{\partial^2 u}{\partial t^2} = -\omega_0{}^2 u + v_0{}^2 \frac{\partial^2 u}{\partial x^2} \quad \cdots\cdots ①\quad (\omega_0,\ v_0：正の定数)$$

①の基本解を $u(x,\ t) = A\cos(\kappa x - \omega t)$ ……② (A：定数) とおいて，ω と κ の関係式を求めよ。また，この波動成分の位相速度 v を κ の関数として求めよ。さらに，$\omega_0 = 100$，$v_0 = 3$，$\kappa = 25$ のとき，v を求めよ。

ヒント！ 1次元波動方程式：$u_{tt} = v_0{}^2 u_{xx}$ の基本解 $u(x,\ t) = A\cos(\kappa x - \omega t)$ の位相速度 $v_0 = \dfrac{\omega}{\kappa}$ は一定なので，様々な ω や κ の波動成分を重ね合わせても，分散は生じない。今回の①の微分方程式は，単振動の微分方程式：$u_{tt} = -\omega_0{}^2 u$ と1次元波動方程式：$u_{tt} = v_0{}^2 u_{xx}$ とを併せた形になっているので，この基本解 $u(x,\ t) = A\cos(\kappa x - \omega t)$ について，分散関係の式 $v = \dfrac{\omega}{\kappa}$ が与えられても，この v はもはや定数ではないことに気を付けよう。つまり，ω と κ に，$\omega = v_0\kappa$ (v_0：定数) のような比例関係はないんだね。

解答＆解説

$u_{tt} = -\omega_0{}^2 u + v_0{}^2 u_{xx}$ ……① ($\omega_0,\ v_0$：正の定数)

の基本解 (波動成分の1つ) を

$u(x,\ t) = A\cos(\kappa x - \omega t)$ ……② (A：定数) とおく。

（この κ が波数，ω が角振動数を表す。）

（①式で，ω_0 や v_0 は角振動数や位相速度ではなくて，ある定数であることに気を付けよう。）

②を t で2階，x で2階それぞれ微分すると，

・$u_t = A\cdot(-1)\sin(\kappa x - \omega t)\cdot(-\omega) = A\omega\sin(\kappa x - \omega t)$

　$u_{tt} = A\omega\cos(\kappa x - \omega t)\cdot(-\omega) = -A\omega^2\cos(\kappa x - \omega t)$ ……②′

・$u_x = A\cdot(-1)\sin(\kappa x - \omega t)\cdot\kappa = -A\kappa\sin(\kappa x - \omega t)$

　$u_{xx} = -A\kappa\cos(\kappa x - \omega t)\cdot\kappa = -A\kappa^2\cos(\kappa x - \omega t)$ ………②″ となる。

②，②′，②″ を①に代入して，

$$-A\omega^2\cos(\kappa x-\omega t) = -\omega_0^2\cdot A\cos(\kappa x-\omega t)+v_0^2\cdot(-A)\kappa^2\cos(\kappa x-\omega t) \cdots\cdots③$$

（u_{tt}）　（u）　（u_{xx}）

となる。③の両辺を $A\cos(\kappa x-\omega t)$ で割ると，

$-\omega^2=-\omega_0^2-v_0^2\kappa^2$ となる。この両辺に -1 をかけて，

ω（角振動数）と κ（波数）の関係式が次のように求められる。

$\omega^2=\omega_0^2+v_0^2\kappa^2$ ……④　（ω_0，v_0：正の定数）……………………………（答）

$\omega>0$ より，④より，

$\omega=\sqrt{\omega_0^2+v_0^2\kappa^2}$ ……④′ となる。

もはや，$\omega=v_0\kappa$（v_0：定数）の関係，すなわち，分散のない形ではない。

よって，②の波動成分の位相速度 v は，

$$v=\frac{\omega}{\kappa}=\frac{\sqrt{\omega_0^2+v_0^2\kappa^2}}{\kappa} \quad (④' より)$$

$\therefore v=\sqrt{\dfrac{\omega_0^2}{\kappa^2}+v_0^2}$ ……⑤ となる。……………………………………………（答）

これが，"分散がある" 場合の1例である。

次に，$\omega_0=100$，$v_0=3$，$\kappa=25$ のとき，⑤より，この波動成分の位相速度 v を求めると，

$v=\sqrt{\dfrac{100^2}{25^2}+3^2}=\sqrt{16+9}=\sqrt{25}=5$ (m/s) となる。……………………（答）

$\left(\dfrac{100}{25}\right)^2=4^2=16$

演習問題 43　● 分散がある場合のωとκの関係（I）●

変位 $u(x,\ t)$ の微分方程式：

$u_{tt}=-\omega_0^2u+v_0^2u_{xx}$　(ω_0, v_0：正の定数）の

基本解（波動成分）$u(x,\ t)=A\cos(\kappa x-\omega t)$ の ω（角振動数）と

κ（波数）の関係は，$\omega^2=\omega_0^2+v_0^2\kappa^2$ ……① で与えられる。

(1) κ と ω の関係を $\kappa\omega$ 平面上にグラフで示せ。

(2) κ と v の関係を κv 平面上にグラフで示せ。

(3) ω と v の関係を ωv 平面上にグラフで示せ。

ヒント！ (1) 分散がある場合のωとκの関係式①は，上下の双曲線の1部になる。(2), (3) では，$v=\dfrac{\omega}{\kappa}$ の関係式を基にそれぞれのグラフを描いていこう。

解答＆解説

(1) $\omega^2=\omega_0^2+v_0^2\kappa^2$ ……① (ω_0, v_0：正の定数）を変形して，

$v_0^2\kappa^2-\omega^2=-\omega_0^2$　両辺を ω_0^2 で割って，

$$\frac{\kappa^2}{\left(\frac{\omega_0}{v_0}\right)^2}-\frac{\omega^2}{\omega_0^2}=-1 \quad \cdots\cdots② \quad (\kappa>0,\ \omega>0)$$

となる。このグラフを右に示す。……（答）

$\dfrac{x^2}{a^2}-\dfrac{y^2}{b^2}=-1$ は，漸近線 $y=\pm\dfrac{b}{a}x$ をもつ，上下の双曲線になる。

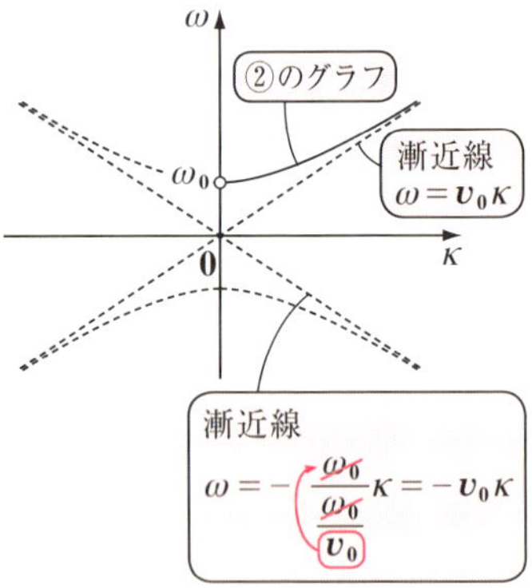

(2) $v=\dfrac{\omega}{\kappa}$ ……③ に，

$\omega=\sqrt{\omega_0^2+v_0^2\kappa^2}$ ……①′ ($\because\ \omega>0$) を

代入すると，

$$v=\frac{\sqrt{\omega_0^2+v_0^2\kappa^2}}{\kappa}=\sqrt{\frac{\omega_0^2}{\kappa^2}+v_0^2} \quad \cdots\cdots④$$

（κ^2 大 → 小）

となって，κ と v の関係式が導ける。

$\kappa>0$ で，④より，κ が増加すると，v は単調に減少する。

また，**2** つの極限を求めると，

$$\cdot \lim_{\kappa \to +0} v = \lim_{\kappa \to +0} \sqrt{\frac{\omega_0^2}{\kappa^2} + v_0^2} = \infty$$

$$\cdot \lim_{\kappa \to +\infty} v = \lim_{\kappa \to +\infty} \sqrt{\frac{\omega_0^2}{\kappa^2} + v_0^2} = v_0$$

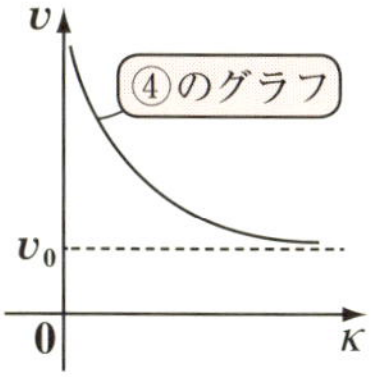

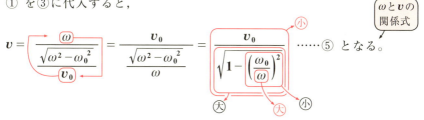

以上より，κ と v の関係式④をグラフで表すと，上図のようになる。……(答)

(3) ①より，$\kappa^2 = \dfrac{\omega^2 - \omega_0^2}{v_0^2}$　$\therefore \kappa = \dfrac{\sqrt{\omega^2 - \omega_0^2}}{v_0}$ ……①′ となる。

①′を③に代入すると，

$$v = \frac{\omega}{\dfrac{\sqrt{\omega^2 - \omega_0^2}}{v_0}} = \frac{v_0}{\dfrac{\sqrt{\omega^2 - \omega_0^2}}{\omega}} = \frac{v_0}{\sqrt{1 - \left(\dfrac{\omega_0}{\omega}\right)^2}} \quad \cdots\cdots ⑤$$ となる。

（ω と v の関係式）

⑤の分母の $\sqrt{\ }$ 内は正より，$\dfrac{\omega_0}{\omega} < 1$　$\therefore \omega > \omega_0$ となる。

ω が増加すると，⑤の分母も増加するので，v は単調に減少する。

また，**2** つの極限を求めると，

$$\cdot \lim_{\omega \to \omega_0 + 0} v = \lim_{\omega \to \omega_0 + 0} \frac{v_0}{\sqrt{1 - \left(\dfrac{\omega_0}{\omega}\right)^2}} = \frac{v_0}{+0} = \infty$$

$$\cdot \lim_{\omega \to +\infty} v = \lim_{\omega \to +\infty} \frac{v_0}{\sqrt{1 - \left(\dfrac{\omega_0}{\omega}\right)^2}} = v_0$$

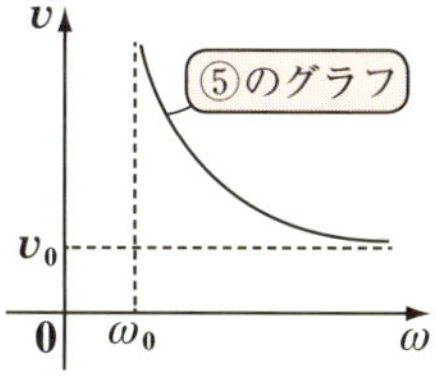

以上より，ω と v の関係式⑤をグラフで表すと，右図のようになる。

………(答)

演習問題 44 ● 分散がある場合の ω と κ の関係 (II) ●

分散がある場合の角振動数 ω と波数 κ の関係式：

$\omega^2 = \omega_0{}^2 + v_0{}^2\kappa^2$ ……① $(\omega > 0,\ \kappa > 0)$ がある。

$\omega_0 = \sqrt{10}$，$v_0 = \sqrt{3}$ のとき，次の各問いに答えよ。

(1) 位相速度 $v = \dfrac{\omega}{\kappa}$ を κ の式で表し，κv 平面上にそのグラフを示せ。

(2) 群速度 $v_g = \dfrac{d\omega}{d\kappa}$ を κ の式で表し，κv_g 平面上にそのグラフを示せ。

ヒント！ 分散がある場合の ω と κ の関係式①から，(1) では位相速度 v を，(2) では群速度 v_g を κ の関数で表して，そのグラフを求めよう。その結果，$v_g < v_0 < v$ の関係があること，また，$\lim_{\kappa\to\infty} v = \lim_{\kappa\to\infty} v_g = v_0$ となることも分かるはずだ。

解答＆解説

①に，$\omega_0 = \sqrt{10}$，$v_0 = \sqrt{3}$ を代入して，

$\omega^2 = 10 + 3\kappa^2$　　$\therefore \omega = \sqrt{10 + 3\kappa^2}$ ……①′ $(\because \omega > 0)$

(1) 位相速度 $v = \dfrac{\omega}{\kappa}$ ……② について，②に①′を代入すると，

$$v = \frac{\sqrt{10+3\kappa^2}}{\kappa} = \sqrt{\frac{10}{\kappa^2} + 3}$$ ……③ $(\kappa > 0)$ となる。……………………(答)

v は，κ が増加するとき，単調に減少する。また，

$\kappa \to$ ㊅ のとき，$v = \sqrt{\dfrac{10}{\kappa^2} + 3}$（$\dfrac{10}{\kappa^2}$ → ㊇）

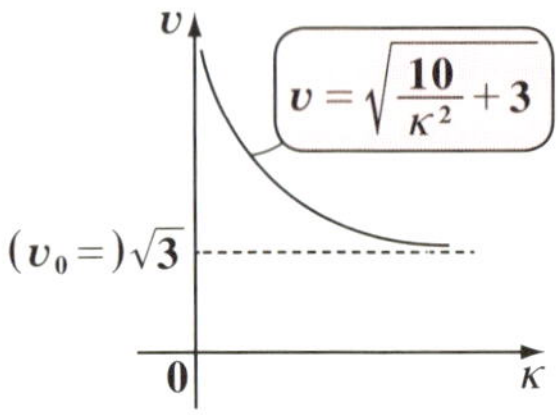

$\cdot \displaystyle\lim_{\kappa\to+0} v = \lim_{\kappa\to+0} \sqrt{\frac{10}{\kappa^2} + 3} = \infty$（$\dfrac{10}{\kappa^2} \to \infty$）

$\cdot \displaystyle\lim_{\kappa\to+\infty} v = \lim_{\kappa\to+\infty} \sqrt{\frac{10}{\kappa^2} + 3} = \sqrt{3}\quad (= v_0)$（$\dfrac{10}{\kappa^2} \to 0$）

よって，κv 平面上に③のグラフを描くと，上図のようになる。………(答)

(2) 群速度 $v_g = \dfrac{d\omega}{d\kappa}$ ……④ を求めるために，

①´の ω を κ で微分すると，　（$10+3\kappa^2 = y$ とおいて，合成関数の微分をした。）

$$\frac{d\omega}{d\kappa} = \frac{d}{d\kappa}\left\{(10+3\kappa^2)^{\frac{1}{2}}\right\} = \frac{1}{2}(10+3\kappa^2)^{-\frac{1}{2}}\cdot 6\kappa = \frac{3\kappa}{\sqrt{10+3\kappa^2}} = \frac{3}{\dfrac{\sqrt{10+3\kappa^2}}{\kappa}}$$

よって，④より，v_g は，$v_g = \dfrac{3}{\sqrt{\dfrac{10}{\kappa^2}+3}}$ ……⑤ $(\kappa > 0)$ となる。……(答)

v_g は，κ が増加するとき，単調に増加する。また，

（$\kappa \to$ ㊅ のとき，$v_g = \dfrac{3}{\sqrt{\dfrac{10}{\kappa^2}+3}}$　分母 → ㊅，$\dfrac{10}{\kappa^2}$ → ㊀）

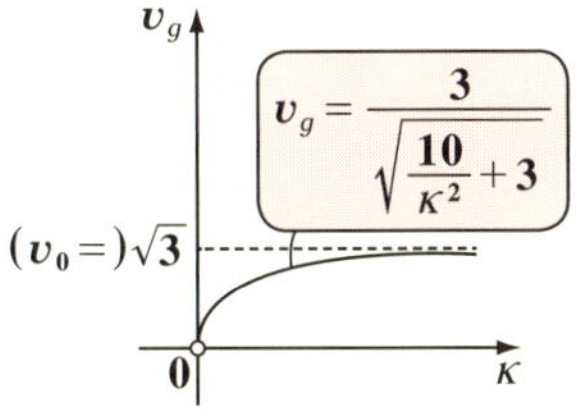

$$\cdot \lim_{\kappa\to+0} v_g = \lim_{\kappa\to+0} \frac{3}{\sqrt{\dfrac{10}{\kappa^2}+3}} = \frac{1}{\infty} = \infty$$

（$\dfrac{10}{\kappa^2} \to \infty$）

$$\cdot \lim_{\kappa\to+\infty} v_g = \lim_{\kappa\to+\infty} \frac{3}{\sqrt{\dfrac{10}{\kappa^2}+3}} = \frac{3}{\sqrt{3}} = \sqrt{3}\ (= v_0)$$

（$\dfrac{10}{\kappa^2} \to 0$）

よって，κv_g 平面上に⑤のグラフを描くと，上図のようになる。………(答)

参考

以上 (1), (2) のグラフから，常に
$v_g < v_0 < v$ が成り立つこと，また，
$\kappa \to +\infty$ のとき，v_g と v は共に v_0 に収束すること，つまり
$\displaystyle\lim_{\kappa\to+\infty} v = \lim_{\kappa\to+\infty} v_g = v_0$ となることが分かるんだね。

演習問題 45　● 分散がある場合の ω と κ の関係 (Ⅲ) ●

分散がある場合の角振動数 ω と波数 κ の関係式：

$\omega = \sqrt{10+2\kappa^2}$ ……① $(\omega > 0,\ \kappa > 0)$ がある。

κ が，$\kappa_1 = 1$，$\kappa_2 = 2$，$\kappa_3 = 3$ のときの ω の値 ω_1，ω_2，ω_3 を順に求め，それぞれの位相速度を順に求めよ。

これら 3 つの波動成分の重ね合わせによる波動の変位 $u(x,\ t)$ が，

$u(x,\ t) = C\cdot\cos(\kappa_1 x - \omega_1 t) + C\cdot\cos(\kappa_2 x - \omega_2 t) + C\cdot\cos(\kappa_3 x - \omega_3 t)$ …②

$(C$：定数$)$ で与えられている。時刻 $t = 0,\ 1,\ 2,\ 3$ (秒) におけるこの波動のグラフを描け。

ヒント！ ①の κ に，$\kappa_1 = 1$，$\kappa_2 = 2$，$\kappa_3 = 3$ を代入して，順に ω_1，ω_2，ω_3 を求め，また，それぞれの位相速度を，$v_1 = \frac{\omega_1}{\kappa_1}$，$v_2 = \frac{\omega_2}{\kappa_2}$，$v_3 = \frac{\omega_3}{\kappa_3}$ で求めればよい。これら 3 つの波動成分を重ね合わせた波動 $u(x,\ t)$ のグラフは，コンピュータを利用して示す。手計算で描くことは難しいと思うけれど，これにより波形が分散していく様子が分かるんだね。

解答＆解説

$\omega = \sqrt{10+2\kappa^2}$ ……① に，

波数 $\kappa = \kappa_1 = 1$，$\kappa = \kappa_2 = 2$，$\kappa = \kappa_3 = 3$ を順に代入して，

角振動数 ω_1，ω_2，ω_3 を順に求めると，

$\omega_1 = \sqrt{10+2\cdot1^2} = \sqrt{12} = 2\sqrt{3}$，$\omega_2 = \sqrt{10+2\cdot2^2} = \sqrt{18} = 3\sqrt{2}$，

$\omega_3 = \sqrt{10+2\cdot3^2} = \sqrt{28} = 2\sqrt{7}$ となる。 ……………………………………(答)

また，それぞれの位相速度 v_1，v_2，v_3 は，

$v_1 = \frac{\omega_1}{\kappa_1} = \frac{2\sqrt{3}}{1} = 2\sqrt{3}$，$v_2 = \frac{\omega_2}{\kappa_2} = \frac{3\sqrt{2}}{2}$，$v_3 = \frac{\omega_3}{\kappa_3} = \frac{2\sqrt{7}}{3}$ となる。……(答)

（$2\sqrt{3} \fallingdotseq 3.46$，$\frac{3\sqrt{2}}{2} \fallingdotseq 2.12$，$\frac{2\sqrt{7}}{3} \fallingdotseq 1.76$）

$\omega = \sqrt{10+2\kappa^2}$ （$10 = \omega_0^2$，$2 = v_0^2$）$(v_0 = \sqrt{2})$ より，このまま κ を大きくしていって，$\kappa \to \infty$ とすると，

$\lim_{\kappa\to\infty} \frac{\omega}{\kappa} = \lim_{\kappa\to\infty} \sqrt{\frac{10}{\kappa^2}+2} = \sqrt{2}$ $(= v_0 \fallingdotseq 1.41)$ に近づいていく。

$\kappa_1 = 1$，$\omega_1 = 2\sqrt{3}$，$\kappa_2 = 2$，$\omega_2 = 3\sqrt{2}$，$\kappa_3 = 3$，$\omega_3 = 2\sqrt{7}$ を②に代入すると，

$u(x,\ t) = C\cdot\cos\left(x - 2\sqrt{3}\,t\right) + C\cdot\cos\left(2x - 3\sqrt{2}\,t\right) + C\cdot\cos\left(3x - 2\sqrt{7}\,t\right)$ ……②´

となる。

ここで，$t = 0$，1，2，3 のときの，②´のグラフを描くと，下図のようになる。

………(答)

(i) $t = 0$ のとき

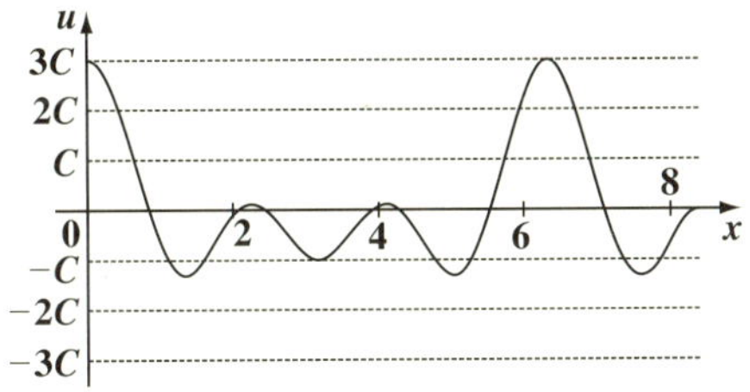

(ii) $t = 1$ のとき

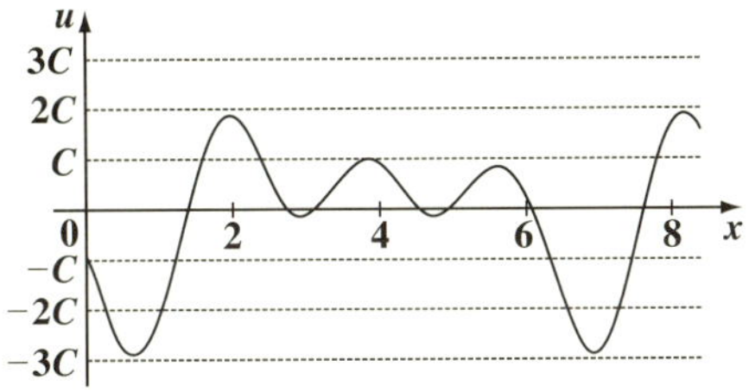

(iii) $t = 2$ のとき

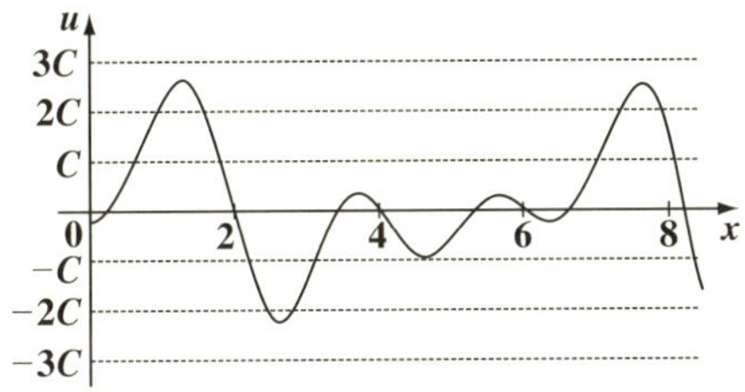

(iv) $t = 3$ のとき

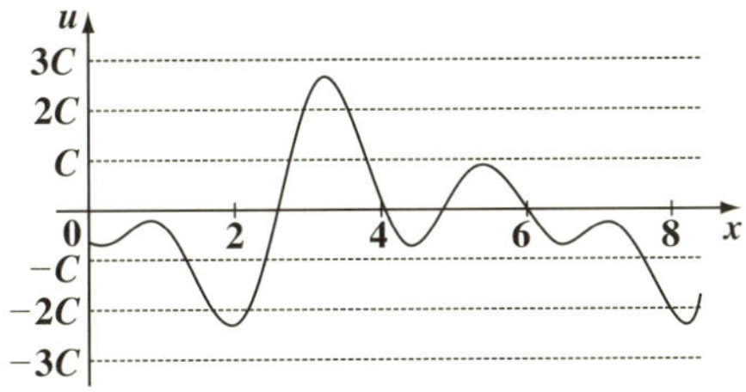

$t = 0$ のときは，$u(x,\ 0) = C(\cos x + \cos 2x + \cos 3x)$ より，比較的規則的な波形をしている。しかし，$t = 1$，2，3 のとき，それぞれの波動成分の角振動数が $\omega_1 = 2\sqrt{3}$，$\omega_2 = 3\sqrt{2}$，$\omega_3 = 2\sqrt{7}$ と異なるので，波形が分散して，規則的な波形にはならないことが分かる。

演習問題 46　● 波の反射 (I) ●

$x=0$ を固定端とする弦 $(x \leqq 0)$ における波の反射の方程式：

$u(x,\ t)=f(x-t)-f(-x-t)$ ………① $(x \leqq 0,\ -\infty < t < \infty)$ が

与えられている。①について，

・進行波 $f(x-t)=\sin(x-t)$ ………②

$(t \leqq x \leqq t+\pi)$

・後退波 $-f(-x-t)=-\sin(-x-t)$

$=\sin(x+t)$ ……③

$(-t-\pi \leqq x \leqq -t)$

(i) $t<-\pi$ のときの様子

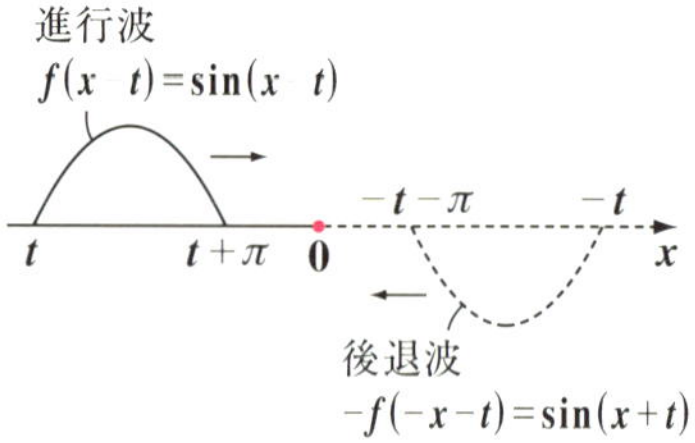

とする。ここで，(i) $t<-\pi$，(ii) $t=-\pi$，(iii) $t=-\frac{3}{4}\pi$，(iv) $t=-\frac{\pi}{2}$，(v) $t=-\frac{\pi}{4}$，(vi) $t=0$，(vii) $t>0$ のとき，弦 $(x \leqq 0)$ における入射波と反射波の様子を図示せよ。

ヒント！ 実際に，弦は $x \leqq 0$ の範囲にしか存在しないので，$x \leqq 0$ における波を実在波として実線で示し，$x>0$ における波を仮想波として点線で表すことにしよう。すると，(i) $t<-\pi$ では，$f(x-t)=\sin(x-t)$ が実在波として，$x=0$ に向かって入射し，(vii) $t>0$ では，$-f(-x-t)$ が実在波として，$x=0$ から負の向きに向かって反射していく。その間，2つの波の重ね合わせにより，入射波から反射波にどのように変化していくかを実際にグラフを描くことによって調べてみよう。

解答＆解説

$x=0$ を固定端とする弦 $(x \leqq 0)$ における波の反射の方程式：

$u(x,\ t)=f(x-t)-f(-x-t)$ ……① ← 一般の固定端の反射の式 $u(x,\ t)=f(x-vt)-f(-x-vt)$ の $v=1$ の場合の式

について，

・$f(x-t)=\sin(x-t)$ ………………② ← 進行波

$(t \leqq x \leqq t+\pi)$

・$-f(-x-t)=-\sin(-x-t)=\sin(x+t)$ ……③ のとき， ← 後退波

$(-t-\pi \leqq x \leqq -t)$

弦は，実際に $x \leqq 0$ においてしか存在しないので，$x \leqq 0$ における波を実在波

として実線で示し，$x>0$ における波は仮想波として点線で示す。

(i) $t<-\pi$，(ii) $t=-\pi$，(iii) $t=-\dfrac{3}{4}\pi$，(iv) $t=-\dfrac{\pi}{2}$，(v) $t=-\dfrac{\pi}{4}$，(vi) $t=0$，

(vii) $t>0$ の各場合について，弦の入射と反射の様子を図示する。

(i) $t<-\pi$ のとき

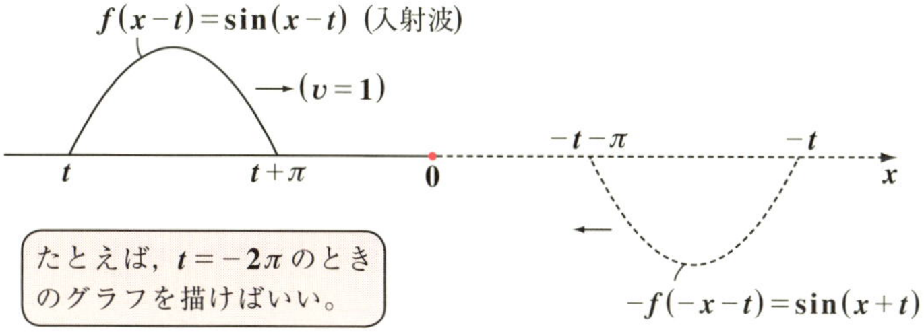

………(答)

(ii) $t=-\pi$ のとき

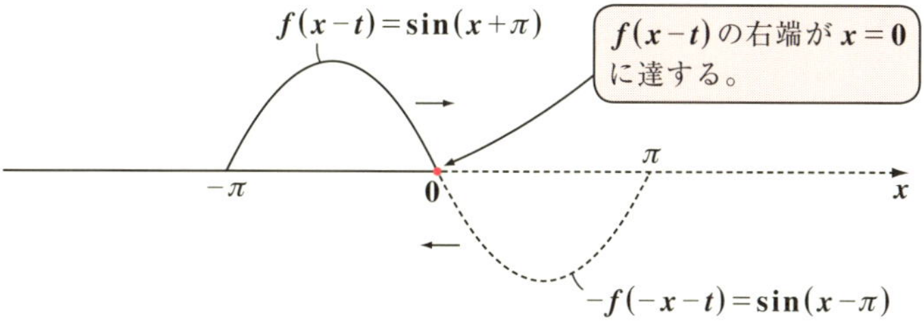

………(答)

(iii) $t=-\dfrac{3}{4}\pi$ のとき

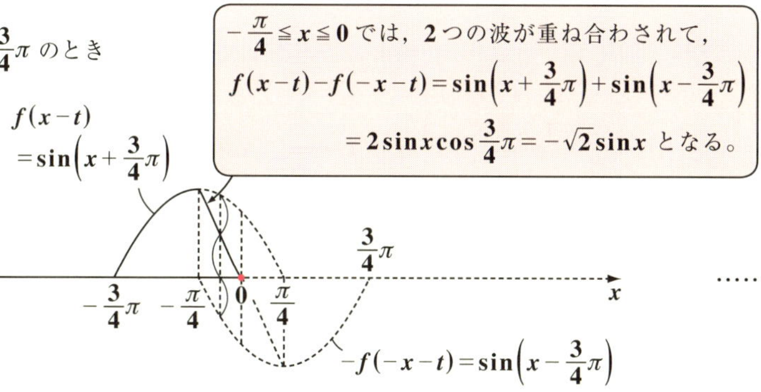

………(答)

(iv) $t = -\frac{\pi}{2}$ のとき

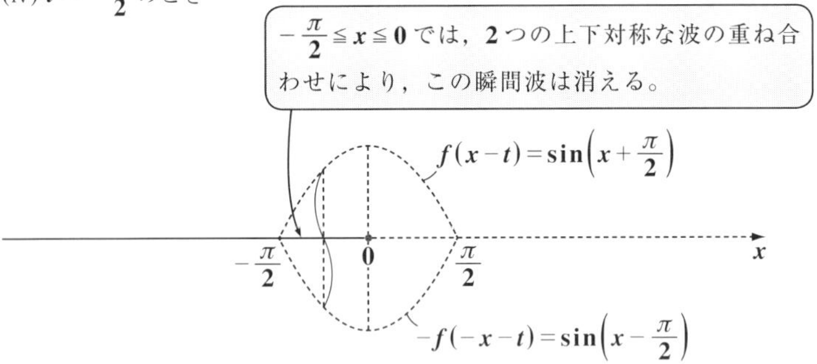

………(答)

(v) $t = -\frac{\pi}{4}$ のとき

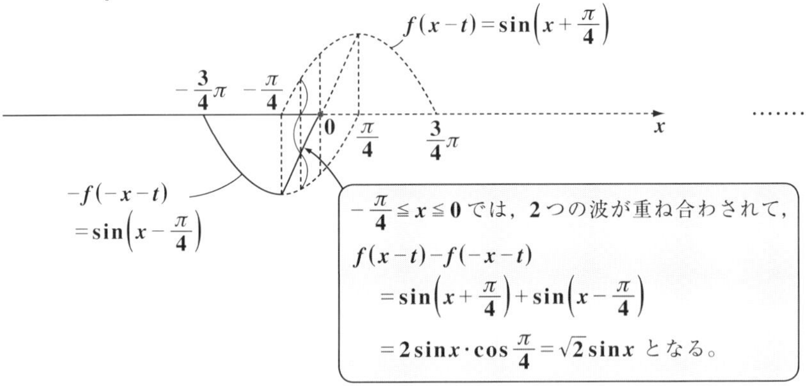

………(答)

(vi) $t = 0$ のとき

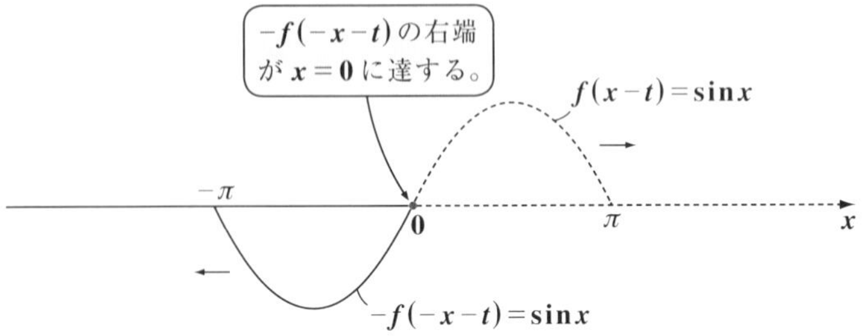

………(答)

(vii) $t>0$ のとき

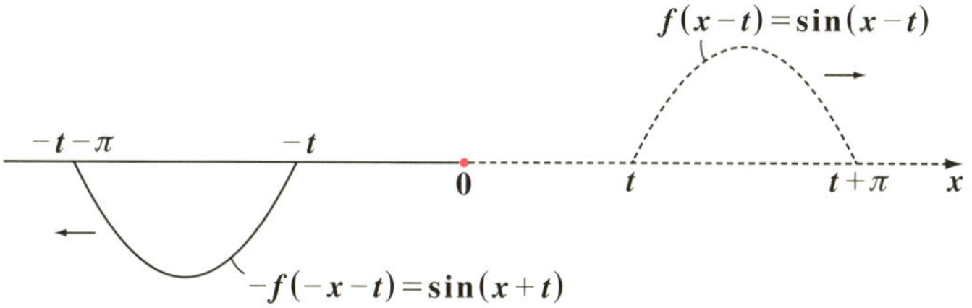

………(答)

たとえば，$t=\pi$ のときのグラフを描けばいい。

参考

実在波のみのグラフを示すと，以下のようになるんだね。

(i) $t<-\pi$ のとき

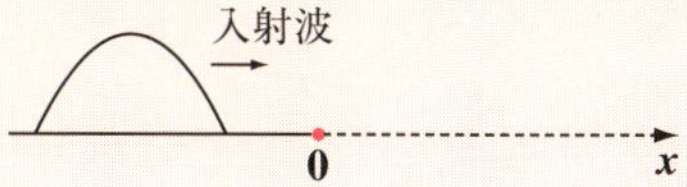

(ii) $t=-\pi$ のとき

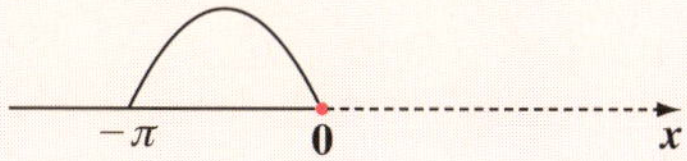

(iii) $t=-\frac{3}{4}\pi$ のとき

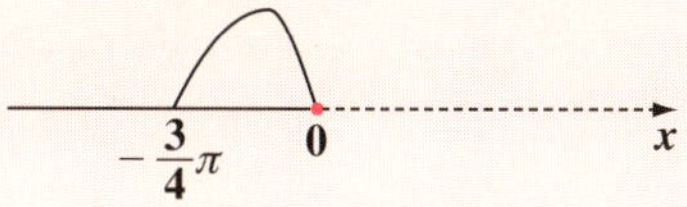

(iv) $t=-\frac{\pi}{2}$ のとき

(v) $t=-\frac{\pi}{4}$ のとき

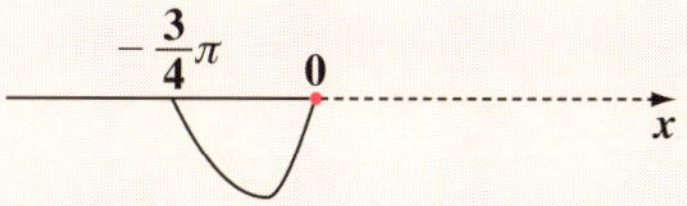

(vi) $t=0$ のとき

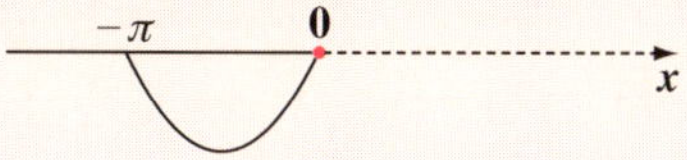

(vii) $t>0$ のとき

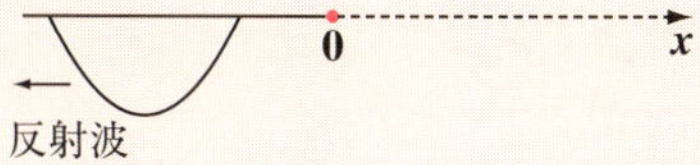

演習問題 47　● 波の反射 (Ⅱ) ●

$x=0$ を自由端とする弦 $(x \leqq 0)$ における波の反射の方程式：

$u(x,\ t)=f(x-t)+f(-x-t)$ ………① $(x \leqq 0,\ -\infty < t < \infty)$ が

与えられている。①について，

・進行波 $f(x-t)=\sin(x-t)$ ………②

$(t \leqq x \leqq t+\pi)$

・後退波 $f(-x-t)=\sin(-x-t)$

$=-\sin(x+t)$……③

$(-t-\pi \leqq x \leqq -t)$

(ⅰ) $t<-\pi$ のときの様子

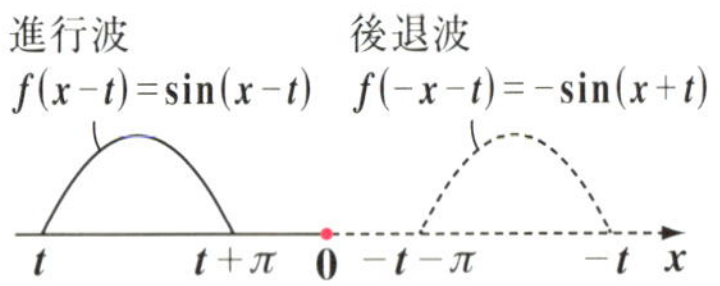

とする。ここで，(ⅰ) $t<-\pi$，(ⅱ) $t=-\pi$，(ⅲ) $t=-\dfrac{3}{4}\pi$，(ⅳ) $t=-\dfrac{\pi}{2}$，(ⅴ) $t=-\dfrac{\pi}{4}$，(ⅵ) $t=0$，(ⅶ) $t>0$ のとき，弦 $(x \leqq 0)$ における入射波と反射波の様子を図示せよ。

ヒント！ 演習問題 46 と同様の問題であるが，今回の弦 $(x \leqq 0)$ の端点 $(x=0)$ は自由端になっているため，波の入射・反射の方程式は，$u(x,\ t)=f(x-vt)+f(-x-vt)$ となる。①式は，この方程式の $v=1$ の場合を表している。今回も，弦は $x \leqq 0$ にしか存在していないので，$x \leqq 0$ の範囲に存在する波を実在波として実線で示し，$x>0$ における波を仮想波として点線で表すことにしよう。入・反射の様子が，固定端と自由端で具体的にどう変わるのか，前問と比較してみよう。

解答＆解説

$x=0$ を自由端とする弦 $(x \leqq 0)$ における波の反射の方程式：

$u(x,\ t)=f(x-t)+f(-x-t)$ ……① ← $v=1$ の場合

について，

・進行波 $f(x-t)=\sin(x-t)$ ……………………………②

$(t \leqq x \leqq t+\pi)$

・後退波 $f(-x-t)=\sin(-x-t)=-\sin(x+t)$ ……③ のとき，

$(-t-\pi \leqq x \leqq -t)$

弦は，実際に $x \leqq 0$ においてしか存在しないので，$x \leqq 0$ における波を実在波

として実線で示し，$x>0$ における波は仮想波として点線で示す。

(i) $t<-\pi$，(ii) $t=-\pi$，(iii) $t=-\frac{3}{4}\pi$，(iv) $t=-\frac{\pi}{2}$，(v) $t=-\frac{\pi}{4}$，(vi) $t=0$，

(vii) $t>0$ の各場合について，弦の入射と反射の様子を図示する。

(i) $t<-\pi$ のとき

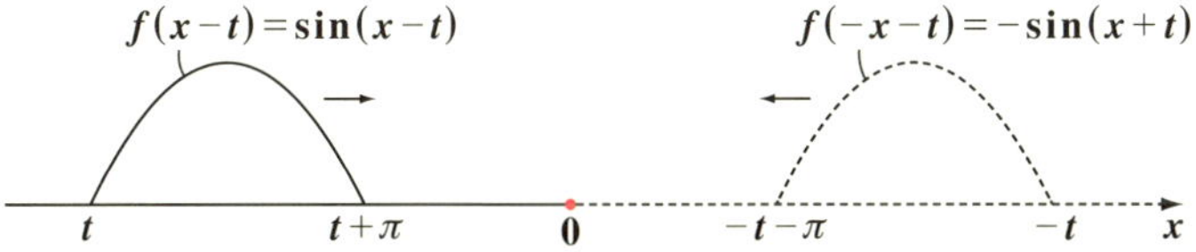

………(答)

たとえば，$t=-2\pi$ のときのグラフを描けばいい。

(ii) $t=-\pi$ のとき

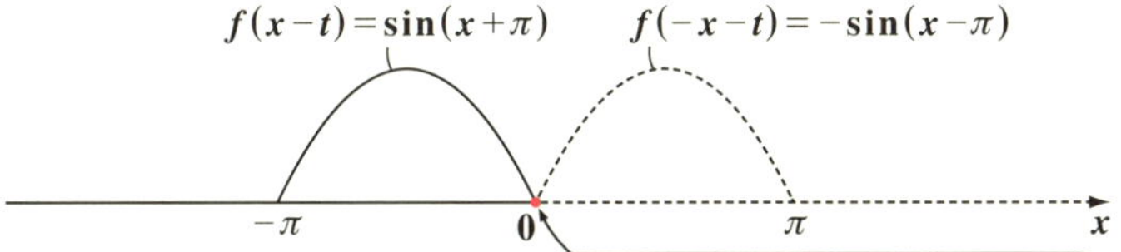

………(答)

$f(x-t)$ の右端が $x=0$ に達する。

(iii) $t=-\frac{3}{4}\pi$ のとき

$-\frac{\pi}{4}\leqq x\leqq 0$ では，2つの波が重ね合わされて，

$f(x-t)+f(-x-t)=\sin\left(x+\frac{3}{4}\pi\right)-\sin\left(x-\frac{3}{4}\pi\right)$

$=2\cos x\sin\frac{3}{4}\pi=\sqrt{2}\cos x$ となる。

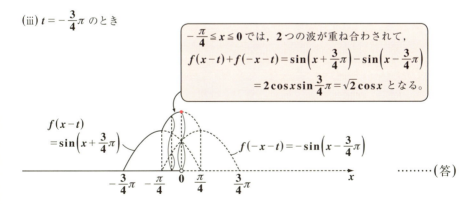

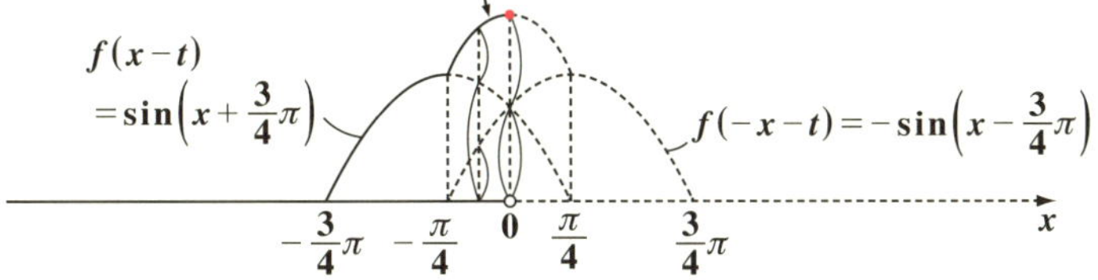

………(答)

(iv) $t=-\dfrac{\pi}{2}$ のとき

$-\dfrac{\pi}{2} \leqq x \leqq 0$ では，2つの波動が重ね合わされて，

$f(x-t)+f(-x-t)=\sin\left(x+\dfrac{\pi}{2}\right)-\sin\left(x-\dfrac{\pi}{2}\right)$

$=2\cos x \cdot \sin\dfrac{\pi}{2}=2\cos x$ となる。

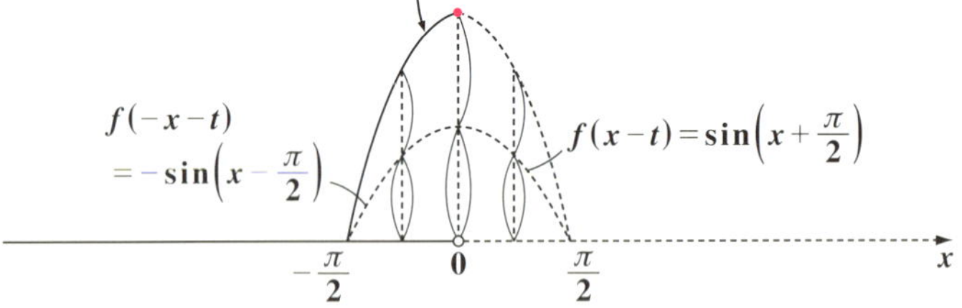

………(答)

(v) $t=-\dfrac{\pi}{4}$ のとき

$-\dfrac{\pi}{4} \leqq x \leqq 0$ では，2つの波動が重ね合わされて，

$f(x-t)+f(-x-t)=\sin\left(x+\dfrac{\pi}{4}\right)-\sin\left(x-\dfrac{\pi}{4}\right)$

$=2\cos x \cdot \sin\dfrac{\pi}{4}=\sqrt{2}\cos x$ となる。

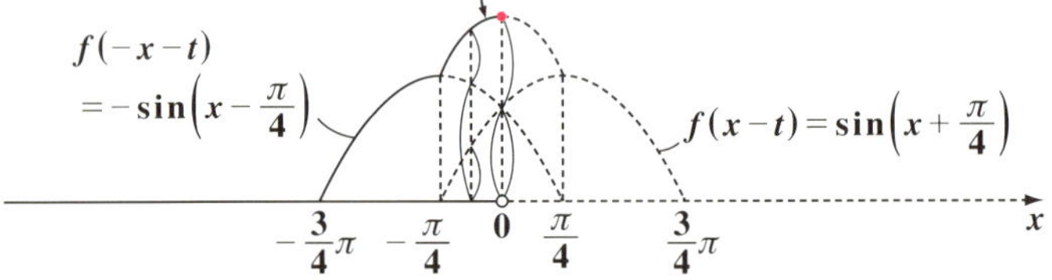

………(答)

(vi) $t=0$ のとき

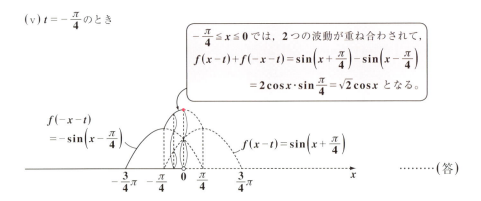

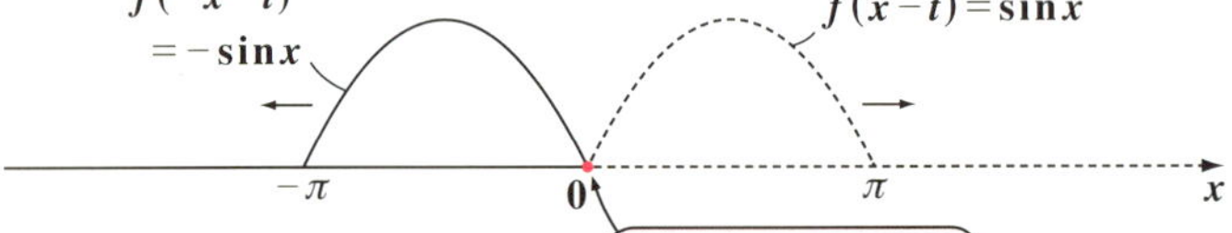

………(答)

$f(-x-t)$ の右端が
$x=0$ に達する。

(vii) $t > 0$ のとき

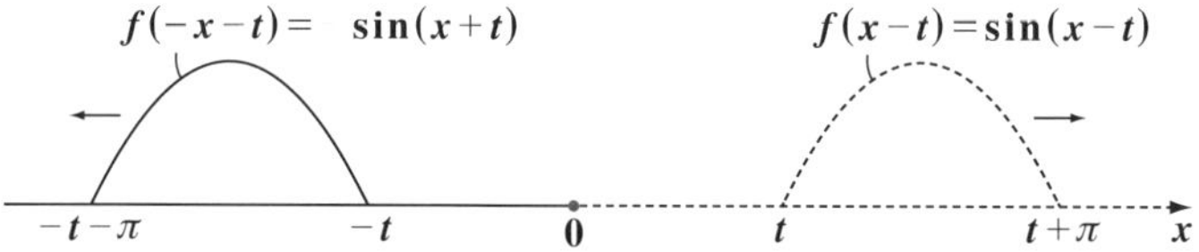

………(答)

たとえば，$t = \pi$ のときのグラフを描けばいい。

参考

実在波のみのグラフを示すと，以下のようになるんだね。

(i) $t < -\pi$ のとき

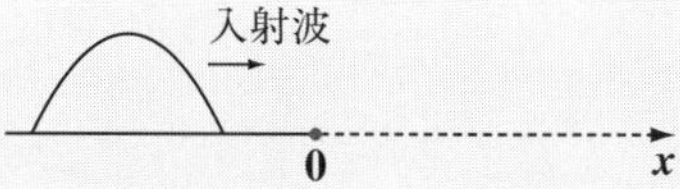

(ii) $t = -\pi$ のとき

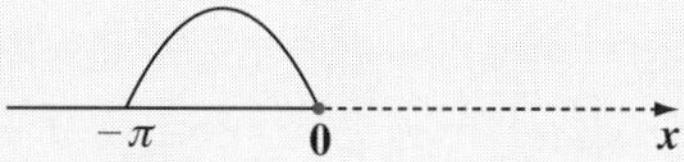

(iii) $t = -\frac{3}{4}\pi$ のとき

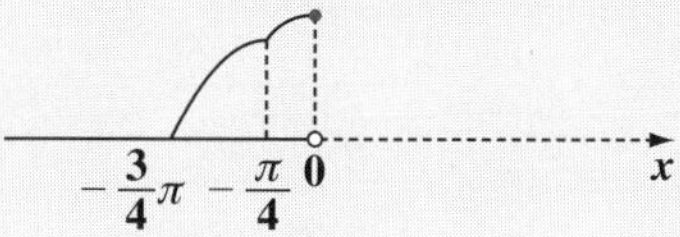

(iv) $t = -\frac{\pi}{2}$ のとき

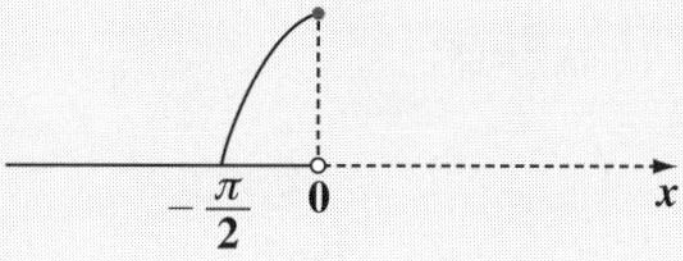

(v) $t = -\frac{\pi}{4}$ のとき

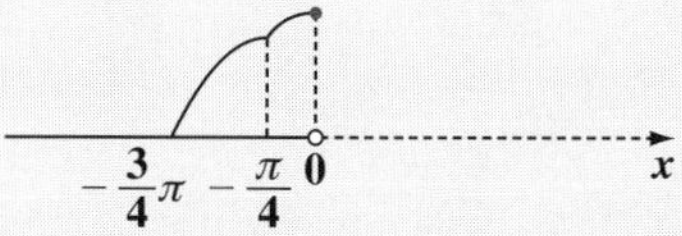

(vi) $t = 0$ のとき

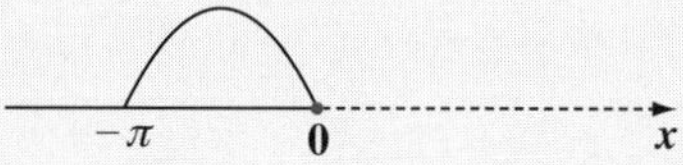

(vii) $t > 0$ のとき

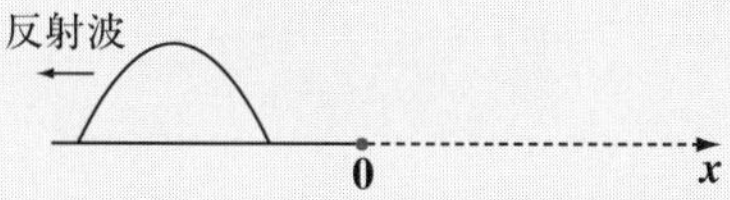

演習問題 48 ●波の反射 (Ⅲ)●

右図に示すように、$x=0$ を端点とし、$x<0$ に張った弦を、$t<0$ のとき、端点に向けて速度 $v=\pi$ で進行する波（入射波）$f(x-\pi t)=\sin(x-\pi t)$ $(x<0, t<0)$ がある。

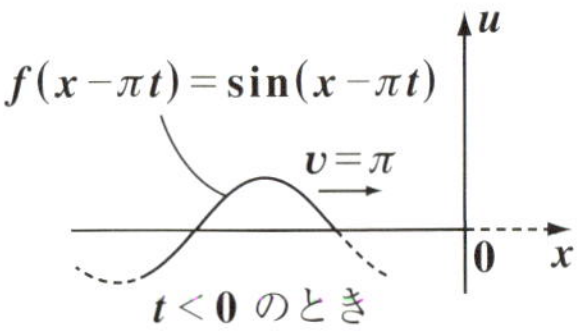

(1) 端点が固定端であるとき、$t \gg 0$ における入射波と反射波の合成波を求めよ。

(2) 端点が自由端であるとき、$t \gg 0$ における入射波と反射波の合成波を求めよ。

ヒント！ (1) $x=0$ が固定端であるとき、入射波 $f(x-\pi t)$ に対する反射波は $-f(-x-\pi t)$ であり、その合成波 $u(x, t)$ は、$u(x, t) = f(x-\pi t) - f(-x-\pi t)$ となる。同様に、(2) $x=0$ が自由端であるときは、入射波とその反射波の合成波 $u(x, t)$ は、$u(x, t) = f(x-\pi t) + f(-x-\pi t)$ になるんだね。

解答 & 解説

(1) $t<0$ のとき、$x<0$ において張られた弦を、端点 $x=0$ に向けて進行してきた入射波が、$f(x-\pi t)=\sin(x-\pi t)$ であるとき、$t>0$ における、その反射波は、$-f(-x-\pi t) = -\sin(-x-\pi t) = \sin(x+\pi t)$ となる。

$-\sin(x+\pi t)$ ← 公式：$\sin(-\theta) = -\sin\theta$

よって、時刻 t が十分経過した、すなわち $t \gg 0$ における、これら入射波と反射波の合成波を $u(x, t)$ とおくと、

$$u(x, t) = f(x-\pi t) - f(-x-\pi t)$$

$\underbrace{\sin(x-\pi t)}$ $\underbrace{+\sin(x+\pi t)}$

$= \underbrace{\sin(x-\pi t)}_{\text{進行波（入射波）}} + \underbrace{\sin(x+\pi t)}_{\text{後退波（反射波）}}$

和→積の公式
$\sin(\alpha-\beta) + \sin(\alpha+\beta) = 2\sin\alpha\cos\beta$

$= \underbrace{2\sin x}_{\text{振幅}A(x)\text{を表す部分}} \cdot \underbrace{\cos\pi t}_{\text{周期}T=2\text{で振動する部分}}$ ……① となる。………………（答）

①のグラフを右に示す。

（進行波（入射波）と後退波（反射波）の和によってできる波は右図のような定在波になる。）

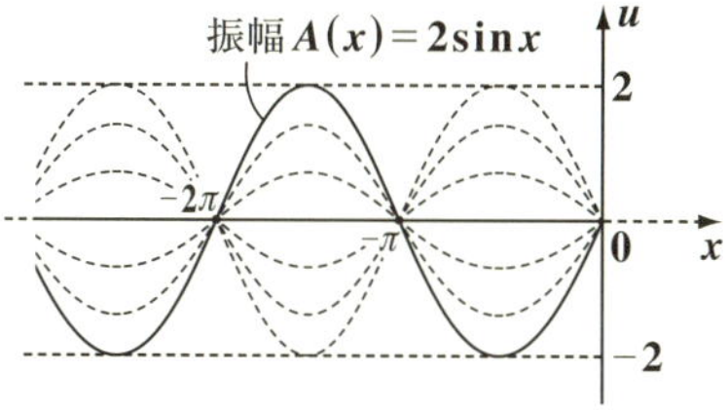

(2) $t<0$ のとき，$x<0$ において張られた弦を，自由端 $x=0$ に向けて進行してきた入射波が，$f(x-\pi t)=\sin(x-\pi t)$ であるとき，$t>0$ における，その反射波は，$f(-x-\pi t)=\sin(-x-\pi t)=-\sin(x+\pi t)$ となる。

よって，時刻 t が十分に経過した，すなわち $t\gg 0$ における，これら入射波と反射波の合成波を $u(x,\ t)$ とおくと，

$$u(x,\ t)=\underbrace{f(x-\pi t)}_{\sin(x-\pi t)}+\underbrace{f(-x-\pi t)}_{-\sin(x+\pi t)}$$

$$=\underbrace{\sin(x-\pi t)}_{\text{進行波（入射波）}}\underbrace{-\sin(x+\pi t)}_{\text{後退波（反射波）}}$$

差→積の公式
$\sin(\alpha-\beta)-\sin(\alpha+\beta)$
$=-2\cos\alpha\sin\beta$

$$=\underbrace{-2\cos x}_{\text{振幅 }A(x)\text{ を表す部分}}\cdot\underbrace{\sin\pi t}_{\text{周期 }T=2\text{ で振動する部分}}$$ ……② となる。……………………………（答）

②のグラフを右に示す。

（進行波（入射波）と後退波（反射波）の和によってできる波は右図のような定在波になる。）

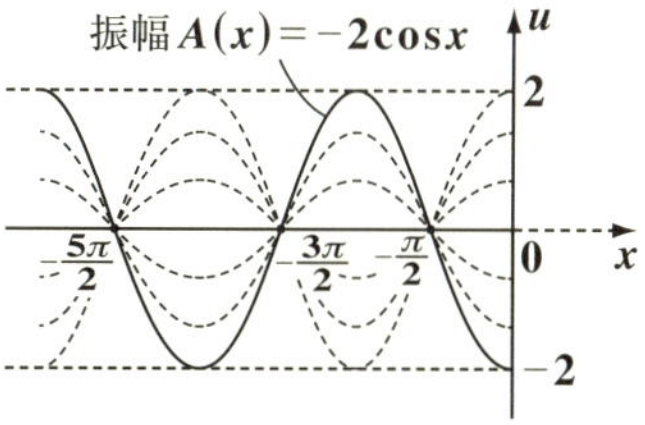

講義 Lecture 6 フーリエ変換と波束 methods & formulae

§1. フーリエ変換とフーリエ逆変換

"フーリエ変換" (*Fourier transformation*) と "フーリエ逆変換" (*Fourier inverse transformation*) の基本公式を下に示す。

フーリエ変換とフーリエ逆変換

関数 $f(x)$ が $(-\infty,\ \infty)$ で，区分的に滑らかで連続，かつ絶対可積分であるとき，$f(x)$ のフーリエ変換と，その逆変換は次のように定義される。

(Ⅰ) フーリエ変換

$$F(\kappa) = F[f(x)] = \int_{-\infty}^{\infty} f(x)e^{-i\kappa x}dx$$ ← x での積分

(Ⅱ) フーリエ逆変換

$$f(x) = F^{-1}[F(\kappa)] = \frac{1}{2\pi}\int_{-\infty}^{\infty} F(\kappa)e^{i\kappa x}d\kappa$$ ← κ での積分

フーリエ・サイン変換とフーリエ・コサイン変換の基本公式も下に示す。

フーリエ・コサイン変換とフーリエ・サイン変換

$f(x)$ は区分的に滑らかで連続，かつ絶対可積分である実数関数とする。

(ⅰ) フーリエ・コサイン変換とフーリエ・コサイン逆変換

$f(x)$ が偶関数であるとき，

$$F(\kappa) = F[f(x)] = 2\int_{0}^{\infty} f(x)\cos\kappa x\,dx$$

$$f(x) = F^{-1}[F(\kappa)] = \frac{1}{2\pi}\int_{-\infty}^{\infty} F(\kappa)\cos\kappa x\,d\kappa$$ となる。

(ⅱ) フーリエ・サイン変換とフーリエ・サイン逆変換

$f(x)$ が奇関数であるとき，

$$F(\kappa) = F[f(x)] = -2i\int_{0}^{\infty} f(x)\sin\kappa x\,dx$$

$$f(x) = F^{-1}[F(\kappa)] = \frac{i}{2\pi}\int_{-\infty}^{\infty} F(\kappa)\sin\kappa x\,d\kappa$$ となる。

§2. 波束とその運動

右の波数空間の短形分布 $F(\kappa)$ をフーリエ逆変換したものを $f(x)$ とおくと，

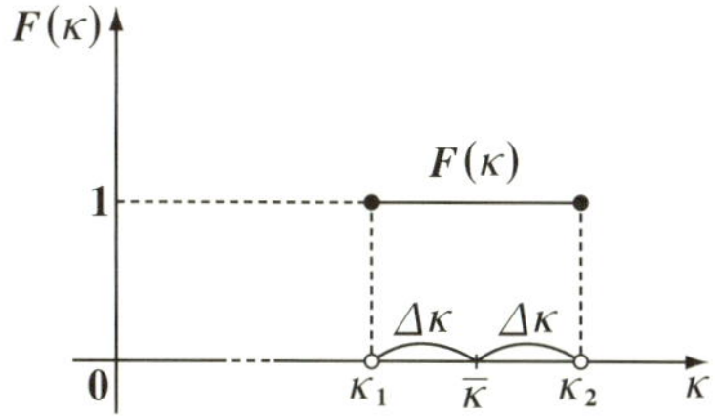

$$f(x)=\frac{1}{\pi}\frac{\sin\Delta\kappa x}{x}\cdot\cos\bar{\kappa}x \quad \cdots\cdots ①$$

全体の波束を表す波長の長い関数 $A(x)$ ／ 波長の短い波動成分

となって，右に示すような波束を形成する。(ただし，$\Delta\kappa \ll \bar{\kappa}$)

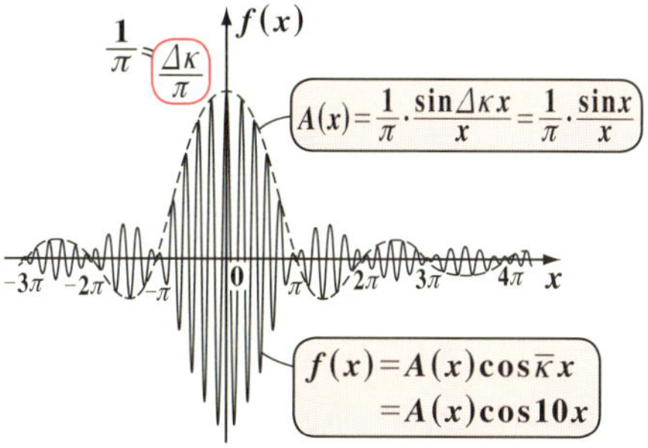

さらに，①を $u(x,\ 0)=f(x)$ と考えて，波束の時間的な移動(時間発展)も考慮に入れたものを $u(x,\ t)$ とおくと，

$$u(x,\ t)=\frac{1}{\pi}\cdot\frac{\sin\Delta\kappa(x-v_g t)}{x-v_g t}\cos(\bar{\kappa}x-\bar{\omega}t) \quad \cdots\cdots ② \text{ となる。}$$

波束を表す波長の長い関数 $A(x,\ t)$ ／ 波長の短い波動成分

次に，②の x に $x=0$ を代入して，位置 $x=0$ を時刻 t の経過と共に通過していく波束 $u(0,\ t)$ は，

$$u(0,\ t)=\frac{1}{\pi}\cdot\frac{\sin\Delta\kappa v_g t}{v_g t}\cos\bar{\omega}t \quad \cdots\cdots ③ \text{ となる。}$$

①，②，③は，波束を **3** つの観点からみた公式である。

これら波束に関して，次の **2** つの不確定性の関係式がある。

(i) $\Delta x\cdot\Delta\kappa=2\pi$

(ii) $\Delta t\cdot\Delta\omega=2\pi$

このように，**2** つの不確定性関係が存在する理由は，それぞれ次のような **2** 通りのフーリエ変換とフーリエ逆変換が存在するからである。

(i) $f(x)$ $\underset{\text{フーリエ逆変換}}{\overset{\text{フーリエ変換}}{\rightleftarrows}}$ $F(\kappa)$ (ii) $g(t)$ $\underset{\text{フーリエ逆変換}}{\overset{\text{フーリエ変換}}{\rightleftarrows}}$ $G(\omega)$

演習問題 49　● フーリエ変換・逆変換の導出 ●

周期 $2L$ の区分的に滑らかで，かつ連続な周期関数 $f(x)$ の複素フーリエ級数の展開公式：

$$f(x)=\sum_{j=0,\pm1}^{\pm\infty}c_j e^{i\frac{j\pi}{L}x}\ \cdots\cdots①,\qquad c_j=\frac{1}{2L}\int_{-L}^{L}f(t)\cdot e^{-i\frac{j\pi}{L}t}dt\ \cdots\cdots②$$

積分変数を t とした。

について，$L\to\infty$ とすることにより，

$$f(x)=\frac{1}{2\pi}\int_{-\infty}^{\infty}e^{i\kappa x}\left\{\int_{-\infty}^{\infty}f(t)e^{-i\kappa t}dt\right\}d\kappa\ \cdots\cdots(*)$$ となることを示せ。

（ただし，$\displaystyle\lim_{L\to\infty}\frac{\pi}{L}=d\kappa$，$\displaystyle\lim_{L\to\infty}j\frac{\pi}{L}=\kappa$ とする。）

ヒント！ これは，複素フーリエ級数展開の公式①，②より，$L\to\infty$ のとき $(*)$ を導くことにより，フーリエ変換とフーリエ逆変換を導くことができる。この一連の流れをマスターしよう。

解答＆解説

周期 $2L$ の周期関数 $y=f(x)$ の1例を図(i)に示す。この複素フーリエ級数展開は公式より，

図(i)　周期 $2L$ の周期関数

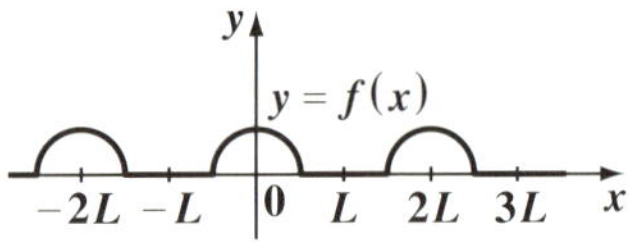

$$f(x)=\sum_{j=0,\pm1}^{\pm\infty}c_j e^{i\frac{j\pi}{L}x}\ \cdots\cdots\cdots\cdots\cdots①$$

$$c_j=\frac{1}{2L}\int_{-L}^{L}f(t)e^{-i\frac{j\pi}{L}t}dt\ \cdots\cdots②$$

図(ii)　$L\to\infty$ のとき

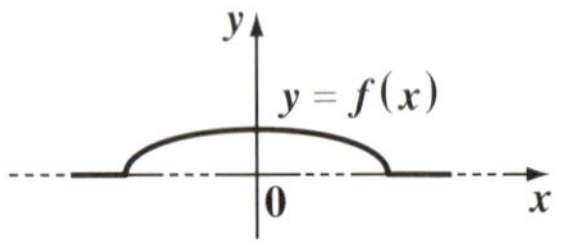

となる。②を①に代入して，まとめると，

$$f(x)=\sum_{j=0,\pm1}^{\pm\infty}\underbrace{\left\{\frac{1}{2L}\int_{-L}^{L}f(t)e^{-i\frac{j\pi}{L}t}dt\right\}e^{i\frac{j\pi}{L}x}}_{=\frac{1}{2\pi}\cdot\frac{\pi}{L}\int_{-L}^{L}f(t)e^{i\frac{j\pi}{L}(x-t)}dt}$$

$$f(x)=\frac{1}{2\pi}\sum_{j=0,\pm1}^{\pm\infty}\frac{\pi}{L}\int_{-L}^{L}f(t)e^{i\frac{j\pi}{L}(x-t)}dt\ \cdots\cdots③$$ となる。

ここで，$L\to\infty$としたとき，③の右辺がどのようになるかを考える。
このときの$y=f(x)$のグラフを図(ii)に示す。この場合，$f(x)$はもはや周期関数ではない。

③について，π(円周率)は定数であり，tは積分変数，Lは無限大に大きくなる変数，そして，この時点でxは定数扱いであることに気を付ける。

ここで，③の複素指数関数の指数部の$\dfrac{j\pi}{L}$に着目し，

$\dfrac{\pi}{L}=\Delta\kappa$ ……④ とおくと，

$\Delta\kappa$は円周率πをL等分したものであり，図(iii)に示すように

$j\cdot\dfrac{\pi}{L}=j\cdot\Delta\kappa$ ……⑤ となる。

図(iii) 変数κ(波数)の定義

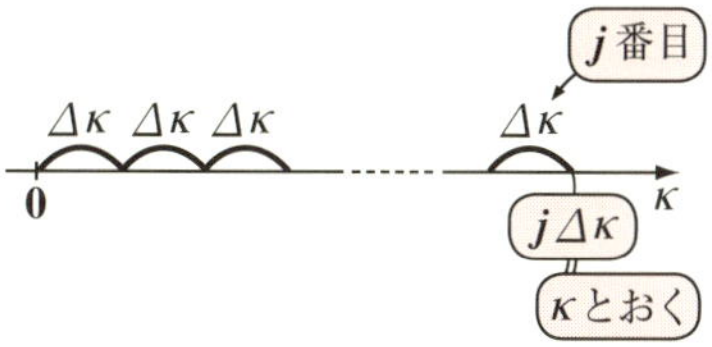

これは，$L\to\infty$となる変数Lを基に，新たな変数κ(波数)を新たに定義したことになる。
つまり，図(iii)に示すように，κ軸を設定すると，κ軸の原点0からj番目の区間$\Delta\kappa$の位置が⑤の$j\cdot\Delta\kappa$であり，これをκ軸上の新たな変数κとおく。
すると，$L\to\infty$のとき，④，⑤は，

$\displaystyle\lim_{L\to\infty}\frac{\pi}{L}=d\kappa$ ……④′，$\displaystyle\lim_{L\to\infty}j\frac{\pi}{L}=\kappa$ ……⑤′ となる。

また，③の$\displaystyle\sum_{j=0,\pm1}^{\pm\infty}$は，$\displaystyle\int_{-\infty}^{\infty}$に変化する。よって，$L\to\infty$としたとき，③は，

$$f(x)=\lim_{L\to\infty}\frac{1}{2\pi}\sum_{j=0,\pm1}^{\pm\infty}\frac{\pi}{L}\cdot\int_{-L}^{L}f(t)\cdot e^{i\cdot j\cdot\frac{\pi}{L}(x-t)}dt$$

$$=\frac{1}{2\pi}\int_{-\infty}^{\infty}d\kappa\int_{-\infty}^{\infty}f(t)e^{i\cdot\kappa(x-t)}dt$$

$\therefore\ f(x)=\dfrac{1}{2\pi}\displaystyle\int_{-\infty}^{\infty}e^{i\kappa x}\left\{\int_{-\infty}^{\infty}f(t)e^{-i\kappa t}dt\right\}d\kappa$ ……(＊) が導かれる。 ………(終)

参考

この式：$f(x)=\dfrac{1}{2\pi}\displaystyle\int_{-\infty}^{\infty}e^{i\kappa x}\left\{\int_{-\infty}^{\infty}f(t)e^{-i\kappa t}dt\right\}d\kappa$ ……(*) を

基にして，次のように，“**フーリエ変換**”（*Fourier transformation*）と

“**フーリエ逆変換**”（*Fourier inverse transformation*）が導かれる。

t の関数 $f(t)e^{-i\kappa t}$ を t で積分した結果，t は $\pm\infty$ の極限を取るため，最終的には κ の関数になる。よって，$F(\kappa)$ とおく。

フーリエ変換 $F(\kappa)$

$$f(x)=\frac{1}{2\pi}\int_{-\infty}^{\infty}e^{i\kappa x}\left\{\int_{-\infty}^{\infty}f(t)e^{-i\kappa t}dt\right\}d\kappa \quad\cdots\cdots(*)$$

フーリエ逆変換 $f(x)$

κ の関数 $F(\kappa)e^{i\kappa x}$ を κ で積分した結果，κ は $\pm\infty$ の極限を取るため，最終的には x の関数 $f(x)$ になるんだね。

以上より，

(i) 関数 $f(x)$ のフーリエ変換 $F(\kappa)$ は次のように定義される。

$$F(\kappa)=F[f(x)]=\int_{-\infty}^{\infty}f(x)e^{-i\kappa x}dx \quad\cdots\cdots\cdots\cdots\cdots(*1)$$

積分変数はなんでもよいので，t から x に変えた。

(ii) フーリエ変換 $F(\kappa)$ の逆フーリエ変換 $f(x)$ は次のように定義される。

$$f(x)=F^{-1}[F(\kappa)]=\frac{1}{2\pi}\int_{-\infty}^{\infty}F(\kappa)e^{i\kappa x}d\kappa \quad\cdots\cdots(*2)$$

(ここで，フーリエ変換できる関数 $f(x)$ の条件として，“区分的に滑らかで，かつ連続” 以外に “**絶対可積分**(ぜったいかせきぶん)” の条件もつく。$f(x)$ が絶対可積分であるとは，$\displaystyle\int_{-\infty}^{\infty}|f(x)|dx \leqq M$ （M：有限な正の定数）をみたすことである。)

演習問題 50　● フーリエ・コサイン変換 ●

区分的に滑らかで，絶対可積分で，かつ偶関数である $f(x)$ の

(i) フーリエ変換 $F(\kappa)=\int_{-\infty}^{\infty}f(x)e^{-i\kappa x}dx$ ……(*1) と

(ii) フーリエ逆変換 $f(x)=\dfrac{1}{2\pi}\int_{-\infty}^{\infty}F(\kappa)e^{i\kappa x}d\kappa$ ……(*2) が

それぞれ

(i) フーリエ・コサイン変換 $F(\kappa)=2\int_{0}^{\infty}f(x)\cos\kappa x\,dx$ ……(*1)′ と

(ii) フーリエ・コサイン逆変換 $f(x)=\dfrac{1}{2\pi}\int_{-\infty}^{\infty}F(\kappa)\cos\kappa x\,d\kappa$ ……(*2)′ で

表されることを示せ。

ヒント！ $f(x)$ が偶関数であるとき，フーリエ変換とその逆変換が，フーリエ・コサイン変換とその逆変換で表されることを導く問題だね。偶関数と奇関数，実数関数と純虚数関数を区別しながら変形することがポイントになる。

解答＆解説

$f(x)$ が偶関数より，(i) フーリエ変換 $F(\kappa)$ と (ii) フーリエ逆変換 $f(x)$ は，

(i) $F(\kappa)=F[f(x)]=\int_{-\infty}^{\infty}f(x)e^{-i\kappa x}dx=\int_{-\infty}^{\infty}\underbrace{f(x)}_{\text{偶関数}}(\underbrace{\cos\kappa x}_{\text{偶関数}}-\underbrace{i\sin\kappa x}_{\text{奇関数}})dx$

$$=\int_{-\infty}^{\infty}\underbrace{f(x)\cos\kappa x\,dx}_{\text{偶関数}}=\underbrace{2\int_{0}^{\infty}f(x)\cos\kappa x\,dx}_{\text{実数関数}}$$ となる。……………(終)

(ii) $\underbrace{f(x)}_{\text{実数関数}}=F^{-1}[F(\kappa)]=\dfrac{1}{2\pi}\int_{-\infty}^{\infty}F(\kappa)e^{i\kappa x}d\kappa=\dfrac{1}{2\pi}\int_{-\infty}^{\infty}\underbrace{F(\kappa)}_{\text{実数関数}}(\underbrace{\cos\kappa x}_{\text{実数関数}}+\underbrace{i\sin\kappa x}_{\text{純虚数関数}})d\kappa$

$$=\underbrace{\frac{1}{2\pi}\int_{-\infty}^{\infty}F(\kappa)\cos\kappa x\,d\kappa}_{\text{実数関数}}$$ となる。……………(終)

演習問題 51　● フーリエ・サイン変換 ●

区分的に滑らかで，絶対可積分で，かつ奇関数である $f(x)$ の

(i) フーリエ変換 $F(\kappa)=\int_{-\infty}^{\infty} f(x)e^{-i\kappa x}dx$ ……(*1) と

(ii) フーリエ逆変換 $f(x)=\frac{1}{2\pi}\int_{-\infty}^{\infty} F(\kappa)e^{i\kappa x}d\kappa$ ……(*2) が

それぞれ

(i) フーリエ・サイン変換 $F(\kappa)=-2i\int_{0}^{\infty} f(x)\sin\kappa x\,dx$ ……(*1)′ と

(ii) フーリエ・サイン逆変換 $f(x)=\frac{i}{2\pi}\int_{-\infty}^{\infty} F(\kappa)\sin\kappa x\,d\kappa$ ……(*2)′ で

表されることを示せ。

ヒント！ $f(x)$ が奇関数であるとき，フーリエ変換とその逆変換が，フーリエ・サイン変換とその逆変換で表されることを導く問題だね。変形する際に，偶関数か奇関数か，実数関数か純虚数関数かに気をつけることがポイントになる。

解答＆解説

$f(x)$ が奇関数より，(i) フーリエ変換 $F(\kappa)$ と (ii) フーリエ逆変換 $f(x)$ は，

(i) $$F(\kappa)=F[f(x)]=\int_{-\infty}^{\infty} f(x)e^{-i\kappa x}dx=\int_{-\infty}^{\infty} \underbrace{f(x)}_{\text{奇関数}}(\underbrace{\cos\kappa x}_{\text{偶関数}}-\underbrace{i\sin\kappa x}_{\text{奇関数}})dx$$

$$=-i\int_{-\infty}^{\infty} \underbrace{f(x)\sin\kappa x\,dx}_{\text{偶関数}}=\underbrace{-2i\int_{0}^{\infty} f(x)\sin\kappa x\,dx}_{\text{純虚数関数}}$$ となる。………(終)

(ii) $$\underbrace{f(x)}_{\text{実数関数}}=F^{-1}[F(\kappa)]=\frac{1}{2\pi}\int_{-\infty}^{\infty} F(\kappa)e^{i\kappa x}d\kappa=\frac{1}{2\pi}\int_{-\infty}^{\infty} \underbrace{F(\kappa)}_{\text{純虚数関数}}(\underbrace{\cos\kappa x}_{\text{実数関数}}+\underbrace{i\sin\kappa x}_{\text{純虚数関数}})d\kappa$$

$$=\underbrace{\frac{i}{2\pi}\int_{-\infty}^{\infty} F(\kappa)\sin\kappa x\,d\kappa}_{\text{実数関数}}$$ となる。……………………………(終)

演習問題 52　● フーリエ変換の計算 (Ⅰ) ●

関数 $f(x)=\begin{cases} e^{-x} & (x \geqq 0) \\ e^{x} & (x<0) \end{cases}$ のフーリエ変換 $F(\kappa)$ を，次の **2** つの公式を使って求めよ。

(i) $F(\kappa)=\int_{-\infty}^{\infty} f(x)e^{-i\kappa x}dx$ ………(∗1)

(ii) $F(\kappa)=2\int_{0}^{\infty} f(x)\cos\kappa x\,dx$ ……(∗1)′

ヒント！ $f(x)$ は偶関数より，そのフーリエ変換 $F(\kappa)$ は，(i) フーリエ変換の公式と，(ii) フーリエ・コサイン変換の公式のいずれを用いても，同じ結果が導ける。

解答&解説

(i) フーリエ変換の公式 (∗1) を用いて，$f(x)$ のフーリエ変換 $F(\kappa)$ を求めると，

$$F(\kappa)=\int_{-\infty}^{\infty} f(x)e^{-i\kappa x}dx$$

$\begin{cases} x<0 \text{ のとき，} f(x)=e^{x} \\ x \geqq 0 \text{ のとき，} f(x)=e^{-x} \end{cases}$

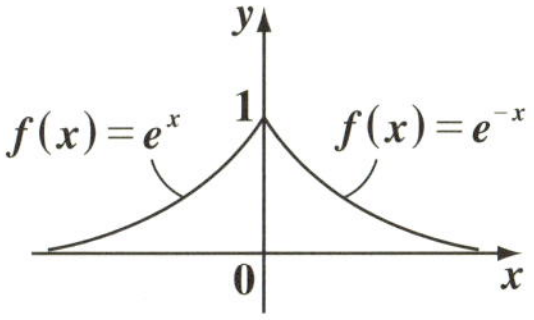

$$=\int_{-\infty}^{0} e^{x}e^{-i\kappa x}dx+\int_{0}^{\infty} e^{-x}e^{-i\kappa x}dx$$

$$\int_{-\infty}^{0} e^{(1-i\kappa)x}dx$$

$$=\frac{1}{1-i\kappa}\lim_{p\to-\infty}\left[e^{(1-i\kappa)x}\right]_{p}^{0}$$

$$=\frac{1}{1-i\kappa}\cdot\lim_{p\to-\infty}\left(1-\underbrace{e^{(1-i\kappa)p}}_{0}\right)=\frac{1}{1-i\kappa}$$

この極限は，絶対値をとって調べる。

$$\lim_{p\to-\infty}\left|e^{p}\cdot e^{-i\kappa p}\right|=\lim_{p\to-\infty}\underbrace{e^{p}}_{0}\cdot\underbrace{\left|e^{-i\kappa p}\right|}_{1}=0$$

$$\int_{0}^{\infty} e^{-(1+i\kappa)x}dx$$

$$=-\frac{1}{1+i\kappa}\lim_{p\to\infty}\left[e^{-(1+i\kappa)x}\right]_{0}^{p}$$

$$=-\frac{1}{1+i\kappa}\lim_{p\to\infty}\left(\underbrace{e^{-(1+i\kappa)p}}_{0}-1\right)=\frac{1}{1+i\kappa}$$

この極限は，絶対値をとって調べる。

$$\lim_{p\to\infty}\left|e^{-p}\cdot e^{-i\kappa p}\right|=\lim_{p\to\infty}\underbrace{e^{-p}}_{0}\cdot\underbrace{\left|e^{-i\kappa p}\right|}_{1}=0$$

$$\therefore F(\kappa) = \frac{1}{1-i\kappa} + \frac{1}{1+i\kappa} = \frac{1+i\kappa+1-i\kappa}{(1-i\kappa)(1+i\kappa)} = \frac{2}{1-(i\kappa)^2} = \frac{2}{1+\kappa^2} \quad \cdots\cdots ① となる。$$
$$\cdots\cdots\cdots（答）$$

（ⅱ）$f(x)$ は偶関数より，フーリエ・コサイン変換の公式 (*1)′ を用いて，$f(x)$ の
フーリエ変換 $F(\kappa)$ を求めると，

$$F(\kappa) = 2\int_0^\infty \underbrace{f(x)}_{e^{-x}\ (x \geq 0)} \cos\kappa x\, dx = \underbrace{2\int_0^\infty e^{-x}\cos\kappa x\, dx}_{I とおく} \quad \cdots\cdots ② \quad となる。$$

②の定積分を I とおくと，

$$I = \int_0^\infty e^{-x}\cdot\cos\kappa x\, dx$$

（指数関数）×（三角関数）の定積分は
部分積分を **2** 回行って，自分自身の
I を導き出すことがポイントだ。

$$= \int_0^\infty e^{-x}\left(\frac{1}{\kappa}\sin\kappa x\right)' dx$$

$$= \frac{1}{\kappa}\left[e^{-x}\sin\kappa x\right]_0^\infty - \frac{1}{\kappa}\int_0^\infty (-e^{-x})\cdot\sin\kappa x\, dx \quad ← \boxed{1回目の部分積分}$$

$$\lim_{p\to\infty}\left[e^{-x}\sin\kappa x\right]_0^p = \lim_{p\to\infty}\left(\underbrace{e^{-p}}_{0}\cdot\underbrace{\sin\kappa p}_{-1 \leq \sin\kappa p \leq 1} - 0\right) = 0 - 0 = 0$$

$$= \frac{1}{\kappa}\int_0^\infty e^{-x}\cdot\left(-\frac{1}{\kappa}\cos\kappa x\right)' dx$$

$$= -\frac{1}{\kappa^2}\left[e^{-x}\cos\kappa x\right]_0^\infty + \frac{1}{\kappa^2}\int_0^\infty (-e^{-x})\cos\kappa x\, dx \quad ← \boxed{2回目の部分積分}$$

$$\lim_{p\to\infty}\left[e^{-x}\cos\kappa x\right]_0^p = \lim_{p\to\infty}\left(\underbrace{e^{-p}}_{0}\cdot\underbrace{\cos\kappa p}_{-1 \leq \cos\kappa p \leq 1} - 1\right) = -1$$

$$= \frac{1}{\kappa^2} - \frac{1}{\kappa^2}\underbrace{\int_0^\infty e^{-x}\cos\kappa x\, dx}_{I（自分自身）が導けた！} = \frac{1}{\kappa^2} - \frac{1}{\kappa^2}I \quad となる。よって，$$

$$I = \frac{1}{\kappa^2} - \frac{1}{\kappa^2}\cdot I より，\quad \left(1 + \frac{1}{\kappa^2}\right)I = \frac{1}{\kappa^2} \quad \therefore I = \frac{1}{\kappa^2+1} \quad \cdots\cdots ③ \quad となる。$$

③を②に代入すると，

（①の結果と一致する。）

$$F(\kappa) = 2 \times \frac{1}{\kappa^2+1} = \frac{2}{1+\kappa^2} \quad となる。 \cdots\cdots\cdots\cdots\cdots\cdots（答）$$

演習問題 53　●フーリエ変換の計算(Ⅱ)●

関数 $f(x) = \begin{cases} -\dfrac{1}{a^2}x + \dfrac{1}{a} & (0 \leq x \leq a) \\ \dfrac{1}{a^2}x + \dfrac{1}{a} & (-a \leq x < 0) \\ 0 & (x < -a,\ a < x) \end{cases}$ （a：正の定数）のフーリエ変換 $F(\kappa)$ を求めよ。また，$\lim_{a \to +0} F(\kappa)$ を求めよ。

ヒント! $f(x)$ は偶関数より，このフーリエ変換 $F(\kappa)$ は，フーリエ・コサイン変換により求めることができる。極限 $\lim_{a \to +0} F(\kappa)$ は，デルタ関数 $\delta(x)$ のフーリエ変換に対応する。

解答&解説

関数 $f(x)$ は，図(ⅰ)に示すように，偶関数である。よって，このフーリエ変換 $F(\kappa)$ は，フーリエ・コサイン変換の公式により，次のように求められる。

$F(\kappa) = 2\displaystyle\int_0^\infty \underline{f(x)}\cos\kappa x\, dx$

$\left[\cdot -\dfrac{1}{a^2}(x-a)\ (0 \leq x \leq a),\ \cdot 0\ (a < x) \right]$

$= 2\displaystyle\int_0^a \left(-\dfrac{1}{a^2}\right)(x-a)\cos\kappa x\, dx$

$= -\dfrac{2}{a^2}\displaystyle\int_0^a (x-a)\cdot\left(\dfrac{1}{\kappa}\sin\kappa x\right)' dx$

$= -\dfrac{2}{a^2}\left\{ \dfrac{1}{\kappa}\Bigl[(x-a)\sin\kappa x\Bigr]_0^a \right.$ （部分積分）　$0 - 0 = 0$

$\left. -\dfrac{1}{\kappa}\displaystyle\int_0^a 1\cdot\sin\kappa x\, dx \right\}$

(ⅰ) 関数 $f(x)$

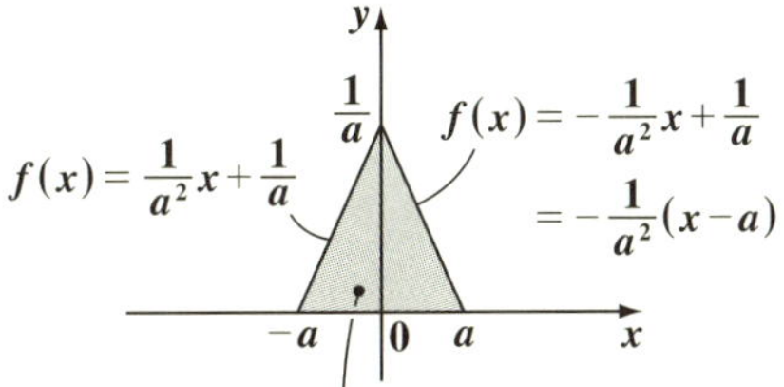

この三角形の面積 S は，
$S = \dfrac{1}{2} \times 2a \times \dfrac{1}{a} = 1$（一定）となって，$a$ の値に関わらず，常に定数 1 となる。よって，
$\lim_{a \to +0} f(x)$
$= \delta(x) = \begin{cases} +\infty & (x = 0) \\ 0 & (x \neq 0) \end{cases}$
となる。

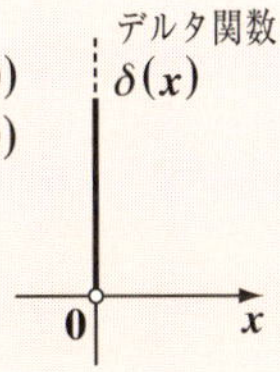

$$\therefore F(\kappa) = -\frac{2}{a^2}\times\left(-\frac{1}{\kappa}\right)\int_0^a \sin\kappa x\,dx$$

$$= \frac{2}{\kappa a^2}\cdot\left(-\frac{1}{\kappa}\right)[\cos\kappa x]_0^a = -\frac{2}{\kappa^2 a^2}(\cos\kappa a - 1)$$

以上より，

$$F(\kappa) = \frac{2(1-\cos\kappa a)}{\kappa^2 a^2}$$ ……① (a：正の定数，κ：波数) となる。 ………(答)

次に，①より，極限 $\lim_{a\to+0} F(\kappa)$ を求めると，

$$\lim_{a\to+0} F(\kappa) = \lim_{a\to+0} 2\cdot\underbrace{\frac{1-\cos\kappa a}{(\kappa a)^2}}_{\frac{1}{2}}$$

極限の公式：
$\lim_{x\to 0}\frac{1-\cos x}{x^2} = \frac{1}{2}$
を使った。

$$= 2\times\frac{1}{2} = 1$$ となる。 ………(答)

参考

$$\lim_{a\to+0} f(x) = \delta(x) = \begin{cases} +\infty & (x=0) \\ 0 & (x\neq 0) \end{cases}$$

今回は，底辺が $2a$，高さが $\frac{1}{a}$ で，常に面積 $S=1$ を保ちつつ，$a\to+0$ のときデルタ関数 $\delta(x)$ になる。

であるので，

$$\lim_{a\to+0} F(\kappa) = \lim_{a\to+0} F[\underbrace{f(x)}_{\delta(x)}]$$

$= F[\delta(x)] = 1$ となる。よって，これは，

デルタ関数 $\delta(x)$ のフーリエ変換が 1 であることを示しているんだね。

演習問題 54 ● フーリエ変換の計算(Ⅲ) ●

関数 $f(x)=\begin{cases}1 & (-2\leqq x\leqq 2)\\ 0 & (x<-2,\ 2<x)\end{cases}$ のフーリエ変換 $F(\kappa)$ $(\kappa>0)$

を求めよ。また，$F(\kappa)$ のグラフの概形を描いて，不確定性関係の式 $\Delta x\cdot\Delta\kappa=2\pi$ が成り立つことを確認せよ。

ヒント！ $f(x)$ は偶関数なので，このフーリエ変換 $F(\kappa)$ は，フーリエ変換の公式とフーリエ・コサイン変換の公式のいずれで求めてもよい。κ は波数なので，$\kappa>0$ とする。$\Delta x=4$ と，波数領域の主要部の $\Delta\kappa$ との積が 2π となることを確認しよう。

解答＆解説

関数 $f(x)$ のフーリエ変換 $F(\kappa)$ をフーリエ変換の公式から求めると，

図(i) 実数 x 空間における $f(x)$

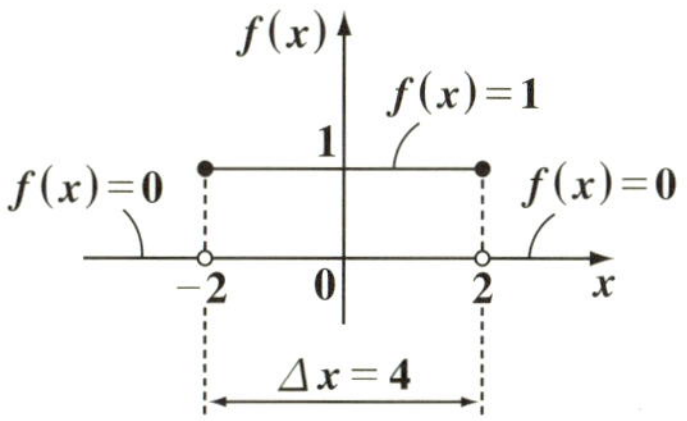

$$F(\kappa)=\int_{-\infty}^{\infty}f(x)e^{-i\kappa x}dx$$

（$f(x)$ は $\cdot 1\ (-2\leqq x\leqq 2)$，$\cdot 0\ (x<-2,\ 2<x)$）

$$=\int_{-2}^{2}1\cdot e^{-i\kappa x}dx$$

$$=-\frac{1}{i\kappa}\left[e^{-i\kappa x}\right]_{-2}^{2}$$

$$=-\frac{1}{i\kappa}\left(e^{-2i\kappa}-e^{2i\kappa}\right)=\frac{2}{\kappa}\cdot\underbrace{\frac{e^{i\cdot 2\kappa}-e^{-i\cdot 2\kappa}}{2i}}_{\sin 2\kappa}$$

公式：$\sin\theta=\dfrac{e^{i\theta}-e^{-i\theta}}{2i}$ を使った。

$\therefore\ F(\kappa)=\dfrac{2\sin 2\kappa}{\kappa}$ ……① $(\kappa>0)$ となる。……………………………(答)

フーリエ・コサイン変換の公式を用いると，
$F(\kappa)=2\int_0^2 1\cdot\cos\kappa x\,dx=\frac{2}{\kappa}\left[\sin\kappa x\right]_0^2=\frac{2}{\kappa}\sin 2\kappa$ となって，①と一致する。

$F(\kappa)=\dfrac{2\sin 2\kappa}{\kappa}$ ……① $(\kappa>0)$ について，

(ⅰ) $F(\kappa)=0$ のとき，①より，

$$\frac{2}{\kappa}\cdot\sin 2\kappa=0$$

（$\frac{2}{\kappa}$：⊕）

$$\sin 2\kappa=0$$

（$2\kappa = j\pi\ (j=1,\ 2,\ 3,\ \cdots)$）

$$\kappa=\frac{j\pi}{2}\quad (j=1,\ 2,\ 3,\ \cdots)$$ となる。

$$F(-\kappa)=\frac{2\cdot\sin(-2\kappa)}{-\kappa}=\frac{-2\sin 2\kappa}{-\kappa}=\frac{2\sin 2\kappa}{\kappa}=F(\kappa)$$

より，$-\infty<\kappa<\infty$ のとき，$F(\kappa)$ は偶関数である。

(ⅱ) $\kappa\to+0$ と $\kappa\to+\infty$ の極限を求めると，

$$\cdot\lim_{\kappa\to+0}F(\kappa)=\lim_{\kappa\to+0}4\cdot\frac{\sin 2\kappa}{2\kappa}=4\cdot 1=4$$

（$\frac{\sin 2\kappa}{2\kappa}\to 1$）

公式：$\displaystyle\lim_{x\to 0}\frac{\sin x}{x}=1$ を用いた。

$$\cdot\lim_{\kappa\to+\infty}F(\kappa)=\lim_{\kappa\to+\infty}\frac{2\sin 2\kappa}{\kappa}=0$$

（$-2\leqq 2\sin 2\kappa\leqq 2$，$\kappa\to\infty$）

以上(ⅰ)(ⅱ)より，波数 κ 空間における $F(\kappa)$ のグラフは右図のようになる。……………………(答)

よって，$F(\kappa)$ の主要部の $\Delta\kappa$ は，$\Delta\kappa=\dfrac{\pi}{2}$ である。

また，$\Delta x=4$ より，次のような Δx と $\Delta\kappa$ の不確定性関係の式：

$$\Delta x\cdot\Delta\kappa=4\times\frac{\pi}{2}=2\pi$$

が成り立つ。………(終)

図(ⅱ) 波数 κ 空間における $F(\kappa)$

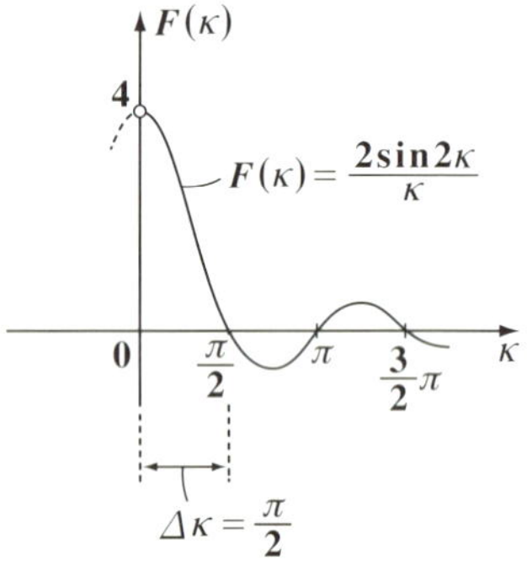

演習問題 55　● 波束 ●

次の各問いに答えよ。

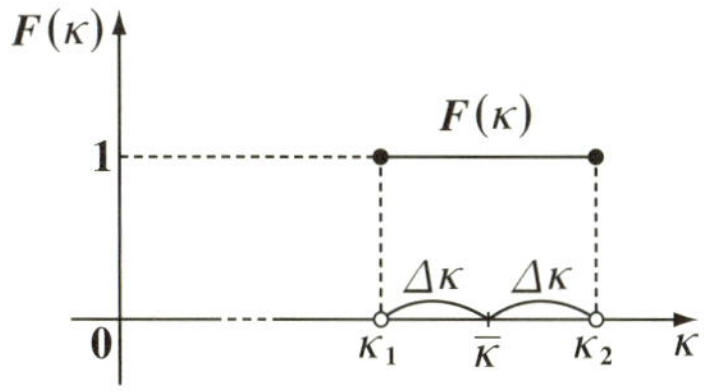

(1) 波数 κ 空間において，次のような矩形分布が与えられている。

$$F(\kappa)=\begin{cases}1 & (\kappa_1\leqq\kappa\leqq\kappa_2)\\ 0 & (\kappa<\kappa_1,\ \kappa_2<\kappa)\end{cases}\quad\cdots\cdots①$$

$\left(\text{ただし，}\overline{\kappa}=\dfrac{\kappa_1+\kappa_2}{2},\ \Delta\kappa=\dfrac{\kappa_2-\kappa_1}{2},\ \Delta\kappa\ll\overline{\kappa}\ \text{とする。}\right)$

$F(\kappa)$ のフーリエ逆変換 $f(x)$ が波束の関数として，

$$f(x)=\frac{1}{\pi}\cdot\frac{\sin\Delta\kappa x}{x}\cdot\cos\overline{\kappa}x\quad\cdots\cdots②$$ となることを示せ。

(2) $\kappa_1=7.5$，$\kappa_2=8.5$ のとき，②の波束の関数 $f(x)$ のグラフを描き，Δx と $\Delta\kappa$ の不確定性の関係式 $\Delta x\cdot\Delta\kappa=2\pi$ が成り立っていることを示せ。

ヒント！ ②の $\dfrac{1}{\pi}\cdot\dfrac{\sin\Delta\kappa x}{x}=A(x)$ とおくと，$A(x)$ は全体の波束を表す波長の長い波動成分を表し，$\cos\overline{\kappa}x$ は $A(x)$ を振幅とする波長の短い波動成分を表しているんだね。(2) では，$A(x)$ を正確に描くように心がけよう。

解答＆解説

(1) 波数空間における①の矩形波 $F(\kappa)$ のフーリエ逆変換 $f(x)$ を求めると，

$$f(x)=\frac{1}{2\pi}\int_{-\infty}^{\infty}F(\kappa)e^{i\kappa x}d\kappa$$

$$\int_{-\infty}^{\kappa_1}0\cdot e^{i\kappa x}d\kappa+\int_{\kappa_1}^{\kappa_2}1\cdot e^{i\kappa x}d\kappa+\int_{\kappa_2}^{\infty}0\cdot e^{i\kappa x}d\kappa$$
（第1項 $=0$，第3項 $=0$）

フーリエ変換
$$F(\kappa)=\int_{-\infty}^{\infty}f(x)e^{-i\kappa x}dx$$
フーリエ逆変換
$$f(x)=\frac{1}{2\pi}\int_{-\infty}^{\infty}F(\kappa)e^{i\kappa x}d\kappa$$

よって，$f(x)=\dfrac{1}{2\pi}\displaystyle\int_{\kappa_1}^{\kappa_2}e^{i\kappa x}d\kappa$ ……③ となる。

ここで，$\overline{\kappa}=\dfrac{\kappa_1+\kappa_2}{2}$，$\Delta\kappa=\dfrac{\kappa_2-\kappa_1}{2}$ より，

$\kappa_1=\overline{\kappa}-\Delta\kappa$，$\kappa_2=\overline{\kappa}+\Delta\kappa$ $(\Delta\kappa\ll\overline{\kappa})$ となる。これを③に代入して，変形すると，

$$f(x)=\frac{1}{2\pi}\int_{\bar{\kappa}-\Delta\kappa}^{\bar{\kappa}+\Delta\kappa}e^{i\kappa x}d\kappa=\frac{1}{2\pi}\cdot\frac{1}{ix}\left[e^{i\kappa x}\right]_{\bar{\kappa}-\Delta\kappa}^{\bar{\kappa}+\Delta\kappa}$$

$$=\frac{1}{2i\cdot\pi x}\left(e^{i(\bar{\kappa}+\Delta\kappa)x}-e^{i(\bar{\kappa}-\Delta\kappa)x}\right)$$

($e^{i(\bar{\kappa}+\Delta\kappa)x}=e^{i\bar{\kappa}x}\cdot e^{i\Delta\kappa x}$, $e^{i(\bar{\kappa}-\Delta\kappa)x}=e^{i\bar{\kappa}x}\cdot e^{-i\Delta\kappa x}$)

$$=\frac{1}{\pi x}\cdot\frac{e^{i\Delta\kappa x}-e^{-i\Delta\kappa x}}{2i}\cdot e^{i\bar{\kappa}x}$$ より，

($\frac{e^{i\Delta\kappa x}-e^{-i\Delta\kappa x}}{2i}=\sin\Delta\kappa x$, $e^{i\bar{\kappa}x}=(\cos\bar{\kappa}x+i\sin\bar{\kappa}x)$)

・$\sin\theta=\frac{e^{i\theta}-e^{-i\theta}}{2i}$
・オイラーの公式：
$e^{i\theta}=\cos\theta+i\sin\theta$

$f(x)$は実数関数なので，純虚数項は無視する。

$$\therefore f(x)=\frac{1}{\pi}\cdot\frac{\sin\Delta\kappa x}{x}\cdot\cos\bar{\kappa}x$$ ……② が導ける。……………………………(終)

全体の波束を表す波長の長い関数$A(x)$

$$\lim_{x\to 0}A(x)=\lim_{x\to 0}\frac{\Delta\kappa}{\pi}\cdot\frac{\sin\Delta\kappa x}{\Delta\kappa x}=\frac{\Delta\kappa}{\pi}$$

($\frac{\sin\Delta\kappa x}{\Delta\kappa x}\to 1$)

波長の短い波動成分

参考

ここで，②の$\frac{1}{\pi}\cdot\frac{\sin\Delta\kappa x}{x}=A(x)$とおくと，この波長$L$は$L=\frac{2\pi}{\Delta\kappa}$

また，②のもう1つの波動成分$\cos\bar{\kappa}x$の波長lは$l=\frac{2\pi}{\bar{\kappa}}$となる。

ここで，$\Delta\kappa\ll\bar{\kappa}$より，$A(x)$の波長$L$は$\cos\bar{\kappa}x$の波長$l$よりもずっと大きいので，これは全体の波束を表す波長の長い関数と考えられる。

また，$A(x)$は$x=0$で定義できないが，$x\to 0$の極限を求めると，

$$\lim_{x\to 0}A(x)=\lim_{x\to 0}\frac{\Delta\kappa}{\pi}\cdot\underbrace{\frac{\sin\Delta\kappa x}{\Delta\kappa x}}_{1}=\frac{\Delta\kappa}{\pi}$$

極限の公式：
$$\lim_{\theta\to 0}\frac{\sin\theta}{\theta}=1$$

となって，収束するので，新たに

$A(0)=\frac{\Delta\kappa}{\pi}$と定義すれば，$A(x)$は$(-\infty,\ \infty)$の全区間に渡って連続な関数となる。

(2) $\kappa_1 = 7.5$, $\kappa_2 = 8.5$ のとき,

$$\bar{\kappa} = \frac{\kappa_1 + \kappa_2}{2} = \frac{7.5 + 8.5}{2} = \frac{16}{2} = 8, \quad \Delta\kappa = \frac{\kappa_2 - \kappa_1}{2} = \frac{8.5 - 7.5}{2} = \frac{1}{2}$$

よって，これらを②の波束の関数 $f(x)$ に代入すると,

$$f(x) = \frac{1}{\pi}\cdot\frac{\sin\frac{x}{2}}{x}\cdot\cos 8x \quad \cdots\cdots ②'$$ となる。

波長 $L = \frac{2\pi}{\Delta\kappa} = 4\pi$ で，全体の波束を表す波動成分 $A(x)$ のこと。

波長 $l = \frac{2\pi}{\bar{\kappa}} = \frac{\pi}{4}$ の波動成分

②′のグラフの概形を描くと右図のようになる。……(答)

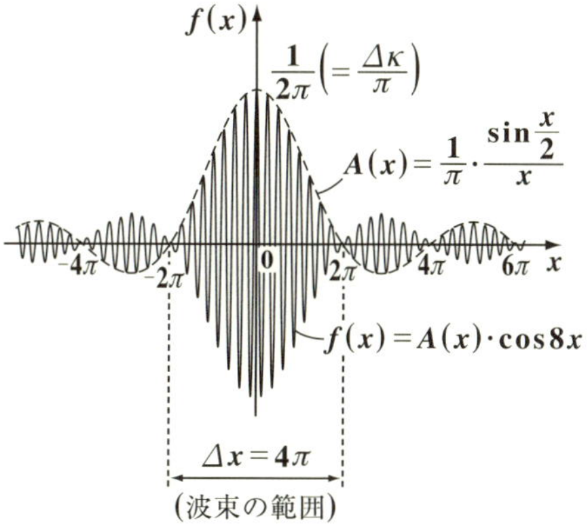

このグラフより，波束の主要な範囲 Δx は，$\Delta x = 4\pi$ となる。

よって，$\Delta\kappa = \frac{1}{2}$，$\Delta x = 4\pi$ より，Δx と $\Delta\kappa$ の不確定性の関係式：

$$\Delta x\cdot\Delta\kappa = 4\pi\cdot\frac{1}{2} = 2\pi$$

が成り立つことが確認できる。……………………………………………(終)

演習問題 56　● 波束の時間発展（Ⅰ）●

波数空間における矩形波 $F(\kappa)$ が

$$F(\kappa)=\begin{cases}1 & (\bar{\kappa}-\Delta\kappa \leqq \kappa \leqq \bar{\kappa}+\Delta\kappa) \\ 0 & (\kappa<\bar{\kappa}-\Delta\kappa,\ \bar{\kappa}+\Delta\kappa<\kappa)\end{cases}$$

で与えられているとき，このフーリエ逆変換 $f(x)$ を $f(x)=u(x,\ 0)$（時刻 $t=0$ における変位）と考えると，波束を表す式として，

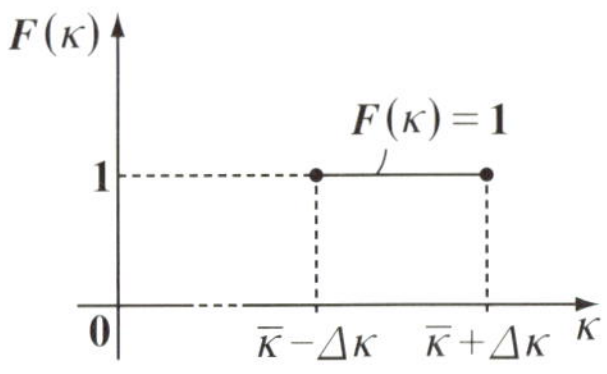

$$u(x,\ 0)=\frac{1}{2\pi}\int_{\bar{\kappa}-\Delta\kappa}^{\bar{\kappa}+\Delta\kappa}1\cdot e^{i\kappa x}d\kappa \quad \cdots\cdots①$$ となる。

ここで，①の κx の代わりに，$\kappa x-\omega t$（ω：角振動数）を代入したものを $u(x,\ t)$ とおくと，

$$u(x,\ t)=\frac{1}{2\pi}\int_{\bar{\kappa}-\Delta\kappa}^{\bar{\kappa}+\Delta\kappa}1\cdot e^{i(\kappa x-\omega t)}d\kappa \quad \cdots\cdots②$$ となる。

ここで，$\omega=v_g(\kappa-\bar{\kappa})+\bar{\omega}$ ……③（v_g：群速度）とおいて，③を②に代入して変形すると，波束の時間発展の公式：

$$u(x,\ t)=\frac{1}{\pi}\cdot\frac{\sin\Delta\kappa(x-v_gt)}{x-v_gt}\cdot\cos(\bar{\kappa}x-\bar{\omega}t) \quad \cdots\cdots④$$ が導かれることを示せ。

ヒント！ ③式は，$\omega=g(\kappa)$ 上の点 $(\bar{\kappa},\ \bar{\omega})$ における接線の方程式のことである。この③を②に代入すると，実数 x の空間上を時刻 t と共に移動する④の波束の方程式が導けるんだね。頑張ろう！

解答＆解説

ω（角振動数）と κ（波数）の関係式が，$\omega=g(\kappa)$ で表されるとき，右図に示すように，点 $(\bar{\kappa},\ \bar{\omega})$ の近傍では，この曲線は，この点における接線の方程式：

$\omega=v_g(\kappa-\bar{\kappa})+\bar{\omega}$ ……③ で近似できる。

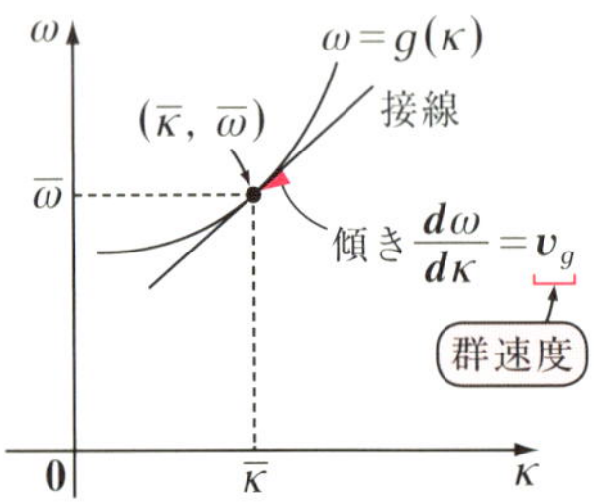

③を②に代入して変形すると，

κx の代わりに，$\kappa x - \omega t$ を代入して，波束の時間発展の式を導く。

$$u(x,\ t) = \frac{1}{2\pi}\int_{\bar{\kappa}-\Delta\kappa}^{\bar{\kappa}+\Delta\kappa} 1 \cdot e^{i(\kappa x - \omega t)} d\kappa$$

$\omega = v_g \kappa - v_g \bar{\kappa} + \bar{\omega}$ （③より）

$$= \frac{1}{2\pi}\int_{\bar{\kappa}-\Delta\kappa}^{\bar{\kappa}+\Delta\kappa} e^{i\{\kappa x - (v_g \kappa - v_g \bar{\kappa} + \bar{\omega})t\}} d\kappa \quad (③より)$$

$$= \frac{1}{2\pi}\int_{\bar{\kappa}-\Delta\kappa}^{\bar{\kappa}+\Delta\kappa} e^{i\{\kappa(x - v_g t) - (\bar{\omega} - v_g \bar{\kappa})t\}} d\kappa$$

$$= \frac{1}{2\pi} e^{-i(\bar{\omega} - v_g \bar{\kappa})t} \int_{\bar{\kappa}-\Delta\kappa}^{\bar{\kappa}+\Delta\kappa} e^{i(x - v_g t)\kappa} d\kappa$$

変数 κ からみて，定数扱い

$$= \frac{1}{2\pi} e^{-i(\bar{\omega} - v_g \bar{\kappa})t} \cdot \frac{1}{i(x - v_g t)} \left[e^{i(x - v_g t)\kappa} \right]_{\bar{\kappa}-\Delta\kappa}^{\bar{\kappa}+\Delta\kappa}$$

公式：

$$\frac{e^{i\theta} - e^{-i\theta}}{2i} = \sin\theta$$

$$= \frac{e^{-i(\bar{\omega} - v_g \bar{\kappa})t}}{\pi(x - v_g t)} e^{i(x - v_g t)\bar{\kappa}} \cdot \frac{e^{i(x - v_g t)\Delta\kappa} - e^{-i(x - v_g t)\Delta\kappa}}{2i}$$

$$\frac{e^{i(x - v_g t)\Delta\kappa} - e^{-i(x - v_g t)\Delta\kappa}}{2i} = \sin\Delta\kappa(x - v_g t)$$

$$= \frac{1}{\pi} \cdot \frac{\sin\Delta\kappa(x - v_g t)}{x - v_g t} e^{-i(\bar{\omega} t - v_g \bar{\kappa} t - \bar{\kappa} x + v_g \bar{\kappa} t)}$$

$$e^{i(\bar{\kappa} x - \bar{\omega} t)} = \cos(\bar{\kappa} x - \bar{\omega} t) + i\sin(\bar{\kappa} x - \bar{\omega} t)$$

$u(x,\ t)$ は実数関数より，この純虚数項は無視する。

以上より，波束の時間発展の公式：

$$u(x,\ t) = \frac{1}{\pi} \cdot \frac{\sin\Delta\kappa(x - v_g t)}{x - v_g t} \cos(\bar{\kappa} x - \bar{\omega} t) \quad \cdots\cdots ④$$

が導ける。 ………（終）

波束を表す波長の長い関数 $A(x,\ t)$ （波長 $L = \frac{2\pi}{\Delta\kappa}$，進行速度 v_g である。）

波長の短い波動成分 （波長 $l = \frac{2\pi}{\bar{\kappa}}$，進行速度 $\bar{v} = \frac{\bar{\omega}}{\bar{\kappa}}$）

演習問題 57　● 波束の時間発展(Ⅱ) ●

進行する波束，すなわち，波束の時間発展の方程式が，

$$u(x,\ t)=\frac{1}{\pi}\cdot\frac{\sin\Delta\kappa(x-v_g t)}{x-v_g t}\cdot\cos(\bar{\kappa}x-\bar{\omega}t)\ \cdots\cdots①\ (x\geqq 0,\ t\geqq 0)$$

$\left(\text{ただし，}\bar{\kappa}=8,\ \Delta\kappa=\frac{1}{2}\right)$ で与えられており，また，分散関係の式が

$\omega=\sqrt{36+\kappa^2}$ ……② (ただし，κ：波数，ω：角振動数) で与えられている。

このとき，$\bar{\omega}$ と v_g を求めて，①の方程式を完成させよ。また，時刻 $t=0,\ 10,\ 20,\ 30$(秒)のときの①の波束のグラフを描け。

ヒント！ ②より，$\bar{\omega}=\sqrt{36+\bar{\kappa}^2}$ から $\bar{\omega}$ を求め，また，$v_g=\frac{d\omega}{d\kappa}$ から波束の群速度 v_g を求めればいいんだね。$t=0,\ 10,\ 20,\ 30$ のときのグラフは，波束を表す波長の長い関数 $A(x,\ t)=\frac{1}{\pi}\cdot\frac{\sin\Delta\kappa(x-v_g t)}{x-v_g t}$ を正確に描くように心がけよう。

解答＆解説

$\bar{\kappa}=8,\ \Delta\kappa=\frac{1}{2},\ \omega=\sqrt{36+\kappa^2}$ ……② より，

(i) $\bar{\omega}=\sqrt{36+\bar{\kappa}^2}=\sqrt{36+64}=\sqrt{100}=10$ ……………………………(答)

(ii) $v_g=\frac{d\omega}{d\kappa}=\frac{d}{d\kappa}\left\{(36+\kappa^2)^{\frac{1}{2}}\right\}=\frac{1}{2}(36+\kappa^2)^{-\frac{1}{2}}\cdot 2\kappa=\frac{\kappa}{\sqrt{36+\kappa^2}}$

よって，$v_g=\frac{\bar{\kappa}}{\sqrt{36+\bar{\kappa}^2}}=\frac{8}{\sqrt{36+64}}=\frac{8}{10}=\frac{4}{5}$ ……………………(答)

以上より，$\Delta\kappa=\frac{1}{2},\ v_g=\frac{4}{5},\ \bar{\kappa}=8,\ \bar{\omega}=10$ を①に代入すると，波束の時間発展の方程式が次のように完成する。

$$u(x,\ t)=\frac{1}{\pi}\cdot\frac{\sin\frac{1}{2}\left(x-\frac{4}{5}t\right)}{x-\frac{4}{5}t}\cdot\cos(8x-10t)\ \cdots\cdots①'\ \cdots\cdots\cdots\cdots\cdots\cdots(答)$$

$v_g=\frac{4}{5}$ で進行する，長波長 $L=\frac{2\pi}{\Delta\kappa}=4\pi$ の，波束を表す関数 $A(x,\ t)$

$\overline{v}=\frac{\overline{\omega}}{\overline{\kappa}}=\frac{10}{8}=\frac{5}{4}$ で進行する，短波長 $l=\frac{2\pi}{\overline{\kappa}}=\frac{\pi}{4}$ の波動成分

①´は，進行する波束を表す方程式であり，時刻 $t=0,\ 10,\ 20,\ 30$(秒) のときのグラフを下に示す。 ……………………………………(答)

(i) $t=0$ のとき

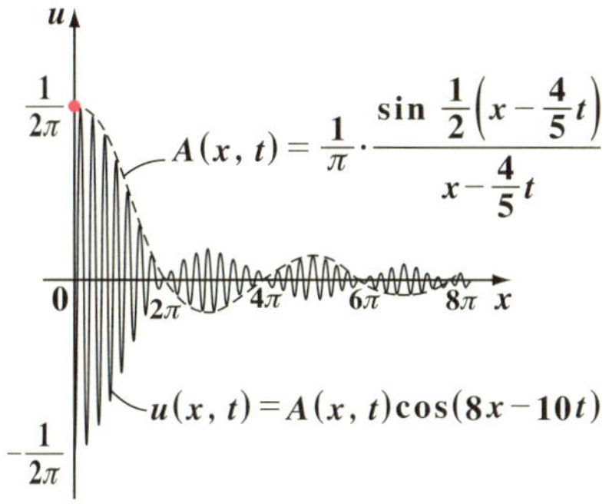

(ii) $t=10$ のとき

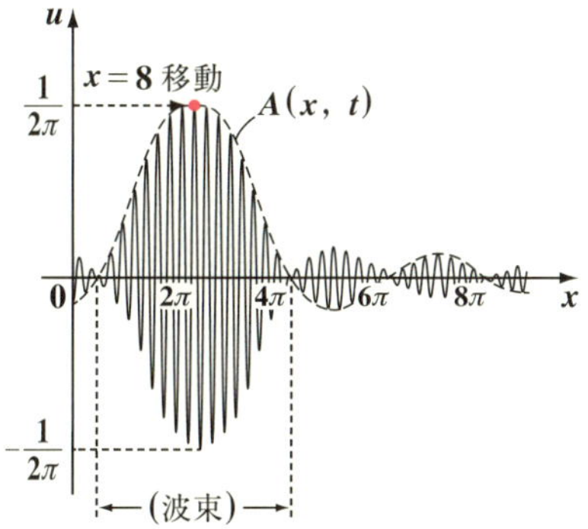

(iii) $t=20$ のとき

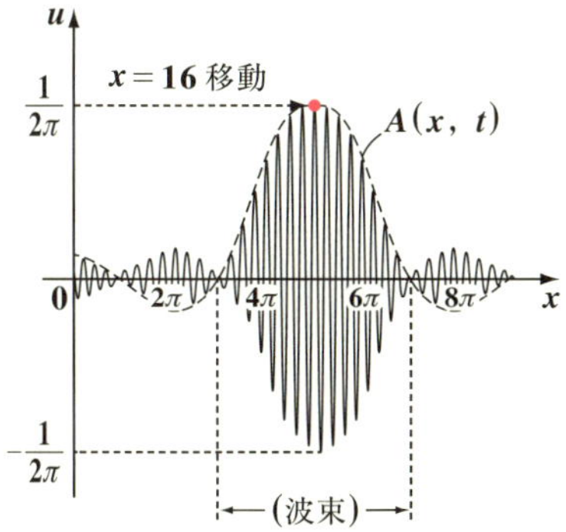

(iv) $t=30$ のとき

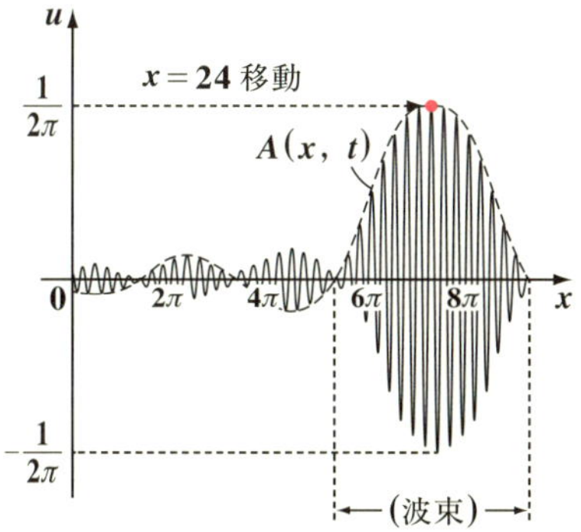

演習問題 58　● 時刻 t の波束 ●

進行する波束：

$u(x, t) = \frac{1}{\pi} \cdot \frac{\sin \Delta\kappa (x - v_g t)}{x - v_g t} \cdot \cos(\bar{\kappa} x - \bar{\omega} t)$ ……① がある。①に $x = 0$ を代入して，$x = 0$ を時刻 t の経過と共に通過していく波束を $u(0, t)$ とおく。

(1) $u(0, t)$ を求めよ。

(2) $\Delta\kappa = \frac{1}{2}$，$\bar{\omega} = 10$，$v_g = \frac{4}{5}$ のとき，$u(0, t)$ を求め，この時刻 t の波束のグラフの概形を描け。

(3) $\Delta\omega = \Delta\kappa \cdot v_g$ であり，波束の幅を Δt とおく。Δt と $\Delta\omega$ について不確定性関係の式：$\Delta t \cdot \Delta\omega = 2\pi$ が成り立つことを確認せよ。

ヒント！ 演習問題 57 と同じ進行する波束の問題であるが，今回は①に $x = 0$ を代入して，位置 $x = 0$ を時刻 t と共に通過していく波束 $u(0, t)$ を調べる。この場合，Δx と $\Delta\kappa$ の不確定性関係の式：$\Delta x \cdot \Delta\kappa = 2\pi$ と同様に，Δt と $\Delta\omega$ の不確定性関係の式：$\Delta t \cdot \Delta\omega = 2\pi$ が導ける。

解答＆解説

(1) ①の進行する波束の方程式 $u(x, t)$ の x に $x = 0$ を代入して，$u(0, t)$ を求めると，

$$u(0, t) = \frac{1}{\pi} \cdot \frac{\sin \Delta\kappa(-v_g t)}{-v_g t} \cdot \cos(-\bar{\omega} t)$$ より，

（$\sin \Delta\kappa(-v_g t) = -\sin \Delta\kappa v_g t$，$\cos(-\bar{\omega} t) = \cos \bar{\omega} t$）

$$\therefore u(0, t) = \frac{1}{\pi} \cdot \frac{\sin \Delta\kappa v_g t}{v_g t} \cos \bar{\omega} t$$ ……② となる。 …………………(答)

(2) $\Delta\kappa = \frac{1}{2}$，$\bar{\omega} = 10$，$v_g = \frac{4}{5}$ を②に代入すると，

$$u(0, t) = \frac{1}{\pi} \cdot \frac{\sin \frac{1}{2} \cdot \frac{4}{5} \cdot t}{\frac{4}{5} t} \cos 10t$$ より，

$$u(0,\ t)=\frac{1}{2\pi}\cdot\frac{\sin\frac{2}{5}t}{\frac{2}{5}t}\cdot\cos 10t\ \cdots\cdots③$$ となる。…………………………(答)

周期 $T=\dfrac{2\pi}{\frac{2}{5}}=5\pi$ で，全体の波束を表す波動成分 $A(t)$ のこと。

周期 $T'=\dfrac{2\pi}{10}=\dfrac{\pi}{5}$，つまり，短周期の波動成分

③の長周期の波動成分を $A(t)=\dfrac{1}{2\pi}\cdot\dfrac{\sin\frac{2}{5}t}{\frac{2}{5}t}$ とおくと，

$$\lim_{t\to 0}A(t)=\lim_{t\to 0}\frac{1}{2\pi}\cdot\underbrace{\frac{\sin\frac{2}{5}t}{\frac{2}{5}t}}_{1}=\frac{1}{2\pi}$$ となる。よって，位置 $x=0$ を時刻 t の経過と共に通過する③の波束のグラフの概形を描くと右図のようになる。

公式：$\displaystyle\lim_{\theta\to 0}\frac{\sin\theta}{\theta}=1$

………(答)

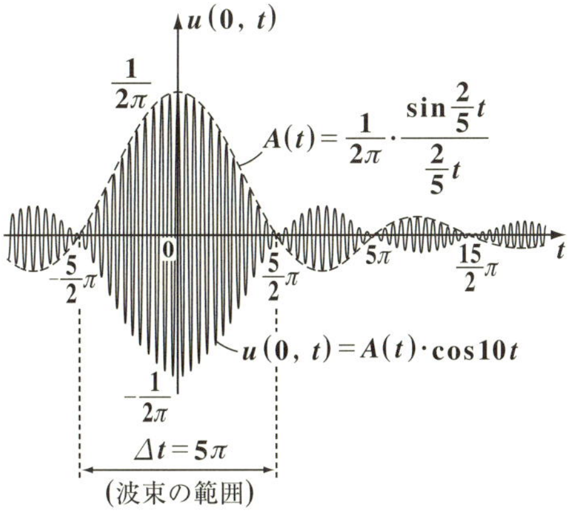

(3) このグラフから，波束の主要な範囲 Δt は，$\Delta t=5\pi$ であることが分かる。

また，$v_g=\dfrac{\Delta\omega}{\Delta\kappa}$ より，

$$\Delta\omega=v_g\cdot\Delta\kappa=\frac{4}{5}\times\frac{1}{2}=\frac{2}{5}$$

である。よって，Δt と $\Delta\omega$ の不確定性関係の式：

$\Delta t\cdot\Delta\omega=\dfrac{2}{5}\times 5\pi=2\pi$ が成り立つことが確認された。………………(終)

演習問題 59　● $t \to \omega$ のフーリエ変換 ●

関数 $g(t) = \begin{cases} 1 & (-3 \leqq t \leqq 3) \\ 0 & (t < -3,\ 3 < t) \end{cases}$ のフーリエ変換 $G(\omega)$ $(\omega > 0)$

を求めよ。また，$G(\omega)$ のグラフを描いて，不確定性関係の式 $\Delta t \cdot \Delta\omega = 2\pi$ が成り立つことを確認せよ。

ヒント！ $f(x)$ のフーリエ変換 $F(\kappa)$ を求めるのと同様に，$g(t)$ のフーリエ変換 $G(\omega)$ を，公式から求めることができる。また，$\Delta x \cdot \Delta\kappa = 2\pi$ と同様に，Δt と $\Delta\omega$ の不確定性関係の式 $\Delta t \cdot \Delta\omega = 2\pi$ も導ける。

解答＆解説

図(i)に示す，関数 $g(t)$ のフーリエ変換 $G(\omega)$ を，フーリエ変換の公式を応用して求めると，

図(i) 実数 t 空間における $g(t)$

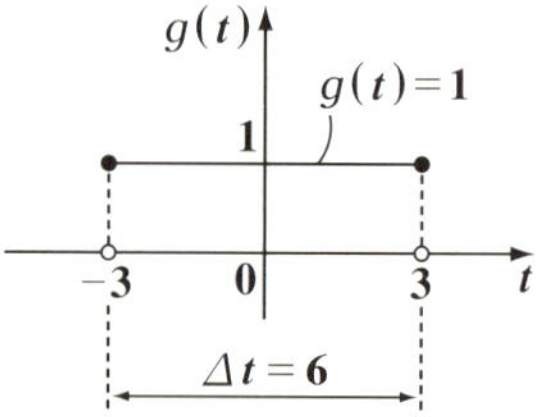

$$G(\omega) = \int_{-\infty}^{\infty} g(t) \cdot e^{-i\omega t} dt$$

（$g(t)$：$\cdot 1\ (-3 \leqq t \leqq 3)$，$\cdot 0\ (t < -3,\ 3 < t)$）

$$= \int_{-3}^{3} 1 \cdot e^{-i\omega t} dt$$

$$= -\frac{1}{i\omega}\left[e^{-i\omega t}\right]_{-3}^{3} = -\frac{1}{i\omega}\left(e^{-3i\omega} - e^{3i\omega}\right)$$

$$= \frac{2}{\omega} \cdot \frac{e^{i \cdot 3\omega} - e^{-i \cdot 3\omega}}{2i}$$

（$\dfrac{e^{i \cdot 3\omega} - e^{-i \cdot 3\omega}}{2i} = \sin 3\omega$）

公式：$\sin\theta = \dfrac{e^{i\theta} - e^{-i\theta}}{2i}$

$\therefore G(\omega) = \dfrac{2\sin 3\omega}{\omega}$ ……① $(\omega > 0)$ となる。……………………………………(答)

フーリエ・コサイン変換の公式を用いると，
$G(\omega) = 2\displaystyle\int_0^3 1 \cdot \cos\omega t\, dt = 2 \cdot \frac{1}{\omega}\left[\sin\omega t\right]_0^3 = \frac{2\sin 3\omega}{\omega}$ となって，①と一致する。

①について，その特徴を調べる。

(i) $G(\omega)=0$ のとき，①より，

$$\frac{2}{\omega}\cdot\sin 3\omega=0$$

($\frac{2}{\omega}$: ⊕, $3\omega = j\pi\ (j=1,2,3,\cdots)$)

$3\omega=j\pi$ より，$\omega=\frac{j\pi}{3}\quad(j=1,2,3,\cdots)$

となる。

$$G(-\omega)=\frac{2\cdot\sin(-3\omega)}{-\omega}=\frac{-2\cdot\sin 3\omega}{-\omega}=\frac{2\sin 3\omega}{\omega}=G(\omega)$$

より，$-\infty<\omega<\infty$ のとき，$G(\omega)$ は偶関数である。

(ii) $\omega\to+0$ と $\omega\to+\infty$ の2つの極限を調べると，

$$\cdot\lim_{\omega\to+0}G(\omega)=\lim_{\omega\to+0}6\cdot\frac{\sin 3\omega}{3\omega}=6\times1=6$$

($\frac{\sin 3\omega}{3\omega}\to 1$ ← 公式：$\lim_{\theta\to0}\frac{\sin\theta}{\theta}=1$)

$$\cdot\lim_{\omega\to+\infty}G(\omega)=\lim_{\omega\to+\infty}\frac{2\sin 3\omega}{\omega}=0$$

($-2\leqq 2\sin 3\omega\leqq 2$, $\omega\to\infty$)

以上(i)(ii)より，角振動数 ω 空間における $G(\omega)$ のグラフの概形は右図のようになる。 ………(答)

図(ii) 角振動数 ω 空間における $G(\omega)$

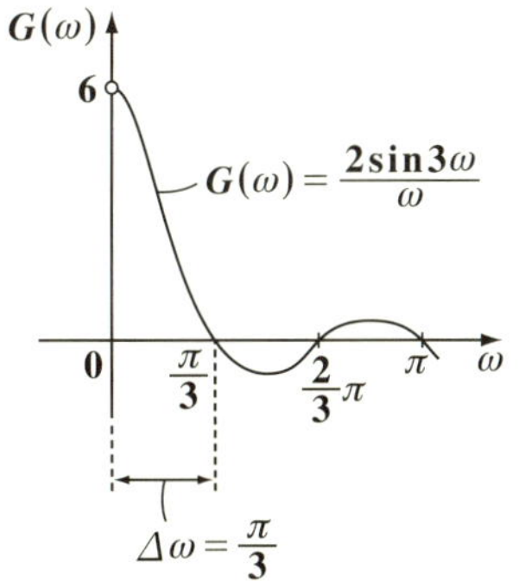

よって，$G(\omega)$ の主要部 $\Delta\omega$ は，$\Delta\omega=\frac{\pi}{3}$ である。

また，$\Delta t=6$ より，次のような Δt と $\Delta\omega$ の不確定性関係の式：

$$\Delta t\cdot\Delta\omega=6\times\frac{\pi}{3}=2\pi$$

が成り立つ。 ………(終)

演習問題 60　● $\omega \to t$ のフーリエ逆変換 ●

次の各問いに答えよ。

(1) 角振動数 ω 空間において，次のような矩形分布が与えられている。

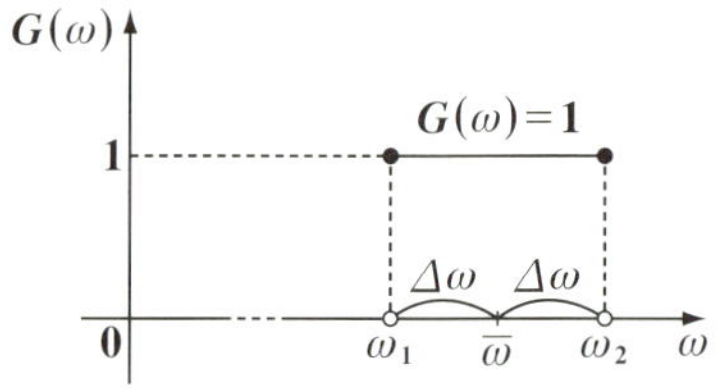

$$G(\omega)=\begin{cases} 1 & (\omega_1 \leqq \omega \leqq \omega_2) \\ 0 & (\omega < \omega_1,\ \omega_2 < \omega) \end{cases} \quad \cdots\cdots①$$

$\left(\text{ただし，}\ \overline{\omega}=\dfrac{\omega_1+\omega_2}{2},\ \Delta\omega=\dfrac{\omega_2-\omega_1}{2},\ \Delta\omega \ll \overline{\omega}\ \text{とする。}\right)$

$G(\omega)$ のフーリエ逆変換 $g(t)$ が波束の関数として，

$g(t)=\dfrac{1}{\pi}\cdot\dfrac{\sin\Delta\omega t}{t}\cdot\cos\overline{\omega}t$ ……② となることを示せ。

(2) $\omega_1=9.5$，$\omega_2=10.5$ のとき，②の波束の関数 $g(t)$ のグラフを描け。

ヒント！ 演習問題 55 と同型の問題だね。ただし，$\omega \to t$ へのフーリエ逆変換になっていることに注意しよう。②も同様に，t 空間における波束を表す。

解答＆解説

(1) ω 空間における①の矩形波 $G(\omega)$ のフーリエ逆変換 $g(t)$ を求めると，

$$g(t)=\frac{1}{2\pi}\int_{-\infty}^{\infty}G(\omega)e^{i\omega t}d\omega \ \text{より，}$$

$$\int_{-\infty}^{\omega_1}0\cdot e^{i\omega t}d\omega+\int_{\omega_1}^{\omega_2}1\cdot e^{i\omega t}d\omega+\int_{\omega_2}^{\infty}0\cdot e^{i\omega t}d\omega$$

フーリエ変換 $(t \to \omega)$

$$G(\omega)=\int_{-\infty}^{\infty}g(t)e^{-i\omega t}dt$$

フーリエ逆変換 $(\omega \to t)$

$$g(t)=\frac{1}{2\pi}\int_{-\infty}^{\infty}G(\omega)e^{i\omega t}d\omega$$

$$\therefore\ g(t)=\frac{1}{2\pi}\int_{\omega_1}^{\omega_2}e^{i\omega t}d\omega \quad \cdots\cdots③ \ \text{となる。}$$

ここで，$\overline{\omega}=\dfrac{\omega_1+\omega_2}{2}$，$\Delta\omega=\dfrac{\omega_2-\omega_1}{2}$ より，

$\omega_1=\overline{\omega}-\Delta\omega$，$\omega_2=\overline{\omega}+\Delta\omega$ $(\Delta\omega \ll \overline{\omega})$ となる。これを③に代入して，

$$g(t)=\frac{1}{2\pi}\int_{\overline{\omega}-\Delta\omega}^{\overline{\omega}+\Delta\omega}e^{i\omega t}d\omega=\frac{1}{2\pi}\cdot\frac{1}{it}\left[e^{i\omega t}\right]_{\overline{\omega}-\Delta\omega}^{\overline{\omega}+\Delta\omega}$$

よって，

$$g(t)=\frac{1}{\pi t\cdot 2i}\left(e^{it(\overline{\omega}+\Delta\omega)}-e^{it(\overline{\omega}-\Delta\omega)}\right)$$

$$=\frac{1}{\pi t}\cdot\underbrace{\frac{e^{i\Delta\omega t}-e^{-i\Delta\omega t}}{2i}}_{\sin\Delta\omega t}\cdot\underbrace{e^{i\overline{\omega}t}}_{(\cos\overline{\omega}t+i\sin\overline{\omega}t)}$$

公式：$\sin\theta=\frac{e^{i\theta}-e^{-i\theta}}{2i}$

$g(t)$ は実数関数より，純虚数項は無視する。

$\therefore\ g(t)=\frac{1}{\pi}\cdot\frac{\sin\Delta\omega t}{t}\cdot\cos\overline{\omega}t$ ……② が導ける。……………………………(終)

全体の波束を表す周期の長い関数 $A(t)$

$\lim_{t\to 0}A(t)=\lim_{t\to 0}\frac{\Delta\omega}{\pi}\cdot\underbrace{\frac{\sin\Delta\omega t}{\Delta\omega t}}_{1}=\frac{\Delta\omega}{\pi}$

周期の短い波動成分

(2) $\omega_1=9.5$，$\omega_2=10.5$ のとき，$\overline{\omega}=\frac{9.5+10.5}{2}=10$，$\Delta\omega=\frac{10.5-9.5}{2}=\frac{1}{2}$

よって，これらを②の波束の関数 $g(t)$ に代入すると，

$g(t)=\frac{1}{\pi}\cdot\frac{\sin\frac{t}{2}}{t}\cdot\cos 10t$ ……②′ となる。

$A(t)$ (周期 $T=4\pi$)　　周期 $T'=\frac{\pi}{5}$ の波動成分

よって，②′のグラフの概形を描くと右図のようになる。………(答)

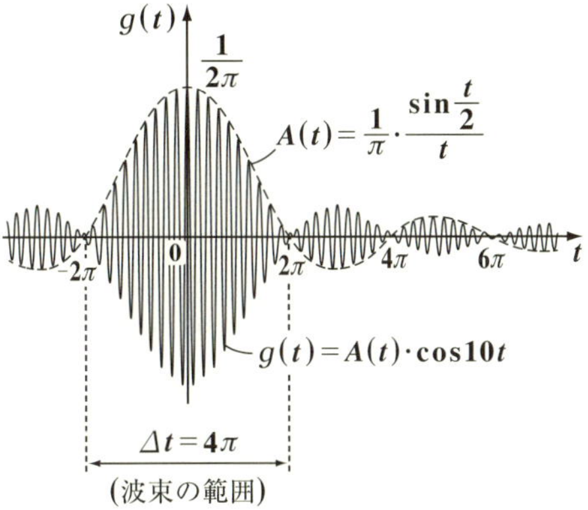

講義 Lecture 7 3次元の波動・様々な波動 methods & formulae

§1. 球面波と平面波

球面波の波動方程式とその解を下に示す。

$$\frac{\partial^2(ru)}{\partial t^2}=v^2\frac{\partial^2(ru)}{\partial r^2}$$

解：$u(r,\ t)=\frac{1}{r}f(r-vt)$，または

$$u(r,\ t)=\frac{1}{r}f(\kappa r-\omega t)$$

球面波のイメージ

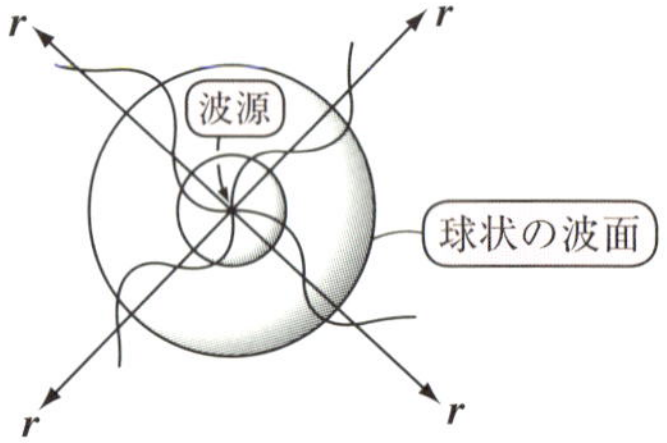

次に，平面波の波動方程式とその解を下に示す。

$$\frac{\partial^2 u}{\partial t^2}=v^2\frac{\partial^2 u}{\partial q^2}$$

解：$u(q,\ t)=f(q-vt)$，または $u(q,\ t)=f(\kappa q-\omega t)$

§2. 電磁波

ベクトル解析のグラディエント（勾配ベクトル）$\mathbf{grad}\,f$とダイヴァージェンス（発散）$\mathbf{div}\,\boldsymbol{f}$とローテイション（回転）$\mathbf{rot}\,\boldsymbol{f}$の定義式を下に示す。

(1) $\mathbf{grad}\,f=\left[\frac{\partial f}{\partial x},\ \frac{\partial f}{\partial y},\ \frac{\partial f}{\partial z}\right]$　　(2) $\mathbf{div}\,\boldsymbol{f}=\frac{\partial f_1}{\partial x}+\frac{\partial f_2}{\partial y}+\frac{\partial f_3}{\partial z}$

(3) $\mathbf{rot}\,\boldsymbol{f}=\left[\frac{\partial f_3}{\partial y}-\frac{\partial f_2}{\partial z},\ \frac{\partial f_1}{\partial z}-\frac{\partial f_3}{\partial x},\ \frac{\partial f_2}{\partial x}-\frac{\partial f_1}{\partial y}\right]$

（ただし，$\boldsymbol{f}=[f_1,\ f_2,\ f_3]$とする。）

（また，$\mathbf{grad}\,f=\nabla f$，$\mathbf{div}\,\boldsymbol{f}=\nabla\cdot\boldsymbol{f}$，$\mathbf{rot}\,\boldsymbol{f}=\nabla\times\boldsymbol{f}$と表してもよい。さらに，$\mathbf{div}(\mathbf{grad}\,f)=\nabla\cdot\nabla f=\Delta f$とも表す。）

さらに，応用公式として，$\mathbf{rot}(\mathbf{rot}\,\boldsymbol{f})=\mathbf{grad}(\mathbf{div}\,\boldsymbol{f})-\Delta\boldsymbol{f}$ も重要である。これらベクトル解析の記号を使って電磁気学はマクスウェルの**4**つの方程式で次のように表現できる。

マクスウェルの4つの方程式

(i) $\text{div}\,\boldsymbol{D} = \rho$ ……………(*1)　(ii) $\text{div}\,\boldsymbol{B} = 0$ …………(*2)

(iii) $\text{rot}\,\boldsymbol{H} = \boldsymbol{i} + \dfrac{\partial \boldsymbol{D}}{\partial t}$ ……(*3)　(iv) $\text{rot}\,\boldsymbol{E} = -\dfrac{\partial \boldsymbol{B}}{\partial t}$ ……(*4)

($\boldsymbol{D}$：電束密度 (C/m^2)，ρ：電荷密度 (C/m^3)，$\boldsymbol{B}$：磁束密度 (Wb/m^2)
$\boldsymbol{H}$：磁場 (A/m)，　$\boldsymbol{i}$：電流密度 (A/m^2)，$\boldsymbol{E}$：電場 (N/C))

真空中を伝わる電磁波の方程式は，(*1) の $\rho = 0$，(*3) の $\boldsymbol{i} = \boldsymbol{0}$ として，次の4つの微分方程式から導かれる。

(i) $\text{div}\,\boldsymbol{E} = 0$ …………(*1)´　(ii) $\text{div}\,\boldsymbol{H} = 0$ ……………(*2)´

(iii) $\text{rot}\,\boldsymbol{H} = \varepsilon_0 \dfrac{\partial \boldsymbol{E}}{\partial t}$ ……(*3)´　(iv) $\text{rot}\,\boldsymbol{E} = -\mu_0 \dfrac{\partial \boldsymbol{H}}{\partial t}$ ……(*4)´

(ただし，ε_0：真空の誘電率，μ_0：真空の透磁率)

§3. 屈折と干渉

スネルの法則：物質1から入射角 θ_1 で入ってきた光が物質2で屈折角 θ_2 で屈折する場合，次式が成り立つ。

$$\frac{n_2}{n_1} = \frac{\sin\theta_1}{\sin\theta_2} \quad \left[= \frac{c_1}{c_2} = \frac{\lambda_1}{\lambda_2} = \frac{\kappa_2}{\kappa_1} \right]$$

(ただし，n_1, n_2：絶対屈折率，c_1, c_2：光速，λ_1, λ_2：波長，κ_1, κ_2：波数，
数字の“1”，“2”は，それぞれ物質1，2のものを表す。)

次に，電子について，2重スリットによる干渉実験を行うとき，2つのスリットからスクリーン上の点 x での距離をそれぞれ L_1, L_2 とおき，それぞれの波動関数を $\Psi_1 = e^{2\pi i\left(\frac{L_1}{\lambda} - \nu t\right)}$，$\Psi_2 = e^{2\pi i\left(\frac{L_2}{\lambda} - \nu t\right)}$ とおく。

(λ：波長，ν：振動数，t：時刻)

ここで，これらを重ね合わせた波動関数を $\Psi\ (= \Psi_1 + \Psi_2)$ とおいて，その絶対値の2乗を求めると，

$|\Psi|^2 = 2\left(1 + \cos 2\pi \dfrac{d}{L\lambda} x\right)$ (d：スリット間の距離，L：板とスクリーンの距離) となって，電子の存在が検出される確率密度を表すことになる。

演習問題 61　● 球面波 (I) ●

波源から均質な媒質中を等方に伝わる球面波の変位 $u(r,\ t)$

(r：波源からの距離，t：時刻) の波動方程式は次のようになる。

$$\frac{\partial^2(ru)}{\partial t^2} = v^2 \frac{\partial^2(ru)}{\partial r^2} \quad \cdots\cdots(*) \quad (v：正の定数)$$

$(*)$ は，一般の次の 3 次元の波動方程式：

$$\frac{\partial^2 u}{\partial t^2} = v^2\left(\frac{\partial^2 u}{\partial x^2} + \frac{\partial^2 u}{\partial y^2} + \frac{\partial^2 u}{\partial z^2}\right) \quad \cdots\cdots①$$ から導くことができる。

次の各問いの導入に従って，①から $(*)$ の方程式を導出せよ。

(1) $r = \sqrt{x^2+y^2+z^2}$ ……② より，(i) $r_x = \dfrac{\partial r}{\partial x}$，(ii) $u_x = \dfrac{\partial u}{\partial x}$，

(iii) $u_{xx} = \dfrac{\partial^2 u}{\partial x^2}$ を求めよ。

(2) 同様に，u_{yy}，u_{zz} を求めて，①に代入し，$(*)$ を導け。

ヒント！ (1)(i) 合成関数の微分により，$r_x = \left\{(x^2+y^2+z^2)^{\frac{1}{2}}\right\}_x = \dfrac{1}{2}(x^2+y^2+z^2)^{-\frac{1}{2}} \cdot 2x$ となる。(ii) u_x，(iii) u_{xx} も同様に，合成関数の微分により求めよう。(2) u_{xx} と同様に，u_{yy}，u_{zz} を求めて①に代入し，ru を新たな波動関数と考えれば，$(*)$ の球面波の波動方程式が導ける。頑張ろう！

解答＆解説

(1)(i) $r = (x^2+y^2+z^2)^{\frac{1}{2}}$ ……② より，r_x を求めると，

$$r_x = \frac{\partial r}{\partial x} = \frac{\partial}{\partial x}\left\{(x^2+\underbrace{y^2+z^2}_{定数扱い})^{\frac{1}{2}}\right\} = \frac{1}{2}(x^2+y^2+z^2)^{-\frac{1}{2}} \cdot 2x \quad \leftarrow 合成関数の微分$$

$$= \frac{x}{\sqrt{x^2+y^2+z^2}} \qquad \therefore\ r_x = \frac{x}{r} \quad \cdots\cdots③$$ となる。 ………………(答)

(ii) u を x で 1 階微分した u_x を求めると，

$$u_x = \frac{\partial u}{\partial x} = \underbrace{\frac{\partial r}{\partial x}}_{r_x = \frac{x}{r}\ (③より)} \cdot \frac{\partial u}{\partial r} = \frac{x}{r}u_r \qquad \therefore\ u_x = \frac{x}{r}u_r \quad \cdots\cdots④$$ となる。 ……(答)

(iii) u を x で 2 階微分した u_{xx} を求めると，

$$u_{xx} = \frac{\partial^2 u}{\partial x^2} = \frac{\partial}{\partial x}(\underbrace{u_x}) = \frac{\partial}{\partial x}\left(\frac{x}{r}u_r\right)$$

$$\underbrace{\frac{x}{r}u_r \;(\text{④より})}$$

公式：
$(f \cdot g)' = f' \cdot g + f \cdot g'$

$$= \left\{\underbrace{\frac{\partial}{\partial x}\left(\frac{x}{r}\right)}\right\} \cdot u_r + \frac{x}{r}\left(\underbrace{\frac{\partial}{\partial x}u_r}\right) \qquad \text{よって，}$$

$$\underbrace{\frac{1 \cdot r - x \cdot r_x}{r^2} = \frac{r - x \cdot \frac{x}{r}}{r^2}}_{} \;(\text{③より})$$

$\boxed{x^2+y^2+z^2}$

$$= \frac{\boxed{r^2} - x^2}{r^3} = \frac{y^2+z^2}{r^3}$$

$$\underbrace{\frac{\partial r}{\partial x} \cdot u_{rr}}_{} = \frac{x}{r}u_{rr} \;(\text{③より})$$

$$\therefore u_{xx} = \frac{y^2+z^2}{r^3}u_r + \frac{x^2}{r^2}u_{rr} \;\cdots\cdots ⑤ \quad \text{となる。} \quad \cdots\cdots\cdots\cdots\cdots\cdots\cdots\text{(答)}$$

(2) ⑤の u_{xx} と同様に計算して u_{yy}, u_{zz} を求めると，

$$u_{yy} = \frac{z^2+x^2}{r^3}u_r + \frac{y^2}{r^2}u_{rr} \;\cdots\cdots ⑥$$

⑤から，類推して
導けばいい。

$$u_{zz} = \frac{x^2+y^2}{r^3}u_r + \frac{z^2}{r^2}u_{rr} \;\cdots\cdots ⑦ \quad \text{となる。}$$

よって，⑤＋⑥＋⑦は，

$$\boxed{r^2} \qquad\qquad \boxed{r^2 \;(\text{②より})}$$

$$u_{xx}+u_{yy}+u_{zz} = \frac{2(\boxed{x^2+y^2+z^2})}{r^3}u_r + \frac{\boxed{x^2+y^2+z^2}}{r^2}u_{rr}$$

$$= \frac{2}{r}u_r + u_{rr} \;\cdots\cdots ⑧ \quad \text{となる。}$$

よって，⑧を①に代入すると，

$$\frac{\partial^2 u}{\partial t^2} = v^2\left(\frac{2}{r}u_r + u_{rr}\right) \;\cdots\cdots ⑨ \quad \text{となる。}$$

$$\underbrace{u_{xx}+u_{yy}+u_{zz}}_{}$$

よって，$\dfrac{\partial^2 u}{\partial t^2}=v^2\cdot\dfrac{1}{r}(2u_r+ru_{rr})$ ……⑨

⑨から最終的に導きたい式は，$(ru)_{tt}=v^2(ru)_{rr}$ ……(*) なので，ここで，$(ru)_{rr}$を求めてみよう。

ここで，$(ru)_{rr}$を変形すると，

$$(ru)_{rr}=\frac{\partial}{\partial r}\left\{\frac{\partial}{\partial r}(ru)\right\}=\frac{\partial}{\partial r}(1\cdot u+r\cdot u_r)$$

公式：$(f\cdot g)'=f'\cdot g+f\cdot g'$

$=u_r+1\cdot u_r+ru_{rr}=2u_r+ru_{rr}$ より，

$2u_r+ru_{rr}=(ru)_{rr}=\dfrac{\partial^2(ru)}{\partial r^2}$ ……⑩ となる。

よって，⑩を⑨に代入して，

$\dfrac{\partial^2 u}{\partial t^2}=v^2\cdot\dfrac{1}{r}\cdot\dfrac{\partial^2(ru)}{\partial r^2}$ 　　両辺に r をかけて，

$$r\cdot\frac{\partial^2 u}{\partial t^2}=v^2\frac{\partial^2(ru)}{\partial r^2}$$

$r\cdot\dfrac{\partial^2 u}{\partial t^2}=\dfrac{\partial^2(ru)}{\partial t^2}$ ← 独立変数 t からみて，r は定数扱いとなるので，このように変形できる。

以上より，球面波の波動方程式は，

$\dfrac{\partial^2(ru)}{\partial t^2}=v^2\dfrac{\partial^2(ru)}{\partial r^2}$ ……(*) となる。 ……………………………………(終)

参考

(*)より，ruを新たな波動関数と考えれば，これは形式的に1次元の波動方程式と同じ形をしている。よって，この一般解はダランベールの解より，

$r\cdot u(r,\ t)=f(r-vt)+g(r+vt)$ ［または，$f(\kappa r-\omega t)+g(\kappa r+\omega t)$］

（$f(r-vt)$：進行波，$g(r+vt)$：後退波）

となる。しかし，球面波の場合，波源から r の正の向きにのみ進行すると考えてよいので，後退波を消去して，

$u(r,\ t)=\dfrac{1}{r}f(r-vt)$ ［または，$\dfrac{1}{r}f(\kappa r-\omega t)$］となる。

演習問題 62　● 球面波(Ⅱ) ●

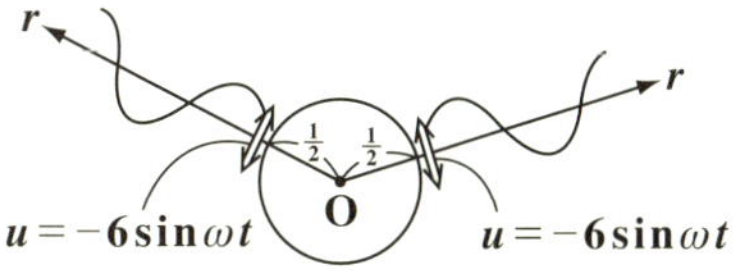

右図に示すように，原点 **O** を中心とする半径 $\frac{1}{2}$ の球面上に，次のような波動の変位：

$u=-6\sin\omega t$ ……① $(\omega=10)$

を発生させたとき，この波動は r の正の向き(外向き)に球面波として伝播していくものとする。

この波動の変位 $u(r,\ t)$ は次の波動方程式で表される。

$\frac{\partial^2(ru)}{\partial t^2}=v^2\frac{\partial^2(ru)}{\partial r^2}$ ……② $(v=10^4)$

これを解いて，$u(r,\ t)$ を求めよ。$\left(\text{ただし，波数 } \kappa=\frac{\omega}{v}=10^{-3}\text{ とする。}\right.$

ここで，$v\gg\omega\gg\kappa$ となるので，近似的に $\frac{1}{2}\kappa-\omega t\fallingdotseq-\omega t$ としてよいものとする。$\Big)$

ヒント！ ②は，ru を新たな波動関数と考えると，1次元の波動方程式で，r の正の向きの進行波のみが存在するので，この一般解は，ダランベールの解より，$ru=f(\kappa r-\omega t)$ となるんだね。

解答＆解説

$(ru)_{tt}=v^2(ru)_{rr}$ ……② $(v=10^4,\ \omega=10,\ \kappa=10^{-3})$ より，

ru は，1次元の波動方程式②をみたし，かつ，r の正の向き(外向き)の進行波のみが存在するものと考えられるので，ru は次のダランベールの解をもつ。

$ru=f(\kappa r-\omega t)$ ……③

（進行波のみを考え，後退波 $g(\kappa r+\omega t)$ は存在しないので省略した。）

よって，②の一般解 $u(r,\ t)$ は，③より，

$u(r,\ t)=\frac{1}{r}f(\kappa r-\omega t)$ ……③′ となる。

ここで，境界条件として，$r=\frac{1}{2}$ のとき，

$u(r,\ t)=\frac{1}{r}f(\kappa r-\omega t)$ ……③′

$u\left(\frac{1}{2},\ t\right)=-6\sin\omega t$ ……① が与えられている。

③′に $r=\frac{1}{2}$ を代入して，

$u\left(\frac{1}{2},\ t\right)=\frac{1}{\frac{1}{2}}\cdot f\left(\frac{1}{2}\kappa-\omega t\right)=2f\left(\frac{1}{2}\kappa-\omega t\right)$ ……③″ となる。

ここで，$\omega=10$，$\kappa=10^{-3}$ で，$\kappa\ll\omega$ より，近似的に，

$\frac{1}{2}\kappa-\omega t\fallingdotseq-\omega t$ とおくと，③″は，近似的に，

$u\left(\frac{1}{2},\ t\right)=2f(-\omega t)$ ……④ となる。

ここで，①と④より，$2f(\underbrace{-\omega t}_{\zeta})=-6\sin\underbrace{\omega t}_{(-\zeta)}$ ……⑤ となる。

（$-\omega t$ を ζ（ゼータ）とおく。）

さらに，$-\omega t=\zeta$（ゼータ）とおくと，⑤は，

$f(\zeta)=-3\underbrace{\sin(-\zeta)}_{-\sin\zeta}=3\sin\zeta$ ……⑤′ となる。

したがって，ここでさらに，$\zeta=\kappa r-\omega t$ とおくと，

$f(\kappa r-\omega t)=3\sin(\underbrace{\kappa}_{10^{-3}} r-\underbrace{\omega}_{10} t)=3\sin(10^{-3}r-10t)$ ……⑥

となる。⑥を③′に代入すると，球面波の方程式が次のように求められる。

$u(r,\ t)=\frac{1}{r}\cdot 3\sin(10^{-3}r-10t)=\frac{3}{r}\sin(10^{-3}r-10t)$ ……………………(答)

$\left(\text{ただし，} r\geqq\frac{1}{2},\ t\geqq 0\right)$

演習問題 63　● 平面波 (I) ●

右図に示すように，波源 **O** から十分に離れた位置では，球面波は平面波になると考えられる。

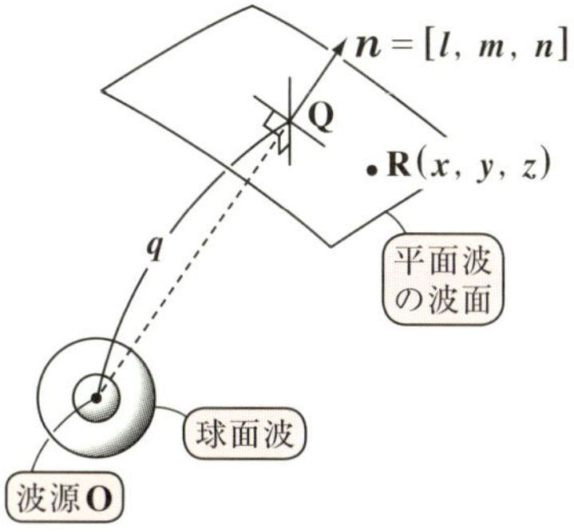

波源 **O** から，ある平面波までの距離を $q(=\mathbf{OQ})$ とおき，$\overrightarrow{\mathbf{OQ}}$ と同じ向きの単位ベクトルを $\boldsymbol{n}=[l, m, n]$ とおく。この平面波上の任意の点を $\mathbf{R}(x, y, z)$ とおく。このとき，この平面波の変位 $u(q, t)$ (t：時刻) の波動方程式は次のようになる。

$$\frac{\partial^2 u}{\partial t^2}=v^2\frac{\partial^2 u}{\partial q^2}\quad\cdots\cdots(*)\quad(v：定数)$$

この $(*)$ は，一般の次の 3 次元の波動方程式：

$$\frac{\partial^2 u}{\partial t^2}=v^2\left(\frac{\partial^2 u}{\partial x^2}+\frac{\partial^2 u}{\partial y^2}+\frac{\partial^2 u}{\partial z^2}\right)\quad\cdots\cdots①$$ から導くことができる。

次の各問いの導入に従って，①から $(*)$ の方程式を導け。

(1) $q=lx+my+nz$ ……② となることを示せ。

(2) u_{xx}，u_{yy}，u_{zz} を求めて，①に代入して，$(*)$ を導け。

ヒント！ (1) $\overrightarrow{\mathbf{OR}}=\boldsymbol{r}=[x, y, z]$ とおくと，$q=\boldsymbol{n}\cdot\boldsymbol{r}$ と表される。(2) これから，u_{xx} を求め，同様に，u_{yy}, u_{zz} も求めて，これらを①に代入して，$(*)$の方程式を導こう！

解答＆解説

(1) $\boldsymbol{n}=[l, m, n]$ は $\overrightarrow{\mathbf{OQ}}$ と同じ向きの単位ベクトルより，そのノルムの 2 乗は，

$\|\boldsymbol{n}\|^2=l^2+m^2+n^2=1$ ……③ となる。

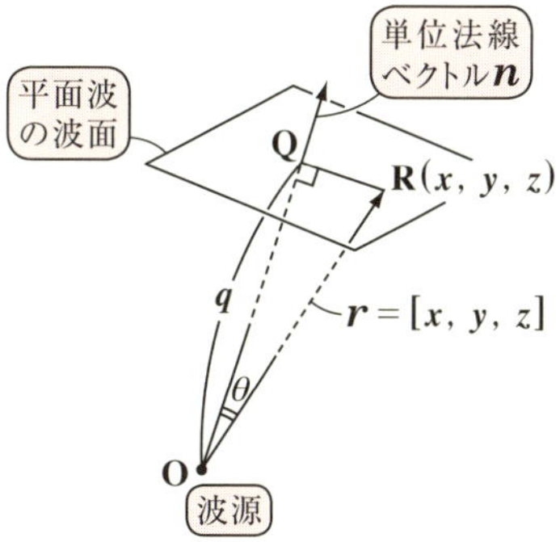

また，平面波上の任意の点 $\mathbf{R}(x, y, z)$ について，$\boldsymbol{r}=\overrightarrow{\mathbf{OR}}=[x, y, z]$ とおくと，右図より明らかに

$q=\|\boldsymbol{r}\|\cos\theta\quad(\theta=\angle\mathbf{QOR})$

$=\underbrace{\|\boldsymbol{n}\|}_{1}\|\boldsymbol{r}\|\cos\theta=\boldsymbol{n}\cdot\boldsymbol{r}=[l, m, n]\cdot[x, y, z]=lx+my+nz$ ……② となる。……(終)

$u_{tt}=v^2(u_{xx}+u_{yy}+u_{zz})$ ……①
$l^2+m^2+n^2=1$ …………③

(2) $q=lx+my+nz$ ……② より,

(i) $u_x=\dfrac{\partial u}{\partial x}=\underbrace{\dfrac{\partial q}{\partial x}}_{l\,(②より)}\cdot\dfrac{\partial u}{\partial q}=lu_q$

$\therefore u_{xx}=\dfrac{\partial}{\partial x}(\underbrace{lu_q}_{u_x})=l\cdot\underbrace{\dfrac{\partial q}{\partial x}}_{l\,(②より)}\cdot\dfrac{\partial u_q}{\partial q}=l^2u_{qq}$ ……④ ……………………(答)

(ii) $u_y=\dfrac{\partial u}{\partial y}=\underbrace{\dfrac{\partial q}{\partial y}}_{m\,(②より)}\cdot\dfrac{\partial u}{\partial q}=mu_q$

$\therefore u_{yy}=\dfrac{\partial}{\partial y}(\underbrace{mu_q}_{u_y})=m\cdot\underbrace{\dfrac{\partial q}{\partial y}}_{m\,(②より)}\cdot\dfrac{\partial u_q}{\partial q}=m^2u_{qq}$ ……⑤ ……………………(答)

(iii) $u_z=\dfrac{\partial u}{\partial z}=\underbrace{\dfrac{\partial q}{\partial z}}_{n\,(②より)}\cdot\dfrac{\partial u}{\partial q}=nu_q$

$\therefore u_{zz}=\dfrac{\partial}{\partial z}(\underbrace{nu_q}_{u_z})=n\cdot\underbrace{\dfrac{\partial q}{\partial z}}_{n\,(②より)}\cdot\dfrac{\partial u_q}{\partial q}=n^2u_{qq}$ ……⑥ ……………………(答)

以上④, ⑤, ⑥を①に代入して,

$u_{tt}=v^2(\underbrace{l^2u_{qq}}_{u_{xx}}+\underbrace{m^2u_{qq}}_{u_{yy}}+\underbrace{n^2u_{qq}}_{u_{zz}})=v^2(\underbrace{l^2+m^2+n^2}_{1\,(③より)})\cdot u_{qq}$

よって, 平面波の変位 $u(q,\ t)$ の波動方程式は,

$u_{tt}=v^2u_{qq}$, すなわち $\dfrac{\partial^2 u}{\partial t^2}=v^2\dfrac{\partial^2 u}{\partial q^2}$ ……(*) (v：定数) である。

………(終)

参考

(*)の解は, 波源から q の正の向きの進行波のみを考えると, ダランベールの解より, $u(q,\ t)=f(q-vt)$ [または, $f(\kappa q-\omega t)$] となる。

演習問題 64　● 平面波(Ⅱ) ●

右図に示すように，波源 **O** で次のような波動の変位：

$u=5\cos\omega t$ ……① $(\omega=40)$

を発生させたとき，波源 **O** から十分な距離 q だけ離れた平面波の変位 $u(q, t)$ は，次の波動方程式で表される。

$$\frac{\partial^2 u}{\partial t^2}=v^2\frac{\partial^2 u}{\partial q^2} \quad \cdots\cdots② \quad (v=2)$$

これを解いて，解 $u(q, t)$ を求めよ。

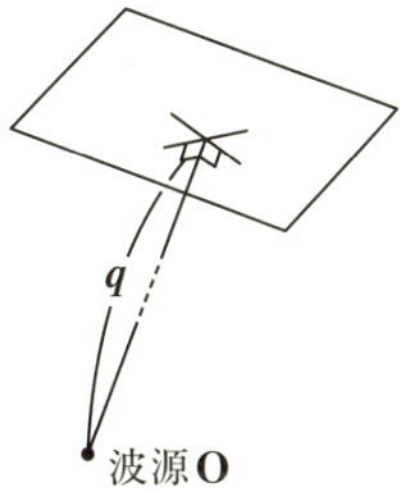

ヒント！ ②は，形式的に **1** 次元の波動方程式とまったく同じ形式なので，この一般解は，ダランベールの解より，$u(q, t)=f(\kappa q-\omega t)$ となる。この場合，波源 **O** からの進行波のみが存在するので，後退波は省略しているんだね。

解答＆解説

$u_{tt}=v^2u_{qq}$ ……② $(v=2,\ \omega=40)$ より，

u は **1** 次元の波動方程式②をみたし，かつ，q の正の向きの進行波のみが存在すると考えられるので，u は次のダランベールの解をもつ。

$u=f(\kappa q-\omega t)$ ……③

(進行波のみで，後退波 $g(\kappa q+\omega t)$ は存在しないので省略した。)

ここで，位相速度 $v=2$，角振動数 $\omega=40$ より，波数 κ は，

$$\kappa=\frac{\omega}{v}=\frac{40}{2}=20$$

よって，②の一般解は，

$u(q, t)=f(20q-40t)$ ……③ となる。

$u(q,\ t) = f(20q - 40t)$ ……③

ここで，境界条件として，

$q = 0$ のとき，

$u(0,\ t) = 5\cos\underbrace{40}_{\omega}t$ ……① が与えられている。

よって，③に $q = 0$ を代入すると，

$u(0,\ t) = f(-40t)$ ……③′ となる。

①と③′の右辺を比較して，

$f(\underbrace{-40t}_{\zeta}) = 5\cos\underbrace{40t}_{(-\zeta)}$ ……④ となる。

ここで，$-40t = \zeta$（ゼータ）とおくと，④は，

$f(\zeta) = 5\underbrace{\cos(-\zeta)}_{\cos\zeta} = 5\cos\zeta$ ……④ となる。

したがって，ここでさらに，$\zeta = 20q - 40t$ とおくと，

$f(20q - 40t) = 5\cos(20q - 40t)$ ……⑤ となる。

⑤を③に代入すると，平面波の方程式が次のように求められる。

$u(q,\ t) = f(20q - 40t) = 5\cos(20q - 40t)$ ……………………………………（答）

（ただし，$q \geqq 0$，$t \geqq 0$）

演習問題 65 ● grad$f$ と div$f$ ●

次の勾配ベクトル（グラディエント）と発散（ダイヴァージェンス）を計算せよ。

(1) $\mathrm{grad}(2x^2-yz^2)$　　(2) $\mathrm{grad}\,e^{x+2y-z}$

(3) $\mathrm{div}[xy,\ yz,\ zx]$　　(4) $\mathrm{div}[\sin x,\ y\cos x,\ -2z\cos x]$

ヒント！ (1), (2) は，公式 $\mathrm{grad}f=[f_x,\ f_y,\ f_z]$ を用い，(3), (4) は，公式 $\mathrm{div}[f_1,\ f_2,\ f_3]=f_{1x}+f_{2y}+f_{3z}$ を利用して計算していけばいいんだね。

解答＆解説

(1) $\mathrm{grad}(2x^2-yz^2)=[(2x^2-yz^2)_x,\ (2x^2-yz^2)_y,\ (2x^2-yz^2)_z]$

（スカラー値関数 f）（定数扱い）（定数扱い）（定数扱い）

$=[4x,\ -z^2,\ -2yz]$ ……………………………(答)

(2) $\mathrm{grad}\,e^{x+2y-z}=[(e^x\cdot e^{2y}\cdot e^{-z})_x,\ (e^x\cdot e^{2y}\cdot e^{-z})_y,\ (e^x\cdot e^{2y}\cdot e^{-z})_z]$

（スカラー値関数 f）（定数扱い）（定数扱い）（定数扱い）

$=[e^x\cdot e^{2y}\cdot e^{-z},\ e^x\cdot 2e^{2y}\cdot e^{-z},\ e^x\cdot e^{2y}\cdot(-1)e^{-z}]$

$=[e^{x+2y-z},\ 2e^{x+2y-z},\ -e^{x+2y-z}]=e^{x+2y-z}[1,\ 2,\ -1]$ ……………(答)

(3) $\mathrm{div}[xy,\ yz,\ zx]$

（ベクトル値関数 $f=[f_1,\ f_2,\ f_3]$）

$=(xy)_x+(yz)_y+(zx)_z=1\cdot y+1\cdot z+1\cdot x$

（定数扱い）（定数扱い）（定数扱い）

$\mathrm{div}[f_1,\ f_2,\ f_3]=\dfrac{\partial f_1}{\partial x}+\dfrac{\partial f_2}{\partial y}+\dfrac{\partial f_3}{\partial z}$（スカラー値関数）

$=x+y+z$ ……………………………(答)

(4) $\mathrm{div}[\sin x,\ y\cos x,\ -2z\cos x]$

（ベクトル値関数 $f=[f_1,\ f_2,\ f_3]$）

$=(\sin x)_x+(y\cos x)_y+(-2z\cdot\cos x)_z$

（定数扱い）（定数扱い）

$=\cos x+1\cdot\cos x-2\cdot 1\cdot\cos x=\cos x+\cos x-2\cos x=0$ ………(答)

演習問題 66　● div(grad f) = Δf ●

$\mathrm{div}(\mathrm{grad} f) = f_{xx} + f_{yy} + f_{zz}$ ……(*) が成り立つことを示し，次の各式を計算せよ。

(1) $\mathrm{div}(\mathrm{grad}(x^2y + z^2))$　　(2) $\mathrm{div}(\mathrm{grad}\, e^{2x-y+3z})$

(3) $\mathrm{div}(\mathrm{grad}\, xy\sin z)$

ヒント！ div(grad f) は Δf とも表せる。Δ（デルタ）は f に作用するラプラス演算子とも呼ばれる。$\mathrm{div}(\mathrm{grad} f) = \Delta f = f_{xx} + f_{yy} + f_{zz}$ となることを示して，これを使って，(1), (2), (3) の式を計算しよう。

解答＆解説

$$\Delta f = \mathrm{div}(\underbrace{\mathrm{grad} f}_{[f_x,\ f_y,\ f_z]}) = \mathrm{div}[f_x,\ f_y,\ f_z] = \frac{\partial f_x}{\partial x} + \frac{\partial f_y}{\partial y} + \frac{\partial f_z}{\partial z}$$

$= \dfrac{\partial^2 f}{\partial x^2} + \dfrac{\partial^2 f}{\partial y^2} + \dfrac{\partial^2 f}{\partial z^2} = f_{xx} + f_{yy} + f_{zz}$ となる。……(*) ……………………(終)

(1) $\mathrm{div}(\mathrm{grad}(x^2y + z^2)) = \Delta(x^2y + z^2)$

$$= \underbrace{(x^2y + z^2)_{xx}}_{(2xy)_x = 2y} + \underbrace{(x^2y + z^2)_{yy}}_{(x^2)_y = 0} + \underbrace{(x^2y + z^2)_{zz}}_{(2z)_z = 2}$$

$= 2y + 0 + 2 = 2(y + 1)$ ……………………(答)

(2) $\mathrm{div}(\mathrm{grad}\, e^{2x-y+3z}) = \Delta e^{2x} \cdot e^{-y} \cdot e^{3z}$

$$= \underbrace{(e^{2x} \cdot e^{-y+3z})_{xx}}_{\substack{(2e^{2x} \cdot e^{-y+3z})_x \\ = 4e^{2x} \cdot e^{-y+3z}}} + \underbrace{(e^{2x} \cdot e^{-y} \cdot e^{3z})_{yy}}_{\substack{(-e^{2x} \cdot e^{-y} \cdot e^{3z})_y \\ = e^{2x} \cdot e^{-y} \cdot e^{3z}}} + \underbrace{(e^{2x-y} \cdot e^{3z})_{zz}}_{\substack{(3e^{2x-y} \cdot e^{3z})_z \\ = 9e^{2x-y} \cdot e^{3z}}}$$

$= 4e^{2x-y+3z} + e^{2x-y+3z} + 9e^{2x-y+3z} = 14e^{2x-y+3z}$ ……………………(答)

(3) $\mathrm{div}(\mathrm{grad}\, xy\sin z) = \Delta xy\sin z$

$$= \underbrace{(x \cdot y\sin z)_{xx}}_{(1 \cdot y\sin z)_x = 0} + \underbrace{(x \cdot y \cdot \sin z)_{yy}}_{(x \cdot 1 \cdot \sin z)_y = 0} + \underbrace{(xy \cdot \sin z)_{zz}}_{(xy \cdot \cos z)_z = -xy\sin z}$$

$= 0 + 0 - xy\sin z = -xy\sin z$ ……………………(答)

演習問題 67 ● rot$f$ ●

次のローテイション(回転)を計算せよ。

(1) $\mathrm{rot}[xy,\ yz,\ zx]$　　(2) $\mathrm{rot}[xe^z,\ ze^y,\ ye^x]$

(3) $\mathrm{rot}[\sin 2x,\ y\cos 2x,\ -3z\cos 2x]$

ヒント！ 回転の公式：$\mathrm{rot}[f_1,\ f_2,\ f_3]=[f_{3y}-f_{2z},\ f_{1z}-f_{3x},\ f_{2x}-f_{1y}]$ を利用して解いていこう。形式的にはベクトルの外積計算と類似している。

解答＆解説

(1) $\mathrm{rot}[xy,\ yz,\ zx]$

$$=[(zx)_y-(yz)_z,\ (xy)_z-(zx)_x,\ (yz)_x-(xy)_y]$$

$$=[0-y,\ 0-z,\ 0-x]$$

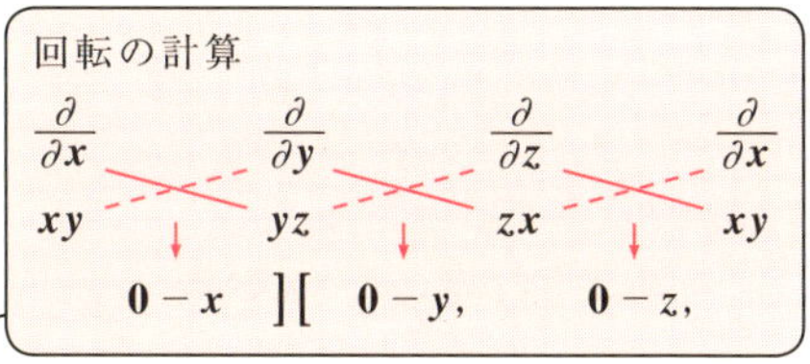

$$=[-y,\ -z,\ -x]=-[y,\ z,\ x]$$ ……（答）

(2) $\mathrm{rot}[xe^z,\ ze^y,\ ye^x]$

$$=[e^x-e^y,\ xe^z-ye^x,\ 0-0]$$

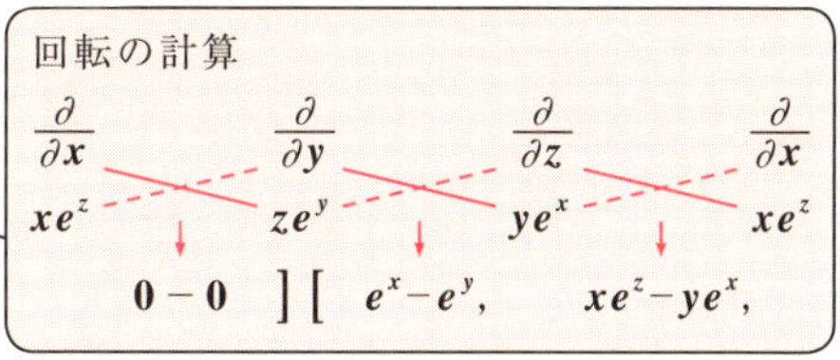

$$=[e^x-e^y,\ xe^z-ye^x,\ 0]$$

……（答）

(3) $\mathrm{rot}[\sin 2x,\ y\cos 2x,\ -3z\cos 2x]$

$$=[0-0,\ 0-(-3z)(-2)\sin 2x,\ y\cdot(-2)\sin 2x-0]$$

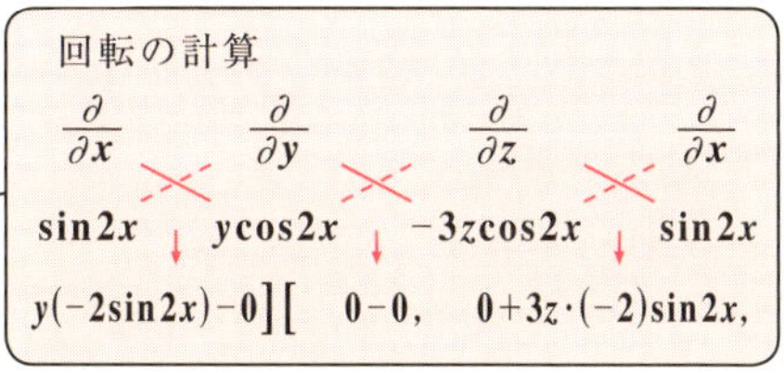

$$=[0,\ -6z\sin 2x,\ -2y\sin 2x]$$

$$=-2\sin 2x[0,\ 3z,\ y]$$ ……（答）

演習問題 68	● $\mathbf{rot}(\mathbf{rot}\boldsymbol{f})=\mathbf{grad}(\mathbf{div}\boldsymbol{f})-\Delta\boldsymbol{f}$ ●

ベクトル値関数 $\boldsymbol{f}=[xe^z,\ ze^y,\ ye^x]$ について，次の公式：
$\mathbf{rot}(\mathbf{rot}\boldsymbol{f})=\mathbf{grad}(\mathbf{div}\boldsymbol{f})-\Delta\boldsymbol{f}$ ……(∗) が成り立つことを確認せよ。

ヒント！ (∗)は，ベクトル解析の応用公式の**1**つだけれど，電磁気学において電磁波の波動方程式を導くのに重要な役割を演じるんだね。計算は少し大変だけれど，ベクトル解析の計算に慣れるのにいいと思う。頑張ろう！

解答＆解説

公式：$\mathbf{rot}(\mathbf{rot}\boldsymbol{f})=\mathbf{grad}(\mathbf{div}\boldsymbol{f})-\Delta\boldsymbol{f}$ ……(∗) が
成り立つことを，$\boldsymbol{f}=[xe^z,\ ze^y,\ ye^x]$ で確認する。

(i) (∗)の左辺について，

・$\mathbf{rot}\boldsymbol{f}=\mathbf{rot}[xe^z,\ ze^y,\ ye^x]$

$=[e^x-e^y,\ xe^z-ye^x,\ 0-0]$

$=[e^x-e^y,\ xe^z-ye^x,\ 0]$ ……①

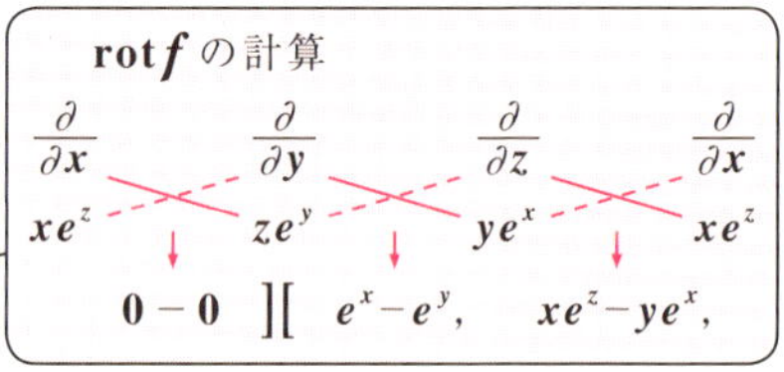
rot f の計算
∂/∂x ∂/∂y ∂/∂z ∂/∂x
xe^z ze^y ye^x xe^z
0 − 0][e^x − e^y, xe^z − ye^x,

①のさらに回転を計算すると，

・$\mathbf{rot}(\mathbf{rot}\boldsymbol{f})=\mathbf{rot}[e^x-e^y,\ xe^z-ye^x,\ 0]$

$=[0-(xe^z-0),\ 0-0,$
$\qquad e^z-ye^x-(-e^y)]$

$=[-xe^z,\ 0,\ e^y+e^z-ye^x]$

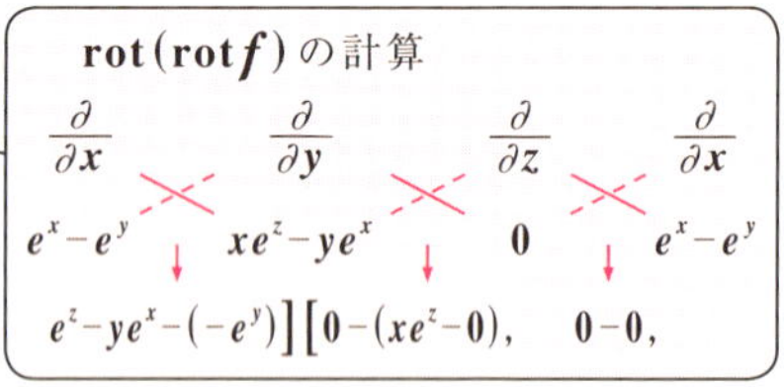
rot(rot f) の計算
∂/∂x ∂/∂y ∂/∂z ∂/∂x
e^x − e^y xe^z − ye^x 0 e^x − e^y
e^z − ye^x − (−e^y)][0 − (xe^z − 0), 0 − 0,

よって，

(∗)の左辺 $=\mathbf{rot}(\mathbf{rot}\boldsymbol{f})=[-xe^z,\ 0,\ e^y+e^z-ye^x]$ ……② となる。

(ii) (∗)の右辺について，

・$\mathbf{div}\boldsymbol{f}=\mathbf{div}[xe^z,\ ze^y,\ ye^x]$

$=(xe^z)_x+(ze^y)_y+\underbrace{(ye^x)_z}_{0}$

公式：$\mathbf{div}[f_1,\ f_2,\ f_3]=f_{1x}+f_{2y}+f_{3z}$

$=1\cdot e^z+z\cdot e^y=e^z+z\cdot e^y$ ……③ となる。

③のさらに勾配ベクトルを求めると，

$\cdot\,\mathbf{grad}\,(\mathbf{div}\,\boldsymbol{f}) = \mathbf{grad}\,(e^z + ze^y)$

$= [(e^z + ze^y)_x,\ (e^z + ze^y)_y,\ (e^z + ze^y)_z]$ ← 公式：$\mathbf{grad}\,f = [f_x,\ f_y,\ f_z]$

$(e^z + ze^y)_x = 0$

$= [0,\ ze^y,\ e^z + 1\cdot e^y] = [0,\ ze^y,\ e^y + e^z]$ ……④ となる。

次に，$\Delta\boldsymbol{f}$ を求めると，

$\Delta\boldsymbol{f} = \Delta[f_1,\ f_2,\ f_3] = [\Delta f_1,\ \Delta f_2,\ \Delta f_3]$
つまり，$\boldsymbol{f}$ の各成分に Δ は作用する！

$\cdot\,\Delta\boldsymbol{f} = \Delta[xe^z,\ ze^y,\ ye^x]$

$= [\Delta(xe^z),\ \Delta(ze^y),\ \Delta(ye^x)]$

$\Delta(xe^z) = (xe^z)_{xx} + (xe^z)_{yy} + (xe^z)_{zz} = 0 + xe^z = xe^z$

$\Delta(ze^y) = (ze^y)_{xx} + (ze^y)_{yy} + (ze^y)_{zz} = z\cdot e^y + 0 = ze^y$

$\Delta(ye^x) = (ye^x)_{xx} + (ye^x)_{yy} + (ye^x)_{zz} = y\cdot e^x + 0 = ye^x$

$\therefore\ \Delta\boldsymbol{f} = [xe^z,\ ze^y,\ ye^x]$ ……⑤ となる。

よって，④，⑤より，

(＊)の右辺 $= \mathbf{grad}\,(\mathbf{div}\,\boldsymbol{f}) - \Delta\boldsymbol{f}$

$= [0,\ ze^y,\ e^y + e^z] - [xe^z,\ ze^y,\ ye^x]$

$= [-xe^z,\ 0,\ e^y + e^z - ye^x]$ ……⑥ となる。

以上(i)(ii)の②と⑥は一致する。

よって，$\boldsymbol{f} = [xe^z,\ ze^y,\ ye^x]$ のとき，公式(＊)が成り立つことが確認できた。

………(終)

演習問題 69　●電磁波の波動方程式（I）●

真空中を伝播していく電磁波を導くマクスウェルの **4** つの方程式を下に示す。

(i) $\mathrm{div}\,\boldsymbol{E}=0$ ……………(∗1)　　(ii) $\mathrm{div}\,\boldsymbol{H}=0$ ……………(∗2)

(iii) $\mathrm{rot}\,\boldsymbol{H}=\varepsilon_0\dfrac{\partial\boldsymbol{E}}{\partial t}$ ……(∗3)　　(iv) $\mathrm{rot}\,\boldsymbol{E}=-\mu_0\dfrac{\partial\boldsymbol{H}}{\partial t}$ ……(∗4)

（ただし，$\boldsymbol{E}$：電場，$\boldsymbol{H}$：磁場，t：時刻，ε_0：真空の誘電率，μ_0：真空の透磁率，$\varepsilon_0\mu_0=\dfrac{1}{c^2}$ （c：光速））

これらの方程式を用いて，

(I) 電場 $\boldsymbol{E}$ の波動方程式：$\dfrac{\partial^2\boldsymbol{E}}{\partial t^2}=c^2\Delta\boldsymbol{E}$ ……(∗) および，

(II) 磁場 $\boldsymbol{H}$ の波動方程式：$\dfrac{\partial^2\boldsymbol{H}}{\partial t^2}=c^2\Delta\boldsymbol{H}$ ……(∗∗) を導け。

ただし，公式：$\mathrm{rot}(\mathrm{rot}\,\boldsymbol{f})=\mathrm{grad}(\mathrm{div}\,\boldsymbol{f})-\Delta\boldsymbol{f}$ ……(∗5) を用いてもよい。

ヒント！ 電場 $\boldsymbol{E}$ の波動方程式 (∗) は，(∗1)，(∗3)，(∗4) を用いて導ける。また，磁場 $\boldsymbol{H}$ の波動方程式 (∗∗) は，(∗2)，(∗3)，(∗4) を用いて導ける。その際に，ベクトル解析の応用公式 (∗5) も利用する。

解答＆解説

(I) 電場 $\boldsymbol{E}=[E_1,\ E_2,\ E_3]$ について，波動方程式 (∗) を導く。

(∗4) の両辺の回転をとると，

$$\mathrm{rot}(\mathrm{rot}\,\boldsymbol{E})=\mathrm{rot}\left(-\mu_0\frac{\partial\boldsymbol{H}}{\partial t}\right)\ \cdots\cdots①$$ となる。

ここで，

・(①の左辺) $=\mathrm{rot}(\mathrm{rot}\,\boldsymbol{E})$

$=\mathrm{grad}(\mathrm{div}\,\boldsymbol{E})-\Delta\boldsymbol{E}$　［$\mathrm{div}\,\boldsymbol{E}$ は 0（(∗1) より）］

$=\mathrm{grad}\,0-\Delta\boldsymbol{E}=-\Delta\boldsymbol{E}$ ……② となる。　［$\mathrm{grad}\,0$ は 0］

公式：
$\mathrm{rot}(\mathrm{rot}\,\boldsymbol{f})=\mathrm{grad}(\mathrm{div}\,\boldsymbol{f})-\Delta\boldsymbol{f}$ ……(∗5)
を使った。

$\cdot$ (①の右辺) $= \mathbf{rot}\left(-\mu_0 \frac{\partial \boldsymbol{H}}{\partial t}\right) = -\mu_0 \mathbf{rot}\left(\frac{\partial \boldsymbol{H}}{\partial t}\right)$

$= -\mu_0 \frac{\partial}{\partial t}(\mathbf{rot}\,\boldsymbol{H})$ ← t での偏微分と，回転 rot の順序を入れ換えられるものとした。

（$\mathbf{rot}\,\boldsymbol{H} = \varepsilon_0 \frac{\partial \boldsymbol{E}}{\partial t}$ ((＊3)より)）

$= -\varepsilon_0 \mu_0 \frac{\partial}{\partial t}\left(\frac{\partial \boldsymbol{E}}{\partial t}\right) = -\frac{1}{c^2} \frac{\partial^2 \boldsymbol{E}}{\partial t^2}$ ……③ $\left(\varepsilon_0 \mu_0 = \frac{1}{c^2}\right)$ となる。

以上②，③を①に代入すると，

$-\Delta \boldsymbol{E} = -\frac{1}{c^2} \frac{\partial^2 \boldsymbol{E}}{\partial t^2}$ より，$\frac{\partial^2 \boldsymbol{E}}{\partial t^2} = c^2 \Delta \boldsymbol{E}$ ……(＊) が導ける。………(終)

(Ⅱ) 磁場 $\boldsymbol{H} = [H_1, H_2, H_3]$ について，波動方程式 (＊＊) を導く。

(＊3) の両辺の回転をとると，

$\mathbf{rot}(\mathbf{rot}\,\boldsymbol{H}) = \mathbf{rot}\left(\varepsilon_0 \frac{\partial \boldsymbol{E}}{\partial t}\right)$ ……④ となる。

$\cdot$ (④の左辺) $= \mathbf{rot}(\mathbf{rot}\,\boldsymbol{H})$

$= \mathbf{grad}(\mathbf{div}\,\boldsymbol{H}) - \Delta \boldsymbol{H}$ ← 公式：$\mathbf{rot}(\mathbf{rot}\,\boldsymbol{f}) = \mathbf{grad}(\mathbf{div}\,\boldsymbol{f}) - \Delta \boldsymbol{f}$ ……(＊5) を利用した。

（$\mathbf{div}\,\boldsymbol{H} = 0$ ((＊2)より)）

$= \mathbf{grad}\,\mathbf{0} - \Delta \boldsymbol{H} = -\Delta \boldsymbol{H}$ ……⑤ となる。

（$\mathbf{grad}\,\mathbf{0} = \mathbf{0}$）

$\cdot$ (④の右辺) $= \mathbf{rot}\left(\varepsilon_0 \frac{\partial \boldsymbol{E}}{\partial t}\right) = \varepsilon_0 \frac{\partial}{\partial t}(\mathbf{rot}\,\boldsymbol{E})$ ← t での偏微分と，回転 rot の順序を入れ換えられるものとした。

（$\mathbf{rot}\,\boldsymbol{E} = -\mu_0 \frac{\partial \boldsymbol{H}}{\partial t}$ ((＊4)より)）

$= -\varepsilon_0 \mu_0 \frac{\partial^2 \boldsymbol{H}}{\partial t^2} = -\frac{1}{c^2} \frac{\partial^2 \boldsymbol{H}}{\partial t^2}$ ……⑥ $\left(\varepsilon_0 \mu_0 = \frac{1}{c^2}\right)$ となる。

以上⑤，⑥を④に代入すると，

$-\Delta \boldsymbol{H} = -\frac{1}{c^2} \frac{\partial^2 \boldsymbol{H}}{\partial t^2}$ より，$\frac{\partial^2 \boldsymbol{H}}{\partial t^2} = c^2 \Delta \boldsymbol{H}$ ……(＊＊) が導ける。……(終)

演習問題 70 ● 電磁波の波動方程式 (II) ●

真空中のマクスウェルの方程式より，真空中を光速 c で伝播する電磁波を表す電場 $\boldsymbol{E}$ と磁場 $\boldsymbol{H}$ の波動方程式：

$$\frac{\partial^2 \boldsymbol{E}}{\partial t^2} = c^2 \Delta \boldsymbol{E} \quad \cdots\cdots (*) \qquad \frac{\partial^2 \boldsymbol{H}}{\partial t^2} = c^2 \Delta \boldsymbol{H} \quad \cdots\cdots (**)$$

が導かれる。(演習問題 69) この電磁波を，電場 $\boldsymbol{E}$ と磁場 $\boldsymbol{H}$ が yz 平面に平行な任意の平面上で一定であるような平面波であるものとする。このとき，この平面波の進行方向は x 軸方向となるので，$\boldsymbol{E}$ も $\boldsymbol{H}$ も共に x と時刻 t のみの 2 変数関数，すなわち，

$$\begin{cases} \boldsymbol{E}(x,\ t) = [E_1(x,\ t),\ E_2(x,\ t),\ E_3(x,\ t)] \quad \cdots\cdots ① \\ \boldsymbol{H}(x,\ t) = [H_1(x,\ t),\ H_2(x,\ t),\ H_3(x,\ t)] \quad \cdots\cdots ② \end{cases}$$ と表される。

このとき真空中の 4 つのマクスウェルの方程式：

(i) $\mathrm{div}\boldsymbol{E} = 0 \quad \cdots\cdots (*1)$ (ii) $\mathrm{div}\boldsymbol{H} = 0 \quad \cdots\cdots (*2)$

(iii) $\mathrm{rot}\boldsymbol{H} = \varepsilon_0 \dfrac{\partial \boldsymbol{E}}{\partial t} \quad \cdots\cdots (*3)$ (iv) $\mathrm{rot}\boldsymbol{E} = -\mu_0 \dfrac{\partial \boldsymbol{H}}{\partial t} \quad \cdots\cdots (*4)$

を解いて，

$\boldsymbol{E}(x,\ t) = [0,\ E_2(x,\ t),\ 0] \cdots\cdots (a)$，$\boldsymbol{H}(x,\ t) = [0,\ 0,\ H_3(x,\ t)] \cdots\cdots (b)$

と表すことができることを示し，$\boldsymbol{E} \perp \boldsymbol{H}$ であることを示せ。

ヒント！ ①，②を，真空中の4つのマクスウェルの方程式に代入して，$E_1 = c_1$ (定数)，$H_1 = c_1'$ (定数) であること，また，$E_3 = 0$ かつ $H_2 = 0$ としても，これらの方程式が成り立つことを示せばいいんだね。そして，$\boldsymbol{E} = [0,\ E_2,\ 0]$，$\boldsymbol{H} = [0,\ 0,\ H_3]$ が導けたならば，この内積は $\boldsymbol{E} \cdot \boldsymbol{H} = 0$ となるので，$\boldsymbol{E} \perp \boldsymbol{H}$ が示せるんだね。頑張ろう！

解答＆解説

まず，$\boldsymbol{E}$ と $\boldsymbol{H}$ が，①と②で示すように x と t の 2 変数関数なので，

(i) $(*1)$ より，$E_{1x} + E_{2y} + E_{3z} = 0 \quad \therefore \dfrac{\partial E_1}{\partial x} = 0 \quad \cdots\cdots ③$ となる。

$\left(\dfrac{\partial E_2}{\partial y} = 0\right)$ $\left(\dfrac{\partial E_3}{\partial z} = 0\right)$ ← E_2，E_3 も x と t のみの関数より，y や z で偏微分すると 0 になる。

(ii) (*2) より，$H_{1x} + \cancel{H_{2y}} + \cancel{H_{3z}} = 0$　$\therefore \dfrac{\partial H_1}{\partial x} = 0$ ……④　となる。

$$\boxed{\dfrac{\partial H_2}{\partial y} = 0} \quad \boxed{\dfrac{\partial H_3}{\partial z} = 0}$$

$\boxed{H_2, H_3 \text{ も } x \text{ と } t \text{ のみの関数より，} \\ y \text{ や } z \text{ で偏微分すると } 0 \text{ になる。}}$

(iii) $\mathrm{rot}\,\boldsymbol{H} = \varepsilon_0 \dfrac{\partial \boldsymbol{E}}{\partial t}$ ……(*3) より，

$$[0, \; -H_{3x}, \; H_{2x}] = \varepsilon_0 [E_{1t}, \; E_{2t}, \; E_{3t}]$$

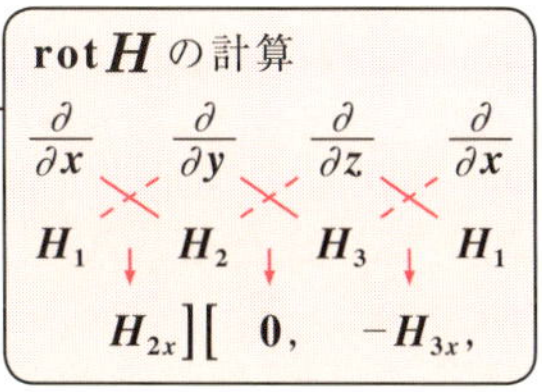

よって，

$$0 = \varepsilon_0 \dfrac{\partial E_1}{\partial t} \ \cdots\cdots ⑤, \quad -\dfrac{\partial H_3}{\partial x} = \varepsilon_0 \dfrac{\partial E_2}{\partial t} \ \cdots\cdots ⑤'$$

$$\dfrac{\partial H_2}{\partial x} = \varepsilon_0 \dfrac{\partial E_3}{\partial t} \ \cdots\cdots ⑤'' \text{ が導ける。}$$

$\boxed{\begin{array}{l} \mathbf{rot}\,\boldsymbol{H}\ \text{の計算} \\ \dfrac{\partial}{\partial x} \quad \dfrac{\partial}{\partial y} \quad \dfrac{\partial}{\partial z} \quad \dfrac{\partial}{\partial x} \\ H_1 \quad H_2 \quad H_3 \quad H_1 \\ \qquad\quad H_{2x}][\; 0, \quad -H_{3x}, \end{array}}$

(iv) $\mathrm{rot}\,\boldsymbol{E} = -\mu_0 \dfrac{\partial \boldsymbol{H}}{\partial t}$ ……(*4) より，

$$[0, \; -E_{3x}, \; E_{2x}] = -\mu_0 [H_{1t}, \; H_{2t}, \; H_{3t}]$$

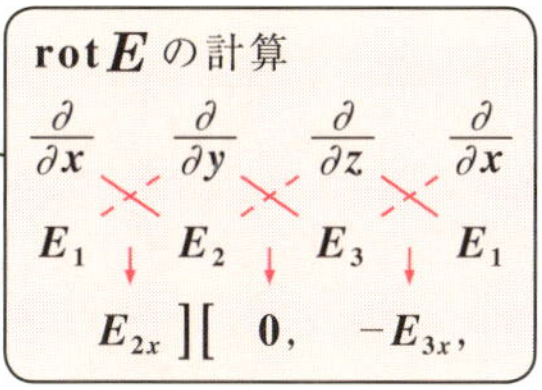

よって，

$$0 = \cancel{-\mu_0 \dfrac{\partial H_1}{\partial t}} \ \cdots\cdots ⑥, \quad \dfrac{\partial E_3}{\partial x} = \mu_0 \dfrac{\partial H_2}{\partial t} \ \cdots\cdots ⑥'$$

$$\dfrac{\partial E_2}{\partial x} = -\mu_0 \dfrac{\partial H_3}{\partial t} \ \cdots\cdots ⑥''$$

$\boxed{\begin{array}{l} \mathbf{rot}\,\boldsymbol{E}\ \text{の計算} \\ \dfrac{\partial}{\partial x} \quad \dfrac{\partial}{\partial y} \quad \dfrac{\partial}{\partial z} \quad \dfrac{\partial}{\partial x} \\ E_1 \quad E_2 \quad E_3 \quad E_1 \\ \qquad\quad E_{2x}][\; 0, \quad -E_{3x}, \end{array}}$

・③と⑤より，$\dfrac{\partial E_1}{\partial x} = 0$ かつ $\dfrac{\partial E_1}{\partial t} = 0$　よって，$E_1(x, t)$ は，x と t のいずれで微分しても 0 だから，定数 c_1 とおける。

・④と⑥より，$\dfrac{\partial H_1}{\partial x} = 0$ かつ $\dfrac{\partial H_1}{\partial t} = 0$　よって，$H_1(x, t)$ も同様に定数 c_1' とおける。

ここで，$E_1 = c_1$(定数)，$H_1 = c_1'$(定数)は，変動する電磁場とは無関係なので，これらはいずれも $c_1 = c_1' = 0$，すなわち $E_1 = H_1 = 0$ として無視できる。

以上より，①と②の電場と磁場は，

$$E = [E_1, E_2, E_3] \cdots\cdots ①$$
$$H = [H_1, H_2, H_3] \cdots\cdots ②$$

$$\begin{cases} \boldsymbol{E}(x, t) = [\underset{E_1}{0}, E_2(x, t), E_3(x, t)] \cdots\cdots ①' \\ \boldsymbol{H}(x, t) = [\underset{H_1}{0}, H_2(x, t), H_3(x, t)] \cdots\cdots ②' \end{cases}$$ となる。

$E_1 = 0$，$H_1 = 0$ が示せたので，後は $E_3 = 0$ かつ $H_2 = 0$ でも，マクスウェルの方程式が成り立つことを示せばいいんだね。

ここで，E_3 と H_2 が現われる微分方程式：

$$\frac{\partial H_2}{\partial x} = \varepsilon_0 \frac{\partial E_3}{\partial t} \cdots\cdots ⑤'' \quad と \quad \frac{\partial E_3}{\partial x} = \mu_0 \frac{\partial H_2}{\partial t} \cdots\cdots ⑥'$$

をみたす解として，$E_3(x, t) = 0$，$H_2(x, t) = 0$ があるので，この場合の電磁波を考えれば，①′，②′は，さらに，

$E_3 = 0$ のとき，
$\frac{\partial E_3}{\partial t} = 0$ かつ $\frac{\partial E_3}{\partial x} = 0$
$H_2 = 0$ のときも同様に，
$\frac{\partial H_2}{\partial t} = 0$ かつ $\frac{\partial H_2}{\partial x} = 0$
となって，⑤″と⑥′をみたす。

$$\begin{cases} \boldsymbol{E}(x, t) = [0, E_2(x, t), \underset{E_3}{0}] \cdots\cdots (a) \\ \boldsymbol{H}(x, t) = [0, \underset{H_2}{0}, H_3(x, t)] \cdots\cdots (b) \end{cases}$$

と表すことができる。 ……………………………………………………(終)

(ただし，E_2 と H_3 とは恒等的に 0 ではないものとする。)

(a)，(b) より，$\boldsymbol{E}$ と $\boldsymbol{H}$ の内積を求めると，

$\boldsymbol{E} \cdot \boldsymbol{H} = 0 \cdot 0 + E_2 \cdot 0 + 0 \cdot H_3 = 0$ となる。 $\therefore \boldsymbol{E} \perp \boldsymbol{H}$ である。 ……………(終)

右図に示すように，平面波の波面上で電場 $\boldsymbol{E}$ は y 軸方向にのみ変動し，磁場 $\boldsymbol{H}$ は z 軸方向にのみ変動する。
つまり，電場 $\boldsymbol{E}$ と磁場 $\boldsymbol{H}$ は直交しながら，変動していくことが，マクスウェルの方程式から導けたんだね。

変動する電磁場のイメージ

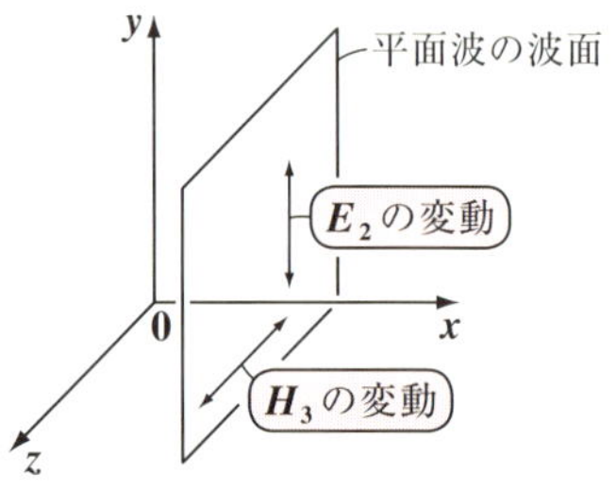

演習問題 71 ● スネルの法則 ●

真空中を波長 $\lambda = 6 \times 10^{-7}$(m) の光が速度 $c = 3 \times 10^{8}$(m/s) で伝播しているものとする。

このとき，次の各問いに答えよ。

(1) この光が，絶対屈折率 $n_1 = \dfrac{4}{3}$ の物質 1 に入射したとき，光速 c_1，波長 λ_1，波数 κ_1 を求めよ。

(2) 右図に示すようにこの光が物質 1 $\left(\text{絶対屈折率 } n_1 = \dfrac{4}{3}\right)$ から入射角 $\theta_1 = \dfrac{\pi}{4}$ で入射し，物質 2 (絶対屈折率 n_2) で屈折角 $\theta_2 = \dfrac{\pi}{6}$ で屈折したものとする。このとき物質 2 の絶対屈折率 n_2，光速 c_2，波長 λ_2，波数 κ_2 を求めよ。

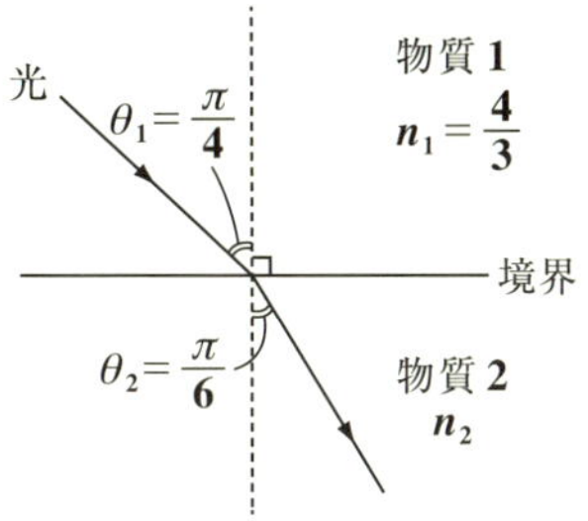

ヒント！ 物質 1 の絶対屈折率 n_1 と入射角 θ_1 に対して，物質 2 の絶対屈折率 n_2 と屈折角 θ_2 との関係は，スネルの公式：$\dfrac{n_2}{n_1} = \dfrac{\sin\theta_1}{\sin\theta_2}$ で与えられる。しかし，これをもっと一般化して，速度 c_1, c_2，波長 λ_1, λ_2，波数 κ_1, κ_2 も含めた公式：$\dfrac{n_2}{n_1} = \dfrac{c_1}{c_2} = \dfrac{\lambda_1}{\lambda_2} = \dfrac{\kappa_2}{\kappa_1} = \dfrac{\sin\theta_1}{\sin\theta_2}$ (ただし，添字の "1", "2" はそれぞれ物質 1 と物質 2 のものを表す。) として覚えておいた方が，問題を解くのに便利なんだね。

解答＆解説

(1) 真空中での，この光の絶対屈折率を $n = 1$，光速 $c = 3 \times 10^{8}$(m/s)，

波長を $\lambda = 6 \times 10^{-7}$(m)，波数を $\kappa = \dfrac{2\pi}{\lambda} = \dfrac{2\pi}{6 \times 10^{-7}} = \dfrac{\pi}{3} \times 10^{7}$(1/m)

とおく。この光が絶対屈折率 $n_1 = \dfrac{4}{3}$ の物質 1 の中を伝播するときの，

光速を c_1，波長を λ_1，波数を κ_1 とおくと，

$$\frac{\overset{\frac{4}{3}}{n_1}}{\underset{1}{n}} = \frac{c}{c_1} = \frac{\lambda}{\lambda_1} = \frac{\kappa_1}{\kappa}$$

公式：$\dfrac{n_2}{n_1} = \dfrac{c_1}{c_2} = \dfrac{\lambda_1}{\lambda_2} = \dfrac{\kappa_2}{\kappa_1}$ を利用した。

$n = 1$
$c = 3\times10^8 \text{(m/s)}$
$\lambda = 6\times10^{-7} \text{(m)}$
$\kappa = \dfrac{\pi}{3}\times10^7 \text{(1/m)}$

$$\frac{4}{3} = \frac{3\times10^8}{c_1} = \frac{6\times10^{-7}}{\lambda_1} = \frac{\kappa_1}{\frac{\pi}{3}\times10^7} \quad \cdots\cdots①$$ となる。

よって，①より物質 **1** におけるこの光の

- ・光速 $c_1 = \dfrac{3}{4}\times3\times10^8 = \dfrac{9}{4}\times10^8 \quad (=2.25\times10^8)\text{(m/s)}$
- ・波長 $\lambda_1 = \dfrac{3}{4}\times6\times10^{-7} = \dfrac{9}{2}\times10^{-7} \quad (=4.5\times10^{-7})\text{(m)}$
- ・波数 $\kappa_1 = \dfrac{4}{3}\times\dfrac{\pi}{3}\times10^7 = \dfrac{4\pi}{9}\times10^7 \quad (\fallingdotseq 1.396\times10^7)\text{(1/m)}$ となる。

………(答)

(2) 右図に示すように，物質 **1** での入射角 $\theta_1 = \dfrac{\pi}{4}$，物質 **2** での屈折角 $\theta_2 = \dfrac{\pi}{6}$ より，スネルの公式をより一般化した公式を用いると，

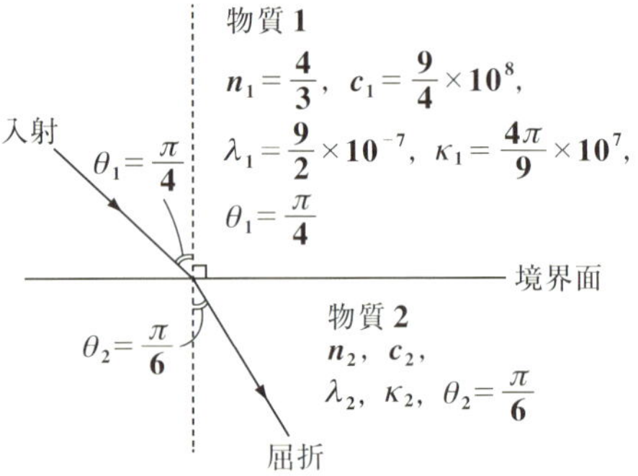

$$\frac{n_2}{n_1} = \frac{c_1}{c_2} = \frac{\lambda_1}{\lambda_2} = \frac{\kappa_2}{\kappa_1} = \frac{\sin\theta_1}{\sin\theta_2}$$

となる。

ここで，$\dfrac{\sin\frac{\pi}{4}}{\sin\frac{\pi}{6}} = \dfrac{\frac{\sqrt{2}}{2}}{\frac{1}{2}} = \sqrt{2}$ より，

$$\frac{n_2}{\frac{4}{3}} = \frac{\frac{9}{4}\times 10^8}{c_2} = \frac{\frac{9}{2}\times 10^{-7}}{\lambda_2} = \frac{\kappa_2}{\frac{4\pi}{9}\times 10^7} = \sqrt{2}$$ ……② となる。

よって，②より物質 **2** におけるこの光の

・絶対屈折率 $n_2 = \sqrt{2}\times\frac{4}{3} = \frac{4\sqrt{2}}{3}$　$(\fallingdotseq 1.886)$

・光速 $c_2 = \frac{1}{\sqrt{2}}\times\frac{9}{4}\times 10^8 = \frac{9\sqrt{2}}{8}\times 10^8$　$(\fallingdotseq 1.591\times 10^8)$ (m/s)

・波長 $\lambda_2 = \frac{\frac{9}{2}\times 10^{-7}}{\sqrt{2}} = \frac{9\sqrt{2}}{4}\times 10^{-7}$　$(\fallingdotseq 3.182\times 10^{-7})$ (m)

・波数 $\kappa_2 = \sqrt{2}\times\frac{4\pi}{9}\times 10^7 = \frac{4\sqrt{2}\pi}{9}\times 10^7$　$(\fallingdotseq 1.975\times 10^7)$ (1/m) となる。

………(答)

参考

$n_1 = \frac{4}{3} \fallingdotseq 1.333$ より，物質 **1** は水と推定することができるし，また，

$n_2 = \frac{4\sqrt{2}}{3} \fallingdotseq 1.886$ より，この物質 **2** はガラスの **1** 種だと推定できるんだね。

演習問題 72　● 波動関数と電子の存在確率 ●

右図に示すように，間隔が d の 2 つのスリットのある板と，それから L $(L \gg d)$ だけ離れた位置に電子を検出できるスクリーンを置き，図のように原点 0 と x 軸を設ける。電子銃から電子を発射した結果，スクリーン上の x の位置で電子が検出されたものとする。このとき，2 つのスリット S_1 と S_2 から，x の位置までの距離を L_1，L_2 とおく。

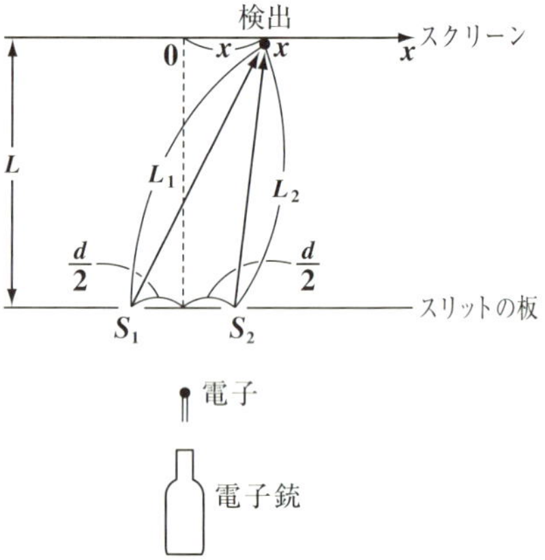

S_1 と S_2 から位置 x における電子の波動関数をそれぞれ Ψ_1, Ψ_2 とおくと，

Ψ_1（プサイ）$= e^{2\pi i\left(\frac{L_1}{\lambda} - \nu t\right)}$ ……①，Ψ_2（プサイ）$= e^{2\pi i\left(\frac{L_2}{\lambda} - \nu t\right)}$ ……② となる。

(ただし，λ：波長，ν：振動数，t：時刻)

スクリーン上の位置 x における波動関数 Ψ は，①と②の重ね合わせにより，$\Psi = \Psi_1 + \Psi_2$ ……③ で表される。

このとき，$|\Psi|^2$ を求めよ。$\left(\text{ただし，} L \gg d \text{ より，} L_1 - L_2 \fallingdotseq \dfrac{xd}{L} \text{ としてよい。}\right)$

ヒント！ 一般に，波動関数 Ψ の絶対値の 2 乗 $|\Psi|^2$ は，粒子 (電子) の存在確率を表す確率密度関数となる。①，②，③より，$|\Psi|^2 = 2\left(1 + \cos 2\pi \dfrac{d}{L\lambda} x\right)$ となるので，多数の電子を発射して，スクリーン上でこれを検出すると，光の明暗と同じように，検出される電子の多い場所と少ない場所が交互に現われることになる。

解答＆解説

一般に，複素数 α と共役な複素数を α^* とおくことにする。

$$|\Psi|^2 = \Psi \cdot \Psi^* = (\Psi_1 + \Psi_2) \cdot (\Psi_1 + \Psi_2)^* \quad (\text{③より})$$

$$= (\Psi_1 + \Psi_2) \cdot (\Psi_1^* + \Psi_2^*)$$

- $|\alpha|^2 = \alpha \cdot \alpha^*$
- $(\alpha \pm \beta)^* = \alpha^* \pm \beta^*$
- $(\alpha \cdot \beta)^* = \alpha^* \cdot \beta^*$

(α, β：複素数)

よって，

$|\Psi|^2 = \underbrace{\Psi_1 \Psi_1^*}_{|\Psi_1|^2 = |e^{i\theta_1}|^2 = 1} + \underbrace{\Psi_2 \Psi_2^*}_{|\Psi_2|^2 = |e^{i\theta_2}|^2 = 1} + \underbrace{\Psi_1 \Psi_2^*}_{e^{i\theta_1} \cdot e^{-i\theta_2}} + \underbrace{\Psi_1^* \Psi_2}_{e^{-i\theta_1} \cdot e^{i\theta_2}}$

$\cdot \Psi = \Psi_1 + \Psi_2 = e^{i\theta_1} + e^{i\theta_2}$

$\begin{cases} \theta_1 = 2\pi\left(\dfrac{L_1}{\lambda} - \nu t\right) \\ \theta_2 = 2\pi\left(\dfrac{L_2}{\lambda} - \nu t\right) \end{cases}$

$\cdot L_1 - L_2 \fallingdotseq \dfrac{xd}{L}$

一般に，$e^{i\theta} = \cos\theta + i\sin\theta$ （オイラーの公式）
より，$|e^{i\theta}|^2 = \cos^2\theta + \sin^2\theta = 1$ となる。または，
$(e^{i\theta})^* = e^{-i\theta} [= \cos\theta - i\sin\theta]$ より，
$|e^{i\theta}|^2 = e^{i\theta} \cdot (e^{i\theta})^* = e^{i\theta} \cdot e^{-i\theta} = e^0 = 1$
としてもいい。

これから，①，② より，

$|\Psi|^2 = 2 + \underbrace{e^{i(\theta_1 - \theta_2)} + e^{-i(\theta_1 - \theta_2)}}_{2\cos(\theta_1 - \theta_2)}$

公式：
$e^{i\theta} + e^{-i\theta} = 2\cos\theta$
を用いた！

$= 2 + 2\cos\underbrace{(\theta_1 - \theta_2)}_{}$

$2\pi\left(\dfrac{L_1}{\lambda} - \nu t\right) - 2\pi\left(\dfrac{L_2}{\lambda} - \nu t\right) = 2\pi \cdot \dfrac{1}{\lambda}(L_1 - L_2) \fallingdotseq \dfrac{2\pi}{\lambda} \times \dfrac{xd}{L}$

$\dfrac{xd}{L} \; (\because L \gg d)$

以上より，

$|\Psi|^2 = 2\left(1 + \cos 2\pi \cdot \dfrac{d}{L\lambda} x\right)$ ……(*) となる。………………………（答）

[(*) は，波長が $\dfrac{L\lambda}{d}$ の周期関数となるので，このグラフを描くと右図のようになって，検出される電子の個数（確率）が帯状に分布している様子が分かる。

]

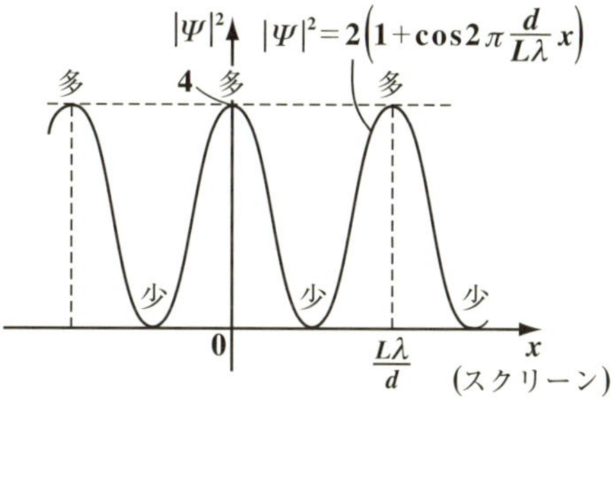

◆ Term・Index ◆

スバラシク実力がつくと評判の
演習 振動・波動 キャンパス・ゼミ

マセマ

著　者　馬場 敬之
発行者　馬場 敬之
発行所　マセマ出版社
〒 332-0023 埼玉県川口市飯塚 3-7-21-502
TEL 048-253-1734　FAX 048-253-1729
Email：info@mathema.jp
http://www.mathema.jp

編　集　七里 啓之
校閲・校正　高杉 豊　秋野 麻里子
組版制作　間宮 栄二　町田 朱美
カバーデザイン　馬場 冬之
ロゴデザイン　馬場 利貞
印刷所　株式会社 シナノ

ISBN978-4-86615-088-8 C3042
落丁・乱丁本はお取りかえいたします。